本书系国家社科基金青年项目"数学的本质与实在世界：一种语境论世界观的哲学探索"（批准号：09CZX013）结项成果

本书受教育部人文社会科学重点研究基地——山西大学科学技术哲学研究中心资助

科学技术哲学文库

丛书主编／郭贵春

语境论的数学哲学

—— 一种对数学本质和实在性
研究的新范式

康仕慧 ⊙ 著

科学出版社

北京

图书在版编目（CIP）数据

语境论的数学哲学：一种对数学本质和实在性研究的新范式 / 康仕慧著. —北京：科学出版社，2016.6
（科学技术哲学文库）
ISBN 978-7-03-048604-2

I. ①语⋯　II. ①康⋯　III. ①数学哲学–研究　IV. ①O1-0

中国版本图书馆 CIP 数据核字（2016）第 125301 号

责任编辑：牛　玲　刘　溪　刘巧巧 / 责任校对：刘亚琦
责任印制：赵　博 / 封面设计：黄华斌　陈　敬
联系电话：010-64035853
电子邮箱：houjunlin@mail.sciencep.com

科 学 出 版 社 出版
北京东黄城根北街 16 号
邮政编码：100717
http://www.sciencep.com
北京凌奇印刷有限责任公司印刷
科学出版社发行　各地新华书店经销
*
2016 年 6 月第　一　版　　开本：720×1000　B5
2025 年 2 月第五次印刷　　印张：14
字数：266 000
定价：70.00 元

（如有印装质量问题，我社负责调换）

总　序

　　认识、理解和分析当代科学哲学的现状，是我们抓住当代科学哲学面临的主要矛盾和关键问题、推进它在可能发展趋势上取得进步的重大课题，有必要对其进行深入研究并澄清。

　　对当代科学哲学的现状的理解，仁者见仁，智者见智。明尼苏达科学哲学研究中心在 2000 年出版的 *Minnesota Studies in the Philosophy of Science* 中明确指出："科学哲学不是当代学术界的领导领域，甚至不是一个在成长的领域。在整体的文化范围内，科学哲学现时甚至不是最宽广地反映科学的令人尊敬的领域。其他科学研究的分支，诸如科学社会学、科学社会史及科学文化的研究等，成了作为人类实践的科学研究中更为有意义的问题、更为广泛地被人们阅读和争论的对象。那么，也许这导源于那种不景气的前景，即某些科学哲学家正在向外探求新的论题、方法、工具和技巧，并且探求那些在哲学中关爱科学的历史人物。"[①] 从这里，我们可以感觉到科学哲学在某种程度上或某种视角上地位的衰落。而且关键的是，科学哲学家们无论是研究历史人物，还是探求现实的科学哲学的出路，都被看作一种不景气的、无奈的表现。尽管这是一种极端的看法。

　　那么，为什么会造成这种现象呢？主要的原因就在于，科学哲学在近 30 年的发展中，失去了能够影响自己同时也能够影响相关研究领域发展的研究范式。因为，一个学科一旦缺少了范式，就缺少了纲领，而没有了范式和纲领，当然也就失去了凝聚自身学科，同时能够带动相关学科发展的能力，所以它的示范作用和地位就必然要降低。因而，努力地构建一种新的范式去发展科学哲学，在这个范式的基底上去重建科学哲学的大厦，去总结历史和重塑它的未来，就是相当重要的了。

　　换句话说，当今科学哲学在总体上处于一种"非突破"的时期，即没有重大的突破性的理论出现。目前，我们看到最多的是，欧洲大陆哲学与大西洋哲学之间的渗透与融合，自然科学哲学与社会科学哲学之间的借鉴与交融，常规科学的进展与一般哲学解释之间的碰撞与分析。这是科学哲学发展过程中历史地、必然地要出现的一种现象，其原因在于五个方面。第一，自 20 世纪的后历史主义出现以来，科学哲学在元理论的研究方面没有重大的突破，缺乏创造性的新视角和新方法。第二，对自然科学哲学问题的研究越来越困难，无论是拥有什么样知识背景的科学哲学家，对新的科学发现和科学理论的解释都存在着把握本质的困难，

---

　　① Hardcastle G L, Richardson A W. Logical Empiricism in North America//Minnesota Studies in the Philosophy of Science. Volume XVIII. University of Minnesota Press，2000：6.

它所要求的背景训练和知识储备都愈加严苛。第三，纯分析哲学的研究方法确实有它局限的一面，需要从不同的研究领域中汲取和借鉴更多的方法论的经验，但同时也存在着对分析哲学研究方法忽略的一面，轻视了它所具有的本质的内在功能，需要在新的层面上将分析哲学研究方法发扬光大。第四，试图从知识论的角度综合各种流派、各种传统去进行科学哲学的研究，或许是一个有意义的发展趋势，在某种程度上可以避免任何一种单纯思维趋势的片面性，但是这确是一条极易走向"泛文化主义"的路子，从而易于将科学哲学引向歧途。第五，科学哲学研究范式的淡化及研究纲领的游移，导致了科学哲学主题的边缘化倾向，更为重要的是，人们试图用从各种视角对科学哲学的解读来取代科学哲学自身的研究，或者说把这种解读误认为是对科学哲学的主题研究，从而造成了对科学哲学主题的消解。

然而，无论科学哲学如何发展，它的科学方法论的内核不能变。这就是：第一，科学理性不能被消解，科学哲学应永远高举科学理性的旗帜；第二，自然科学的哲学问题不能被消解，它从来就是科学哲学赖以存在的基础；第三，语言哲学的分析方法及其语境论的基础不能被消解，因为它是统一科学哲学各种流派及其传统方法论的基底；第四，科学的主题不能被消解，不能用社会的、知识论的、心理的东西取代科学的提问方式，否则科学哲学就失去了它自身存在的前提。

在这里，我们必须强调指出的是，不弘扬科学理性就不叫"科学哲学"，既然是"科学哲学"就必须弘扬科学理性。当然，这并不排斥理性与非理性、形式与非形式、规范与非规范研究方法之间的相互渗透、融合和统一。我们所要避免的只是"泛文化主义"的暗流，而且无论是相对的还是绝对的"泛文化主义"，都不可能指向科学哲学的"正途"。这就是说，科学哲学的发展不是要不要科学理性的问题，而是如何弘扬科学理性的问题，以什么样的方式加以弘扬的问题。中国当下人文主义的盛行与泛扬，并不是证明科学理性不重要，而是在科学发展的水平上，社会发展的现实矛盾激发了人们更期望从现实的矛盾中，通过对人文主义的解读，去探求新的解释。但反过来讲，越是如此，科学理性的核心价值地位就越显得重要。人文主义的发展，如果没有科学理性作为基础，就会走向它关怀的反面。这种教训在中国社会发展中是很多的，比如有人在批评马寅初的人口论时，曾以"人是第一可宝贵的"为理由。在这个问题上，人本主义肯定是没错的，但缺乏科学理性的人本主义，就必然走向它的反面。在这里，我们需要明确的是，科学理性与人文理性是统一的、一致的，是人类认识世界的两个不同的视角，并不存在矛盾。从某种意义上讲，正是人文理性拓展和延伸了科学理性的边界。但是人文理性不等同于人文主义，正像科学理性不等同于科学主义一样。坚持科学理性反对科学主义，坚持人文理性反对人文主义，应当是当代科学哲学所要坚守的目标。

　　我们还需要特别注意的是，当前存在的某种科学哲学研究的多元论与 20 世纪后半叶历史主义的多元论有着根本的区别。历史主义是站在科学理性的立场上，去诉求科学理论进步纲领的多元性，而现今的多元论，是站在文化分析的立场上，去诉求对科学发展的文化解释。这种解释虽然在一定层面上扩张了科学哲学研究的视角和范围，但它却存在着文化主义的倾向，存在着消解科学理性的倾向。在这里，我们千万不要把科学哲学与技术哲学混为一谈。这二者之间有重要的区别。因为技术哲学自身本质地赋有更多的文化特质，这些文化特质决定了它不是以单纯科学理性的要求为基底的。

　　在世纪之交的后历史主义的环境中，人们在不断地反思 20 世纪科学哲学的历史和历程。一方面，人们重新解读过去的各种流派和观点，以适应现实的要求；另一方面，试图通过这种重新解读，找出今后科学哲学发展的新的进路，尤其是科学哲学研究的方法论的走向。有的科学哲学家在反思 20 世纪的逻辑哲学、数学哲学及科学哲学的发展，即"广义科学哲学"的发展中提出了五个"引导性难题"（leading problems）。

　　第一，什么是逻辑的本质和逻辑真理的本质？

　　第二，什么是数学的本质？这包括：什么是数学命题的本质、数学猜想的本质和数学证明的本质？

　　第三，什么是形式体系的本质？什么是形式体系与希尔伯特称之为"理解活动"（the activity of understanding）的东西之间的关联？

　　第四，什么是语言的本质？这包括：什么是意义、指称和真理的本质？

　　第五，什么是理解的本质？这包括：什么是感觉、心理状态及心理过程的本质？[①]

　　这五个"引导性难题"概括了整个 20 世纪科学哲学探索所要求解的对象及 21 世纪自然要面对的问题，有着十分重要的意义。从另一个更具体的角度来讲，在 20 世纪科学哲学的发展中，理论模型与实验测量、模型解释与案例说明、科学证明与语言分析等，它们结合在一起作为科学方法论的整体，或者说整体性的科学方法论，整体地推动了科学哲学的发展。所以，从广义的科学哲学来讲，在 20 世纪的科学哲学发展中，逻辑哲学、数学哲学、语言哲学与科学哲学是联结在一起的。同样，在 21 世纪的科学哲学进程中，这几个方面也必然会内在地联结在一起，只是各自的研究层面和角度会不同而已。所以，逻辑的方法、数学的方法、语言学的方法都是整个科学哲学研究方法中不可或缺的部分，它们在求解科学哲学的难题中是统一的和一致的。这种统一和一致恰恰是科学理性的统一和一致。必须看到，认知科学的发展正是对这种科学理性的一致性的捍卫，而不是相反。

---

　　① Shauker S G. Philosophy of Science，Logic and Mathematics in 20th Century. London：Routledge，1996：7.

我们可以这样讲，20 世纪对这些问题的认识、理解和探索，是一个从自然到必然的过程；它们之间的融合与相互渗透是一个从不自觉到自觉的过程。而 21 世纪，则是一个"自主"的过程，一个统一的动力学的发展过程。

那么，通过对 20 世纪科学哲学的发展历程的反思，当代科学哲学面向 21 世纪的发展，近期的主要目标是什么？最大的"引导性难题"又是什么？

第一，重铸科学哲学发展的新的逻辑起点。这个起点要超越逻辑经验主义、历史主义、后历史主义的范式。我们可以肯定地说，一个没有明确逻辑起点的学科肯定是不完备的。

第二，构建科学实在论与反实在论各个流派之间相互对话、交流、渗透与融合的新平台。在这个平台上，彼此可以真正地相互交流和共同促进，从而使它成为科学哲学生长的舞台。

第三，探索各种科学方法论相互借鉴、相互补充、相互交叉的新基底。在这个基底上，获得科学哲学方法论的有效统一，从而锻造出富有生命力的创新理论与发展方向。

第四，坚持科学理性的本质，面对前所未有的消解科学理性的围剿，要持续地弘扬科学理性的精神。这应当是当代科学哲学发展的一个极关键的方面。只有在这个基础上，才能去谈科学理性与非理性的统一，去谈科学哲学与科学社会学、科学知识论、科学史学及科学文化哲学等流派或学科之间的关联。否则，一个被消解了科学理性的科学哲学还有什么资格去谈论与其他学派或学科之间的关联？

总之，这四个从宏观上提出的"引导性难题"既包容了 20 世纪的五个"引导性难题"，也表明了当代科学哲学的发展特征：一是科学哲学的进步越来越多元化。现在的科学哲学比过去任何时候，都有着更多的立场、观点和方法；二是这些多元的立场、观点和方法又在一个新的层面上展开，愈加本质地相互渗透、吸收与融合。所以，多元化和整体性是当代科学哲学发展中一个问题的两个方面。它将在这两个方面的交错和叠加中寻找自己全新的出路。这就是当代科学哲学拥有强大生命力的根源。正是在这个意义上，经历了语言学转向、解释学转向和修辞学转向这"三大转向"的科学哲学，而今转向语境论的研究就是一种逻辑的必然，成为科学哲学研究的必然取向之一。

这些年来，山西大学的科学哲学学科，就是围绕着这四个面向 21 世纪的"引导性难题"，试图在语境的基底上从科学哲学的元理论、数学哲学、物理哲学、社会科学哲学等各个方面，探索科学哲学发展的路径。我希望我们的研究能对中国科学哲学事业的发展有所贡献！

郭贵春

2007 年 6 月 1 日

前　言

　　数学自诞生之日起就显示出与众不同的魅力，"数学的本质及其实在性"吸引了无数哲学家、数学家和物理学家为之着迷。如果说自然科学研究的是一个真实的外部世界，对此，几乎很少有人怀疑，那么与此相对照，"数学是什么？"至今却仍是一个未解的谜题。数学是对抽象柏拉图数学世界的探求，还是人类理性智力的创造物，抑或是对宇宙世界的认识？至今人们依然没有达成共识。英国数学家哈代（G. H. Hardy）曾坦言："一个人如果能给出关于数学实在性的有说服力的描述，他就能解决许多最困难的形而上学问题。如果他的描述能同时包括物理实在性，他就解决了全部的形而上学问题。"[①] 恰如哈代所预料的，一种既能包括数学实在性，又同时包括物理实在性的统一说明实在太难实现，就像物理学家寻求解释宇宙从何而来的万物大统一理论一样艰难。

　　数学不同于任何其他经验科学，数学在某种程度上靠的是证明，而不是经验的证实，它如此抽象，然而在帮助人类揭示宇宙深层奥秘时所展示出的效力却又如此强大，这究竟是为什么？数学确实与物理学及其他科学一起为理解我们所生存的宇宙以及我们在宇宙中的位置做出了不可磨灭的贡献。然而，它那独特的方法和"神秘的"研究对象却一直让世界上许多有智慧的人信奉柏拉图主义，与此同时，他们却又无法说明人类如何获得这个抽象柏拉图世界的知识。这一令人困惑的难题由哲学家贝纳塞拉夫（Paul Benacerraf）在《数学真理》（*Mathematical Truth*，1973 年）一文中正式提出。自此以后，数学哲学的主流便由围绕这一难题展开讨论的数学实在论和反实在论立场所主导。然而在这些哲学家为之努力的同时，却有许多人对这种研究范式提出了质疑。

　　当代的数学哲学研究包括三种路径：第一种是以当代数学实在论和反实在论的争论为主流研究路径的"分析传统"；第二种是以数学家、数学史家和社会学家等向基础主义和分析传统发起挑战的、居于次要位置的"反传统"革新；第三种是试图将"分析传统"的研究主题及方法和"反传统"革新关注的数学实践相结合，并以具体实例的形式对数学实践做出说明的数学实践哲学。"分析传统"探讨的核心问题集中在数学的本体论和认识论领域，方法论策略以逻辑分析和语言分析为主，缺陷在于忽视了内容丰富的数学实践；"反传统"革新探讨的核心问题集中在数学知识领域，其研究路径继承了拉卡托斯传统，方法论策略以数学的史学描述和社会学描述为主，彻底放弃了传统的语言和逻辑分析，缺陷在于存在着弱化哲学规范性的倾向；数学实践哲学的大部分研究成果将关注的焦点从传统的数

————————————
　　① 哈代. 2009. 一个数学家的辩白. 李文林，戴宗铎，高嵘编译. 大连：大连理工大学出版社：61.

学本体论、数学真理等问题转移到了与数学实践活动密切相关的其他哲学问题上，虽然拓宽了数学哲学的研究视域，但它没有对传统的哲学难题进行系统求解，没有实现很好的对接。

无论是分析传统、反传统革新还是数学实践哲学背后都隐含着各自的"范式"。按照库恩（Thomas Kuhn）的说法，探清这些范式对于求解具体的数学哲学难题至关重要。基于以上认识，笔者尝试从"语境论"的角度切入。

语境论作为一种新的世界观、认识论和方法论，其基本思想已经对哲学研究方式的转换产生了深刻影响，尤其对科学哲学影响更为深远。施拉格尔（Richard H. Schlagel）于 1986 年提出一种重新认识世界的"语境实在论"（Contextual Realism），物理学家霍金（Stephen Hawking）在《大设计》中提出的"不存在与图像或理论无关的实在概念"① 这句话本身就体现了一种语境实在论。语境论为数学哲学的研究打开了新的思路，为此，本书尝试构建一种语境论数学哲学的基本纲领，以此为基础，对数学本质及其实在性问题进行新的阐释，并阐明语境论数学哲学研究对促进当代数学哲学发展的意义。

全书分为绪论、四个章节和结语。绪论简要阐述了本书写作的缘由、思路和主要研究内容。第一章"语境论数学哲学提出的动因"，主要剖析当代数学哲学研究中现有的三种研究范式（规范的、描述的和自然主义的数学哲学）的研究路径、合理性及其困境，结合数学实践哲学的兴起阐明数学哲学需要一种新范式的迫切要求和条件。第二章试图构建"语境论的数学哲学的基本纲领"，主要分析了语境论数学哲学的思想渊源，阐明语境论数学哲学的原则，论述语境论数学哲学的分析方法。第三章基于语境论视角重新讨论"数学的本质是什么"的本体论难题，通过对传统解释及其困境的分析，试图给出数学本质的语境论说明。第四章"数学实在性的语境论说明"基于语境论对数学的实在性问题给出了新的解答，论证了抽象的数学世界不存在，数学与物质世界之间的关系是表征而非描述。结语总结了全书，探讨了数学哲学的发展趋向，分析了语境论数学哲学进一步研究的研究域面，阐明了语境论数学哲学对于促进当代数学哲学发展的意义。

本书是在元理论层面对"语境论数学哲学"研究的初步尝试，并对数学的本质及其实在性问题给出了语境论的初步回答。囿于笔者的知识所限，书中定有诸多疏漏甚至错误，敬请读者批评指正。正如哈代所言，数学的实在性是一个极其艰深且无法轻易就能得到回答的问题，笔者将在今后继续对这一主题进行关注和研究，以逐步靠近真理之门。

康仕慧

2016 年 4 月

---

① 霍金，蒙洛迪诺. 2011. 大设计. 吴忠超译. 长沙：湖南科学技术出版社：34.

目　　录

绪　　论

　　自美国哲学家贝纳塞拉夫（Paul Benacerraf）于 20 世纪六七十年代发表的两篇具有深刻影响的论文［《数不能是什么》（*What Numbers Could not be*，1965 年）和《数学真理》（*Mathematical Truth*，1973 年）］以来，传统的数学柏拉图主义在数学本体论和认识论方面的解释受到了严重挑战，以至于出现了数学的反实在论解释和新的数学实在论辩护。伴随着这场争论，来自其他领域的专家，如数学家、数学史家、数学教育学家、数学社会学家、认知科学家等也都纷纷从各自的立场对数学的本体论和认识论给出解释。他们讨论的问题包括：数学的本质是什么，即数学研究对象的本质是个别的数学对象还是数学结构？存在独立于人类和物质世界的抽象数学世界及数学真理吗？数学与物质世界之间的关系是什么？数学知识是如何可能的？数学家如何知道一个数学命题为真？认知主体和数学对象及事实之间的关系如何？我们如何理解数学语言的意义？等等。需要指出的是，最近 50 年，当代数学哲学领域主要是由哲学家们发起的实在论和反实在论之争占据主导地位，来自其他途径的关于数学本质、实在性和知识的讨论则处于数学哲学研究的核心之外。不过，无论如何，传统的哲学家们的探讨方式已经受到不同方面声音的质疑。面对如此纷繁林立的观点和不同途径的解释之间的论争，我们在构建自己新的解释及立场时不得不考虑究竟选择哪种策略才是适当的。事实上，无论是来自哲学家的不同解释和观点还是来自其他途径的挑战，这些不同解释策略之间的论争背后都隐含着不同的数学哲学研究范式的论争。按照库恩的理论，当这些传统的数学哲学问题在旧有的范式下得不到解决时，一种新的范式就会产生。正是在这个背景下，数学实践哲学应运而生，它试图以真实的数学实践为基础，以哲学的规范性来探讨数学实践中的哲学问题，以获得对数学实践的理解和说明。这种新的研究趋向不仅在传统的哲学问题上有较为令人信服和合理的回答，而且它还暗示着数学哲学学科本身的定位及未来的发展导向。数学实践哲学试图以新的理念、方法拓宽数学哲学的问题域，引导数学哲学在 21 世纪的复兴。

　　数学实践哲学之所以具有这样的吸引力，就在于它能充分满足数学哲学的根本任务。美国哲学家希哈拉（Charles S. Chihara）认为数学哲学的根本任务是："试图寻求提出一种对数学本质的连贯的、整体的、普遍的说明（这里的数学指的是由当前数学家们实践和发展的实际的数学）。这种说明不仅与我们当前对世界以及我们在世界中位置的理论和科学观点相一致（其中，我们是作为一种具有感觉器官且由我们最佳的科学理论所刻画的生物体），而且它还与就我们所知的我们对数学的掌握是如何获得和检验的说明相一致。"①

　　鉴于此，本书试图提出一种满足数学哲学根本任务且与数学实践哲学趋势相应的新的数学哲学研究范式。

　　如上所述，最近 50 年来，由贝纳塞拉夫的两篇论文引发的当代数学实在论和反实在论的争论主导着当代数学哲学的主要研究领域和方向。然而，无论是数学的实在论还是反实在论解释都有自身无法克服的困难，到目前为止，还没有哪种具体的解释策略呈现出明显优势。其最根本的原因就在于这些解释策略背后隐含的数学哲学研究范式存在或多或少的缺陷，因此，本书选择从范式的角度进行研究，以从根本上突破这些解释面临的困境，并试图提出一种较为合理的研究范式。另外，按照库恩的范式理论，范式对于一门学科的发展具有举足轻重的作用，只有当旧有范式的缺陷越来越束缚本学科的发展，传统的问题得不到合理解释时，范式转换才会发生。因此，在解答具体的问题之前，数学哲学家们需要明确合理的研究范式是什么。也就是说，数学哲学家们不能把自己局限于仅仅是求解常规的哲学难题，在求解难题之前首要的任务是要检验当前的范式是否适合该学科的现状及进一步的发展。范式对每一位研究者而言都比求解具体的难题具有优先性，因此认识到范式对学科进步及求解难题的重要性自然就成为每位研究者工作的起点。虽然目前数学实践哲学在学界已经悄然兴起，然而当前学界却依然没有出现一种满足数学哲学任务及适应这一发展趋势的数学哲学元理论或新的数学哲学研究范式。正是在这个意义上，本书尝试从"范式"的角度进行研究。

　　当然，选取一种合理的"范式"仅仅是我们进行研究的第一步，研究的核心则是求解具体的数学哲学难题。总体来看，自数学柏拉图主义遭到贝纳塞拉夫的本体论和认识论"劫难"之后，当代的数学实在论者和反实在论者们都投入到了说明"数学的本质究竟是研究作为个体的对象还是结构？"和"数学是否是实在的？如果是，那么一种合理的数学的认知机制是什么？"这样的核心问题上来。可以说，由贝纳塞拉夫引发的当代数学实在论和反实在论之争主导着最近 50 年来数学哲学研究的主要议题。美国加利福尼亚大学伯克利分校哲学系教授曼科苏（Paolo Mancosu）就曾于 2008 年指出："由贝纳塞拉夫的两篇论文为数学哲学设定的议事日程说明，如果存在抽象对象，那么我们如何接近它们？并且总的来说，这个问题已经是最近 50 年来数学哲学家们一直在研究的问题。"② 这样，既然当代数学哲学争论的焦点是数学的本体论和认识论问题，而本体论问题又处于基础和核心位置，"数学的本质及其实在性"问题自然就成为我们研究的首要问题。更具体的理由如下。

---

① Chihara C S. A Structural Account of Mathematics. New York：Oxford University Press，2004：6.
② Mancosu P. The Philosophy of Mathematical Practice. New York：Oxford University Press，2008：1.

第一，对处于当代数学哲学研究主要议程上的"数学本质及其实在性"这一难题进行研究，如果语境论的数学哲学能对此作出令人信服的解释，那么它不仅具体地求解了这个难题，更重要的是它将展示出其满足数学哲学任务的合理性。

第二，对"数学本质及其实在性"问题的探讨最能代表一般的数学哲学研究。目前有些数学哲学解释路径具有弱化和取代数学哲学研究的倾向，因此如果通过此问题的研究能表明数学哲学研究的必要性，那么数学哲学就是一门真正独立的学科，它是自主的并且有自己特定的研究主题和严格的方法，不能被其他的研究方式弱化和被其他的任何具体科学取代。

第三，数学哲学最基本的研究领域有两个：数学本体论和认识论。而且，对由此延伸出的任何一个数学哲学问题的探讨都离不开数学的本体论探究——数学的本质及其实在性。因此，本书选择从最基础的数学本体论问题进行研究。

从范式的角度看，当代数学哲学大致出现了三种不同的研究范式：①规范的（或"第一哲学"的）数学哲学；②描述的（或"与哲学不相关"的）数学哲学；③自然主义的数学哲学。在这三种研究范式的背景信念的支撑下，当代数学哲学的研究中存在以下两种具体的研究传统或路径。

第一种具体的研究路径是以哲学家的研究占主导地位的"分析传统"。客观来看，当代关于数学的哲学讨论仍然是以哲学家们关注的问题及其分析方法为研究主流。这个传统涵盖了当前流行的各种观点：传统数学柏拉图主义、新逻辑主义或新弗雷格主义、结构主义、虚构主义、不可或缺性论证、数学自然主义、直觉主义等。其中，传统数学柏拉图主义的主要代表人物及其论著有：弗雷格（Gottlob Frege）的《算术基础》（*The Foundations of Arithmetic*，1884 年），哥德尔（Kurt Gödel）的论文（《罗素的数理逻辑》（*Russell's Mathematical Logic*，1944 年）、《康托尔的连续统问题是什么》（*What is Cantor's Continuum Problem*，1947 年）；新弗雷格主义的主要代表人物及其论著有：黑尔（Bob Hale）的《抽象对象》（*Abstract Objects*，1987 年）、赖特（Crispin Wright）的《弗雷格把数看作对象的概念》（*Frege's Conception of Numbers as Objects*，1983 年）、黑尔和赖特的《理性的适当研究：走向一种新弗雷格式数学哲学的论文》（*The Reason's Proper Study: Essays towards a Neo-Fregean Philosophy of Mathematics*，2001 年）；结构主义的主要代表人物及其论著有：贝纳塞拉夫的论文《数不能是什么》（1965年），雷斯尼克（Michael D.Resnik）的《作为一种模式科学的数学》（*Mathematics as a Science of Patterns*，1997 年），夏皮罗（Stewart Shapiro）的（《数学哲学：结构和本体论》（*Philosophy of Mathematics: Structure and Ontology*，2000 年）、《对数学的思考：数学哲学》（*Thinking about Mathematics: The Philosophy of Mathematics*，2000 年）、论文《空间、数和结构：两个争论的故事》（*Space,*

Number and Structure：*A Tale of Two Debates*，1996 年）、《范畴、结构和弗雷格-希尔伯特争论：元数学的地位》（*Categories*，*Structures*，*and the Frege-Hilbert Controversy*：*The Status of Meta-mathematics*，2005 年），赫尔曼（Geoffrey Hellman）的《没有数的数学》（*Mathematics Without Numbers*：*Towards a Modal-Structural Interpretation*，1989 年），希哈拉的（《构造性和数学存在》（*Constructibility and Mathematical Existence*，1990 年）、《数学的结构说明》（*A Structural Account of Mathematics*，2004 年）；虚构主义的主要代表人物及其论著有：菲尔德（Hartry Field）的《没有数的科学》（*Science Without Numbers*，1980 年）；不可或缺性论证的主要代表人物及其论著有：蒯因（W.V.Quine）的（《从逻辑的观点看》（*From a Logical Point of View*，1961 年）、《理论和事物》（*Theories and Things*，1981 年）等），普特南（Hilary Putnam）的论文（《逻辑哲学》（*Philosophy of Logic*，1971 年）、《什么是数学真理？》（*What is Mathematical Truth*，1979 年），科利范（Mark Colyvan）的著作《数学的不可或缺性》（*The Indispensability of Mathematics*，2001 年）；数学自然主义的主要代表人物及其论著有：麦蒂（Penelope Maddy）的《数学中的实在论》（*Realism in Mathematics*，1990 年）、《数学中的自然主义》（*Naturalism in Mathematics*，1997 年）、《第二哲学：一种自然主义的方法》（*Second Philosophy*：*A Naturalistic Method*，2007 年）、《为公理进行辩护：论集合论的哲学基础》（*Defending the Axioms*：*On the Philosophical Foundations of Set Theory*，2011 年）；直觉主义的主要代表人物及其论著有达米特（Michael Dummett）的《弗雷格：数学哲学》（*Frege*：*Philosophy of Mathematics*，1991 年）等。这个传统关注的核心问题主要集中在数学的本体论和认识论领域，其显著特征是他们都继续秉承了基础主义者传统的研究路径，即以语言分析和逻辑分析作为其论证的主要工具。但是上述各种不同的观点中，有的甚至没有具体的实际的数学实例给予支持。

第二种具体的研究路径是与"分析传统"对立的强调关注数学实践的"反传统"革新。这个路线主要的代表人物及其论著有：拉卡托斯（Imre Lakatos）的《证明与反驳》（*Proofs and Refutations*，1976 年）、戴维斯（Philip Davis）和赫斯（Reuben Hersh）的《数学经验》（*The Mathematical Experience*，1980 年）、克莱因（Morris Kline）的《数学：确定性的丧失》（*Mathematics*：*The Loss of Certainty*，1980 年）、基切尔（Philip Kitcher）的《数学知识的本质》（*The Nature of Mathematical Knowledge*，1984 年）、艾斯帕瑞（William Aspray）和基切尔合著的《现代数学史和数学哲学》（*History and Philosophy of Modern Mathematics*，1988 年）、托马兹克（Thomas Tymoczko）的《数学哲学中的新方向》（*New Directions in the Philosophy of Mathematics*，1986 年，1998 年）、吉利斯（Donald Gillies）等著的《数学中的革命》（*Revolutions in Mathematics*，1992 年）。还有

最近 10 年中出现的著作：赫斯的《什么是数学，真的？》（*What is Mathematics，Really？* 1997 年）、欧内斯特（Paul Ernest）的《作为一种社会建构论的数学哲学》（*Social Constructivism as a Philosophy of Mathematics*，1998 年）、格拉斯赫尔茨（Emily Grosholz）和布雷杰（Herbert Breger）合著的《数学知识的增长》（*The Growth of Mathematical Knowledge*，2000 年）、科菲尔德（David Corfield）的《走向一种真实数学的哲学》（*Towards a Philosophy of Real Mathematics*，2003 年）、赫斯的《18 篇论数学本质的反传统文章》（*18 Unconventional Essays on the Nature of Mathematics*，2006 年），以及柯克霍夫（Bart Van Kerkhove）和本德格姆（Jean Paul van Bendegem）合著的《数学实践的观点：把数学哲学、数学社会学和数学教育结合起来》（*Perspectives on Mathematical Practices：Bringing Together Philosophy of Mathematics，Sociology of Mathematics，and Mathematics Education*，2007 年）等。这个传统一方面竭力反对分析哲学的传统研究路径；另一方面强调要关注现实的数学实践，旨在从真实的数学面貌中给出其合理描述。其典型的特征是彻底放弃传统的语言和逻辑的分析策略以及以哲学导向为主的传统论题，试图从数学史、实际的数学研究、数学人类学、数学的认知科学、数学社会学、数学文化和数学教育等方面寻求新的养料和方法。但是，这个传统存在着弱化哲学主题的倾向。

上述两种具体的研究传统实际上暗含了三种不同的数学哲学研究范式。"分析传统"中的大部分解释路径在保持哲学主题和论证规范性的同时忽视了内容丰富的数学实践，属于规范的数学哲学。"反传统"革新中的大部分解释路径在关注数学实践的同时存在着弱化哲学主题及研究方法的倾向，属于描述的数学哲学。"分析传统"中的不可或缺性论证和数学自然主义，"反传统"革新中的数学的涉身认知进路、数学的人类学等解释在关注科学实践和数学实践的同时存在着用科学与数学的主题及探讨方式取代哲学的主题及探讨方式的倾向，属于自然主义的数学哲学。总体而言，这三种研究范式都不能充分满足数学哲学的任务。

与国外研究相比，到目前为止，国内数学哲学研究的演进历程中存在三种不同的传统（注意：这里不包括对基础主义的讨论）。

第一，具有恩格斯自然辩证法倾向或具有深厚的数学、数学史、数理逻辑基础的数学哲学传统。这一传统的代表人物有孙小礼、林夏水、李浙生、徐利治、张景中、周述岐、解恩泽、桂起权等。他们都十分重视数学中的哲学问题，从数学本身思考其哲学的价值。他们中有的人接受了自然辩证法的影响（如孙小礼、林夏水等），有的人自身就是数学家或院士（如徐利治、张景中等）。孙小礼出版了《数学·科学·哲学》（1988 年）和《数学与文化》（1999 年，与邓东皋等合著）两部著作；林夏水陆续出版了著作《数学的对象与性质》（1994 年）、《分形的哲学漫步》（1999 年）、《数学哲学》（2003 年）、《数学与哲学：林夏水文选》（2015

年），形成了系统的数学哲学理论；李浙生出版了《数学科学与辩证法》（1995 年）；徐利治出版了《数学方法论选讲》（1983 年）；张景中出版了《数学与哲学》（1989年）；周述岐出版了《数学思想和数学哲学》（1993 年）；解恩泽、徐本顺主编出版了《数学思想方法》（1989 年）、《世界数学家思想方法》（1994 年）；桂起权出版了《当代数学哲学与逻辑哲学入门》（1991 年）。

第二，具有拉卡托斯传统或"反传统"革新倾向的数学哲学研究。除国内学者介绍西方基础主义学派的工作（《西方数学哲学》（1986 年，郑毓信、夏基松合著）、《数学哲学引论》（王前，1991 年））之外，这个传统的主要代表人物有郑毓信等。郑毓信先后出版著作《数学、逻辑与哲学》（1987 年，与林曾合著）、《数学哲学新论》（1990 年）、《数学教育哲学》（1995 年）、《数学哲学中的革命》（1999年，与李国伟合著）、《认知科学、建构主义与数学教育》（1998 年，与梁贯成合著）、《数学文化学》（2000 年，与王宪昌和蔡仲合著）、《数学哲学与数学教育哲学》（2007 年）等。可以看出，这个方向的研究具有明显的西方"反传统"革新的特征。

第三，具有"分析传统"风格的当代数学哲学研究。持有这种研究传统的学者的明显特征就是，他们探讨的问题和方法与西方的哲学传统有着紧密关联，这种探讨把其自身的研究放置于整个哲学的大背景中，从而与各门自然科学哲学、一般科学哲学和形而上学、认识论等有着天然的联系。这个传统的主要代表人物有郭贵春、刘晓力、叶峰、郝兆宽等。郭贵春在其著作《当代科学实在论》（1991年）、《后现代科学实在论》（1995 年）、《科学实在论教程》（2001 年）中把哥德尔、蒯因和普特南、麦蒂、比格洛（John Bigelow）、达米特等的数学实在论和反实在论思想，放置于整个科学哲学特别是与科学实在论的关联中进行了详细探讨。刘晓力对哥德尔的数学哲学思想进行了研究，著有《理性的生命——哥德尔思想研究》（2000 年）；刘晓力与郑毓信合作编译了《康托的无穷的数学和哲学》（1989年）；叶峰发表了一系列论文，如《数学真理是什么？》（2005 年）、《"不可或缺性论证"与反实在论数学哲学》（2006 年）、《一种自然主义的数学哲学》（2008年）、《弗雷格的算术哲学》（2008 年）、《当代数学哲学中的实在论与反实在论》（与刘晓力合作，载于郭贵春和成素梅主编的《当代科学哲学问题研究》（2009 年））等，形成了自然主义的数学哲学理论，出版《二十世纪数学哲学——一个自然主义者的评述》（2010 年）；郝兆宽发表了《数的定义：戴德金与弗雷格》（2006 年）、《连续统与 Ω 猜想》（与施翔晖、杨跃合作，2010 年）、《不自然的自然主义》（2013年）、《哥德尔针对物理主义的一个论证》（2014 年）、《论分析性——来自哥德尔的启示》（2014 年）等，编有《逻辑与形而上学》（2008 年），与杨睿之合译《数学哲学：对数学的思考》（2009 年）。

总体来看，我国学术界的相关学者在数学哲学领域已经做了许多卓越的工作，为国内数学哲学学科的发展奠定了坚实的基础。然而，仍然需要注意的是，我国无论是在"基础主义""拉卡托斯传统"还是"分析传统"研究的深度与广度方面，与国外研究相比依然存在一定差距。虽然叶峰尝试从自然主义的角度对数学哲学的各种难题进行了解释，但整体而言，我国学者对当代西方数学哲学的主流研究路径的分析传统的研究还很欠缺，对于最新出现的试图调和"分析传统"与"反传统"革新的数学实践哲学，还没有引起国内同行的注意。而且，目前尚未发现有国内学者从"范式"的角度对当前数学哲学的各种解释路径进行批判性分析并提出相应解释，基于此，这正是本书想在此方面做的工作。

由前述分析可知，由于"规范的""描述的"和"自然主义的"数学哲学研究范式都没有充分满足数学哲学的根本任务，以致在其范式引导下的"分析传统"和"反传统"革新仍然无法对数学实践给出一种较为合理的整体性说明，存在着各自无法克服的困难。事实上，当前的数学哲学研究中已经出现了第三种新的研究趋向：数学实践哲学。数学实践哲学呼吁对数学实践进行哲学说明，是当代西方数学哲学兴起的又一大新兴力量，这种趋向的主要代表人物和论著有：曼科苏的《17世纪的数学哲学和数学实践》（*Philosophy of Mathematics and Mathematical Practice in the Seventeenth Century*，1996年）、《数学实践哲学》（*The Philosophy of Mathematical Practice*，2008年），由曼科苏、约根森（Klaus Frovin Jørgensen）和彼得森（Stig Andur Pedersen）主编的《数学中的可视化、说明和推理方式》（*Visualization，Explanation and Reasoning Styles in Mathematics*，2005年），曼科苏的论文《数学说明：问题和前景》（*Mathematical Explanation：Problems and Prospects*，2001年）等；布朗（James Robert Brown）的《当代数学哲学导论：证明和图像的世界》（*Philosphy of Mathematics—A Contemporary Introduction to the World of Proofs and Pictures*，1999年，2008年）；奥尔文（Gerard Allwein）和巴威思（Jon Barwise）的《有图表的逻辑推理》（*Logical Reasoning with Diagrams*，1996年）；詹昆托（Marcus Giaquinto）的《数学中的视觉思考：一种认识论研究》（*Visual Thinking in Mathematics：An epistemological study*，2007年）；麦克拉蒂（Colin McLarty）的论文《探索范畴论的结构主义》（*Exploring Categorical Structuralism*，2005年）等、克罗默（Ralf Kromer）的《工具和对象：范畴论的历史和哲学》（*Tool and Object：A History and Philosophy of Category Theory*，2007年）；费雷拉斯（José Ferreiros）和格雷（Jeremy J.Gray）的《现代数学建筑：数学史和数学哲学论文》（*The Architecture of Modern Mathematics：Essays in History and Philosophy*，2006年）等。这种研究趋向关注的问题主要包括数学说明、视觉（图像）推理、数学确证、数学应用、数学发现、数学中的概念和定义、数学结构、数学中的理解等，其中涉及像纽结理论、分形几何、范畴论、数学物理学、代数拓扑学、计算机数学、复分析等大量的数学分支学科。其典型的特征是试图把"分析传统"关注的核心问题及分析方法与"反传统"革新强调的数学实践相结合，同时避免二者的缺陷。值得注意的是，数学实践哲学的大部分研究成果将关注的焦点从传统的数学本体论、数学真理和数学知识等问题转移到了与数学实践活动密切相关的其他哲学问题上来，虽然拓宽了数学哲学的研究视野，但他们没有对传统的哲学难题进行求解，没有实现很好的对接。

基于上述研究状况，为了突破"分析传统"对数学本质及其实在性等难题的解释困境，同时避免"反传统"革新对哲学研究规范性的背离，实现数学实践哲学与主流的"分析传统"研究的对接，以此在元理论层面提出符合数学哲学根本任务及与数学实践哲学相一致的研究范式，笔者试图提出一种语境论的数学哲学。作为一种新的世界观、认识论和方法论，语境论的基本思想已经对哲学研究方式的转换产生了深刻影响，尤其对科学哲学影响更为深远，为求解其基本难题提供了新的研究视域与启迪性思路。

为此，本书试图立足于语境论这一全新视角，在当前数学哲学发展的理论困境的背景下分析语境论数学哲学提出的动因；同时，全面考察语境论数学哲学的思想渊源，构建其核心原则，阐明它的分析方法，以此确立语境论数学哲学的基本纲领；以语境论为切入点，运用语境论数学哲学的全新思想对数学本质和数学实在性等数学本体论难题进行重新解释，深入剖析当代数学哲学中各种解释面临的理论困境，试图从语境的基点上求解数学哲学的传统难题；最终，通过对当代数学哲学的理论发展及困境的梳理，对当代数学哲学进行语境论重建，进而阐明语境论数学哲学研究在当代数学哲学发展中的重要意义。

基于以上思路，本书分为以下几章：

第一章"语境论数学哲学提出的动因"主要分析当前数学哲学研究的现实背景，批判性地分析数学哲学中现有的三种研究范式的研究路径、合理性及其困境。在此基础上，结合数学实践哲学兴起的时代背景阐明当前数学哲学的发展需要一种新的研究范式的迫切要求和所需的必备条件。

当前，数学哲学中存在三种研究范式：规范的、描述的和自然主义的数学哲学范式。规范的数学哲学在保持哲学传统研究规范性的同时，忽视了内容丰富的数学实践，尤其是，这种"第一哲学"式的传统研究进路有可能歪曲真实的数学实践；描述的数学哲学在注意到数学哲学应关注数学实践的同时，彻底否定了传统研究，把数学哲学定位为仅仅是对数学实践进行描述，存在着弱化数学哲学研究主题和方法的倾向；自然主义的数学哲学意识到数学哲学应重视数学实践和科学实践，但其缺陷在于把数学的哲学问题自然化，将哲学问题还原为数学和科学问题进行解答，存在着取代数学哲学研究主题和方法的倾向。因此，这三种范式都因其存在自身缺陷，从而无法完成数学哲学的根本任务。实际上，数学实践哲学开始兴起时，它试图将传统研究的主题和方法与具体的数学实践相结合进行研究。在这种现实背景下，当前数学哲学的发展迫切需要一种新的范式，其所需的必备条件有：①尊重数学实践，反对"第一哲学"；②保持哲学研究的规范性特征；③避免将数学的哲学问题自然化，但是数学的哲学说明需要与科学的世界观相一致。

第二章"语境论的数学哲学的基本纲领"包括："语境论数学哲学的思想渊源""语境论数学哲学的核心原则"和"语境论数学哲学的分析方法"三个部分。在分析了数学哲学的现实背景，明确了一种合理的数学哲学研究范式的必备条件之后，本章试图构建"语境论的数学哲学的基本纲领"，主要内容包括考察语境论数学哲学的思想渊源，指出语境论的世界观、语境实在论和语境论的科学哲学为语境论数学哲学的产生奠定了思想基础；阐明语境论数学哲学的六个核心原则：实践原则、动态原则、语境原则、一致性原则、整体论原则和跨学科原则；论述语境论数学哲学的分析方法，即语境分析；在此基础上构建语境论数学哲学的基本纲领，为下面求解各种难题奠定思想基础和方法论内核。

第三章"数学本质的语境论说明"在明确了语境论数学哲学的基本纲领之后，主要基于语境论视角重新讨论"数学的本质是什么"的数学本体论难题，通过对传统解释及其困境的分析，试图给出数学本质的语境论说明。本章主要内容包括：首先，对"数学本质"（数学的研究对象）的内涵作出界定，认为哲学家们关于"对象"一词的理解包括两层含义，即在数学层面指的是数学的研究对象，在形而上学层面指的是"事物"（thing）意义上的本体论本质；其次，立足于真实数学实践的各种不同语境，分析当前关于数学本质的数学对象柏拉图主义和结构主义的解释及其各自的困境；最后，尝试对数学本质进行语境论的说明——数学研究对象的本质是概念。无论是作为个体的数学对象还是数学结构本质上都是一些数学概念，此外，数学的研究对象还包括一些过程，过程本质上也是概念。对数学实践本身而言，数学研究对象的核心是"什么随数学的发展而定"，因而它本身就是一个处于不断变化中的开放性问题。

第四章"数学实在性的语境论说明"在明确了"数学的本质是什么"之后，数学本体论难题的另一个关键就是要回答数学的实在性问题，即抽象的数学世界是否存在？数学与现实的物质世界之间的关系是什么？为此，本章基于语境论数学哲学的核心思想对数学的实在性问题给出新的解答。本章主要内容包括：首先，探讨关于数学实在性问题的传统实在论和反实在论的解释、困境及出路；其次，详细分析关于数学实在性问题的当代数学实在论的不可或缺性论证、自然主义集合实在论的辩护和数学虚构主义的反实在论解释，阐明各自面临的困境；最后，对数学实在性问题给出语境论的说明，即抽象的数学世界不存在，数学与物质世界之间的关系是表征而非描述。

结语"语境论数学哲学的发展及意义"通过对当代数学哲学的理论发展及困

境的详尽梳理，进一步探寻未来数学哲学新的发展趋向，以前述语境论在求解数学哲学本体论难题中的应用为基础，深入挖掘语境论数学哲学进一步的研究域面，对当代数学哲学进行语境论重建，最终阐明语境论数学哲学研究对促进当代数学哲学发展的重要学术意义和实践价值。

第一章 语境论数学哲学提出的动因

在以问题为主导的数学哲学研究的框架内，数学哲学家如果想提出自己的观点或者解释立场（如数学柏拉图主义、结构主义、虚构主义、模态唯名论、数学自然主义、社会建构论等），那么他们在形成自己的观点并为之辩护之前一定有其依赖的背景性的预设框架。我们把这种背景性的预设框架称为"数学哲学研究范式"。事实上，在当前的数学哲学界，构建一种合理的"数学哲学研究范式"已经变得相当迫切，不仅哲学家们之间展开了广泛的争论，甚至连数学家、数学史家和数学教育学家们也迫不及待地加入了这个行列中。其中一部分原因在于，一些数学家已经无法忍受由（过去的和当前的）某些倡导数学柏拉图主义的哲学家们为数学所描绘出的图像——数学是对柏拉图式的抽象数学世界的研究，数学真理就是关于这些抽象对象（或者结构）的真理，数学家们从事的就是这种探索数学真理的一项事业，数学对象或者结构的存在和数学真理独立于数学家们的实际研究活动。在他们看来，数学柏拉图主义的哲学家们为数学描绘出的这幅图像实在令人担忧，因为这些哲学家们极有可能正在从事（或许将来也一直从事）一项误解真实的数学实践面貌的冒险事业。这样，许多职业数学家们忧心忡忡地加入了数学哲学的研究队伍中来，他们开始关注数学哲学家们的研究工作，并反思数学的本质，思考着数学哲学究竟该如何前行。从根本上讲，上述那些质疑的声音不仅仅是对传统数学哲学观点的反对，它们更直接关系到了数学哲学的根本问题：数学哲学家们实际需要承担的任务是什么？

坦白地说，这个问题是数学哲学家们实际从事研究的背景性的预设前提，它是一个元数学哲学问题或者说是一个数学哲学的元理论问题。从逻辑上来讲，数学哲学家们在从事具体的研究之前首先应该非常清楚数学哲学的任务，然而，令人遗憾的是，数学哲学的情形恰好相反。人们对于数学哲学究竟应该赋予自身一种什么样的责任似乎依然不是十分清楚。迄今为止，数学哲学的研究中出现了三种不同的研究范式：①规范的（或"第一哲学"的）数学哲学；②描述的（或"与哲学不相关"的）数学哲学；③自然主义的数学哲学。

第一节 规范的数学哲学及其困境

规范的数学哲学的基本理念在于，以一种先验的"第一哲学"的探究方式为数学实践规定一幅标准的图景。根据这种观点，数学家们应该按照这幅图景从事研究，数学哲学先于并决定（或者指引）数学实际被探索的方式。当数学和哲学发生冲突时，数学家们应该纠正自己的实践来满足相应的哲学要求。总体而言，这种研究范式在保持了哲学传统规范性的同时却忽视了数学实践，是一种带有绝对主义的、抽象的、非历史的和普遍倾向的哲学说明。

一、规范的数学哲学的研究路径

规范的数学哲学的研究路径主要表现为当代的数学实在论和反实在论的各种解释。其探讨的主题包括：抽象的数学对象是否存在？如果存在，数学家们是如何获得这些抽象对象的知识的？数学真理是否独立于数学公理和证明？数学真理依赖于数学家吗？先验的数学知识如何能成功地应用于科学和对世界的说明中？数学陈述的真假是如何得到确证的？数学中的抽象单称词项指称了一种实在对象吗？数学的研究主题是作为个体的数学对象还是数学结构？等等。这些论题涵盖了数学本体、数学真理、数学知识和数学语义学等方面。关于这些问题的讨论主要以哲学家的论争为主。值得注意的是，处于规范的数学哲学范式引导下的当代数学实在论和反实在论的争论主导了最近 50 年来数学哲学的研究论域和方向。

（一）数学实在论和反实在论争论的根源

自 20 世纪数学基础大论战之后，以弗雷格为先驱、哥德尔为代表的当代数学实在论很快占据了数学哲学发展的主流，曾一度成为对"什么是数学"的一种流行的哲学说明。由此，数学实在论为我们描绘出了一幅崭新的"数学图像"：①数学是研究像数、集合、函数、几何图形和空间等各种数学对象及其性质的一门科学。这些数学对象是真实的，不占有特定的时空位置、非因果、不经历变化、独立于人类的心灵和一切物质对象，是不能被人类所感知到的抽象实体。②数学真理是关于实在的抽象数学世界的准确描述，数学陈述的真假由数学事实决定。③数学家们的大多数数学信念为真，即人类可以获得该数学世界的真理。④数学实践中的语言应该按照其字面的意思加以理解，我们可以通过数学语言谈论并指称这些抽象数学对象。

然而，美国哲学家贝纳塞拉夫于 20 世纪六七十年代发表的两篇论文《数不能是什么》和《数学真理》直接威胁到了上述数学实在论的本体论和认识论基础，使数学实在论陷入了如下的巨大困境之中。

1. 数学实在论的本体论困境

自弗雷格把数的本质定义为一种"抽象对象"以来，虽然 20 世纪 30 年代哥德尔的不完全性定理彻底摧垮了逻辑主义、直觉主义和形式主义的哲学规划，但是弗雷格的数学柏拉图主义思想却得到了哥德尔的有力支持。以至于在这之后，以数学柏拉图主义为代表的数学实在论占据了数学哲学领域中的主流地位，后又得到具有深远影响的哲学家蒯因的进一步辩护。直到 1965 年，贝纳塞拉夫以结构主义的立场在其论文《数不能是什么》中明确对数学柏拉图主义提出挑战，这种认为数学研究的是个别的对象及其性质的观点独领风骚的局面才被打破。

针对弗雷格关于"每一个个别的数是对象，数字指称数"的本体论断言，贝纳塞拉夫试图以现实的数学实践为基础，通过考察策梅洛-弗兰克尔集合论（另加选择公理，简称 ZFC 系统）和冯·诺伊曼-贝尔纳斯-哥德尔集合论（简称 NBG 系统），论证了数不是集合，从而根本就不是对象。理由在于，"如果数是集合，那么它们一定是特殊的集合，因为每一个集合都是某个特殊的集合。但是，如果数 3 真的是一个集合而不是另一个，那么对此给出某种令人信服的理由一定就是可能的"[①]。但是，根据弗雷格给出的对象同一性的判别标准和实际的数学情形，贝纳塞拉夫认为，要确定数 3 究竟是哪个集合实际上是做不到的。这是因为，按照 ZFC 和 NBG 系统，自然数序列可以分别记为

(1) $\varnothing$，$\{\varnothing\}$，$\{\varnothing, \{\varnothing\}\}$，$\{\varnothing, \{\varnothing\}, \{\varnothing, \{\varnothing\}\}\}$，…

(2) $\varnothing$，$\{\varnothing\}$，$\{\{\varnothing\}\}$，$\{\{\{\varnothing\}\}\}$，…

对于 ZFC 系统，一个数 n 的后继是由 n 和 n 的所有成员组成的集合，即 $n\cup\{n\}$，而对于 NBG 系统而言，n 的后继仅仅是 $\{n\}$。这样，如果把数看作是一个特定的集合，那么，在 ZFC 系统中，数 n 有 n 个成员；而在 NBG 系统中，数 n 仅仅有 1 个成员。于是，根据（1），我们就有 3=$\{\varnothing, \{\varnothing\}, \{\varnothing, \{\varnothing\}\}\}$；根据（2），我们有 3=$\{\{\{\varnothing\}\}\}$。同时，根据集合的外延公理，我们知道给定任意两个集合 A 和 B，$A=B$ 当且仅当 A 和 B 有相同的元素，即 $\forall A\forall B(\forall x(x\in A\leftrightarrow x\in B)\leftrightarrow A=B)$。这样，既然 $\{\varnothing, \{\varnothing\}, \{\varnothing, \{\varnothing\}\}\}$ 和 $\{\{\{\varnothing\}\}\}$ 的元素并不相同，那么这两个集合不等同，因此，不可能有 3=$\{\varnothing, \{\varnothing\}, \{\varnothing, \{\varnothing\}\}\}$，同时，3=$\{\{\{\varnothing\}\}\}$，正因为如此，数 3 根本就不能是集合。

对于贝纳塞拉夫而言，上述 ZFC 和 NBG 系统对于数的解释似乎都是正确的。他因此得出结论说："数根本不可能是集合，因为没有令人满意的理由说任意一个特殊的数就是某个特殊的集合。……所以，扩展导致数不可能是集合这个结论的论证，我就能论证数根本不可能是对象……"[②]

这样一来，弗雷格式的数学实在论者就需要更加深入细致地探讨数学实体的本质（比如，数究竟是个体对象还是别的什么），进而讨论数学的核心（比如，数学研究的究竟是作为个体的对象还是结构，抑或是其他）。

① Benacerraf P. What numbers could not be. The Philosophical Review，1965，74（1）：62.
② Benacerraf P. What numbers could not be. The Philosophical Review，1965，74（1）：67，69.

2. 数学实在论的认识论困境

贝纳塞拉夫的另一篇论文《数学真理》对数学柏拉图主义的认识论提出了挑战。根据贝纳塞拉夫的分析，如果数学柏拉图主义不能提供一种令人满意的认识论，那么这种立场应该被拒绝。

贝纳塞拉夫以经验自然科学的语义学和认识论解释为出发点，期望数学和自然科学能够有一个统一的语义学和认识论基础。然而经过考察，他发现数学不能同时遵循这两种解释，因为这两种解释互不相容。首先，在贝纳塞拉夫看来，数学的语义学解释应该和科学的语义学解释相一致。科学的最佳语义学是塔斯基（Alfred Tarski）的标准语义学，其解释例示为："雪是白的"为真，当且仅当，雪是白的。也就是说，科学真理和事实之间有一种对应关系。如果数学的最佳语义学也遵循这种解释模式。那么"3 是奇数"为真，当且仅当，3 是奇数。这就要求3 存在并且具有奇数的性质。因此，按照塔斯基的语义学，一个数学语句为真的真值条件就是，该语句中所包含的单称词项指称的数学对象存在。换言之，数学的语义学解释预设了数学柏拉图主义的本体论。其次，他认为数学认识论应该和科学知识的认识论相一致。科学的最佳认识论是知识因果论（CTK），即如果 X 要知道 P，必须满足的条件之一是，X 的信念 P 和引起 X 相信这个信念为真的事实 P 之间应该有一种适当的因果关系。事实 P 是引起 X 相信 P 为真的原因。除此以外，贝纳塞拉夫还赞成指称的因果解释。即我要知道"桌子上有个杯子"这个陈述为真，就需要在我和语词"杯子"的指称对象杯子之间有某种因果联结（如我用我的眼睛看到了它）。

然而，经过仔细分析可以发现，数学和科学应该有一种统一的语义学和认识论基础的愿望最终不能实现。这是因为，一方面，如果数学的语义学解释遵循塔斯基的标准语义学，那就不得不放弃知识因果论，既然数学对象是因果无效（causally inert）的，与其认知者因果隔绝。另一方面，如果数学知识遵循知识因果论，那么数学家和数学对象之间具有因果关系，这就要求数学对象处于具体的时空之中。于是，我们将不得不在以下两种情形中做出选择：要么把处于时空中的数学符号直接看作数学对象，要么我们就把数学证明看作是获取关于数学对象的知识（即数学真理）的途径。但是，这样的选择又迫使我们必须放弃塔斯基的语义学。因为按照塔斯基的观点，一方面，符号和它指称的对象是不等同的；另一方面，决定一个数学语句为真或假的是数学事实，而不是数学证明。因此，数学的标准语义学解释和一般知识的因果理论是相互冲突的。从而数学柏拉图主义和知识因果论互不相容。

这样，以知识的因果解释作为前提，贝纳塞拉夫指出了数学柏拉图主义面临的认识论困境。如果知识和语词指称的解释标准是因果理论，那么数学柏拉图主义就会使得数学认识成为不可能。因为，按照数学柏拉图主义的解释，数学陈述涉及抽象数学对象。既然数学对象不在时空中，是抽象的，又由于因果相互作用只有在特定的时空中才发生且抽象对象不起这样的因果作用，那么具体时空之内的认知者和时空之外的抽象数学对象［如论证模式（2）］之间就不会有因果关联，因此，每一个涉及抽象数学对象的知识就是不可能的。这样，根据知识的因果解释和对数学对象的柏拉图主义刻画，就能推出，"如果柏拉图主义是对的，我们就没有数学知识。但是，我们确实有数学知识，因此，柏拉图主义一定是错的"①。对数学柏拉图主义的认识论挑战的具体论证模式如下：

（1）人类（即认知者）存在于时空中。

（2）如果数学对象存在，则它们存在于时空之外。

（3）因果相互作用发生在特定的时空中。

因此：

（4）如果数学对象存在，则抽象数学对象和其认知者之间不具有因果关系。

于是：

（5）如果数学陈述 P 涉及了这样的抽象数学对象，则事实 P 和认知者对数学陈述 P 的信念之间不具有因果关系。

这样，根据知识因果论：

（6）如果数学柏拉图主义是正确的，即数学陈述是对抽象数学对象及其性质和关系的真实描述，那么认知者就不具有关于这些对象的知识。

（7）数学家们确实有数学知识。

因此：

（8）数学柏拉图主义不正确。

总体来看，对数学柏拉图主义遇到的本体论和认识论困难的反思，使得当代数学实在论和反实在论的争论成为最近50年来数学哲学议程上的主要议题。随着关于数学本体和数学真理的实在性问题的争论愈加激烈，几乎每一个数学哲学家都在不同层面参与到了这场争论中。

（二）数学实在论和反实在论争论的主题

"真实"一词起源于拉丁语"res"（物品、物件），意思是具体和抽象意义上的事物。这样，实在指的就是所有真实事物的总体，并且实在论是关于这些真实

---

① Maddy P. Realism in Mathematics. Oxford: Oxford University Press，1990：37.

事物的某些方面的实在性的一种哲学学说。① 从当代数学哲学研究的主流路径来看，数学实在论和反实在论的争论主要围绕以下四个领域的难题展开：

（1）数学实体问题：存在着独立于人类心灵和人类活动的数学实体吗？数学实体的本质是什么，即数学研究的是具体的数学对象还是数学结构？

（2）数学真理问题：数学陈述是否具有独立于人类心灵和人类活动的客观真值？什么使得数学命题为真？

（3）数学知识问题：关于数学世界的知识是可能的吗？人类究竟能否获得数学实体的知识？他们是怎样获得的？数学家如何知道一个数学命题为真？认知主体和数学对象及事实之间的关系又如何呢？

（4）数学语义学问题：数学真理是否是一种数学语言和实在之间的语义关系？数学单称词项指称数学实体吗？

19 世纪末 20 世纪初，弗雷格成为开启当代数学实在论研究的第一人。他通过为数学知识的先验性、必然性及客观性辩护，论证了每一个个别的数是对象，一个真的数学陈述中的数学单称词项有指称，其指称对象就是抽象数学对象。值得注意的是，20 世纪前半叶的数学哲学并不是以讨论数学实在性的论题为主，而是基础主义占主导地位。事实上，当时正值追随经验主义传统的逻辑实证主义开始兴起，代表人物卡尔纳普（Rudolf Carnap）以可证实性为标准提出"通过语言的逻辑分析清除形而上学"的口号，向弗雷格式的数学柏拉图主义提出责难。他认为接受一种指称抽象数学对象的语言并不蕴含着对弗雷格式的数学柏拉图主义的本体论的接受。前者是数学的内部问题，可以通过数学语言的逻辑分析在数学语言的框架内来谈论数学实体的存在性问题；后者则是数学语言框架之外的关于数学实体存在的形而上学问题，是一个外部问题。根据意义的可证实性标准，数学语言框架内的存在性陈述可以通过逻辑证明来确证，从而是有意义的；数学实体本身的存在性问题既不能通过经验来确证，也不能通过逻辑证明来确证，从而是无意义的。这样关于数学实体的本体论地位问题作为形而上学被逻辑实证主义抛弃了。1953 年，哲学家蒯因在其《从逻辑的观点看》一书中提出了"本体论事实"与"本体论承诺"之间的区分，使关于数学实体的本体论问题趋向于变为关于数学语言的语义学的争论，通过语言分析对数学的实在性问题作出解释。事实上，在这段时期，无论是卡尔纳普还是蒯因的学说，在数学哲学的发展中占主导地位的是经验主义传统。关于数学实体的实在性问题的争论也暂时处于一个平息期。

直到 20 世纪六七十年代，由于指称因果论和知识因果论构成了对数学柏拉图主义的挑战，数学实在论和反实在论的争论才又重新引领了当代数学哲学发展的主流。

---

① Niiniluoto I. Critical Scientific Realism. New York：Oxford University Press，1999：1.

（三）数学实在论和反实在论的具体立场

围绕上述问题，当代的数学哲学研究中出现了关于数学实体的本体实在论和反实在论、关于数学真理的真值实在论和反实在论、关于数学知识的认识实在论和反实在论、关于数学语义学的语义实在论和反实在论几种立场。

1. 数学本体实在论和反实在论

从本体论的角度看，数学是研究数、集合、函数、群等的科学。这些数学实体似乎是抽象的，不占有时空位置。那么它们存在吗？如果存在，在什么意义上存在？它们的存在是否独立于数学家们的心灵和数学共同体的语言、约定、构造等活动？数学实体的本质是数学对象还是数学结构？对这些问题持肯定态度的观点认为，数学实体存在，并且客观地存在着，独立于数学家们的心灵和数学共同体的语言、约定及构造等活动，它们是抽象的、不可观察的、不占有时空位置、不经历变化、永恒的、因果无效的。雷斯尼克和夏皮罗把这种立场称为"本体实在论"。

传统的数学本体实在论——数学柏拉图主义的解释策略面临着严重的认识论困境。既然数学对象是抽象的、不在时空中的，数学家们通过感官知觉不到，数学对象又和数学家没有直接的因果关联，那么数学家们是如何获得关于数学实体的知识的？面对这种认识论难题，传统的数学本体实在论者遇到了来自各种本体反实在论者的挑战。

数学本体反实在论的基本立场是，或者数学实体根本不存在，或者即使数学实体存在，它们的存在也依赖于数学家。前一种观点是强的数学本体反实在论，"唯名论"是其典型代表。唯名论在当代数学哲学中的表现形式之一——菲尔德的"虚构主义"，认为数学是一种有用的虚构，数学实体就像是作家笔下虚构小说中的虚构人物。后一种观点是弱的数学本体反实在论，其典型代表是直觉主义，认为数学实体或者数学定理是数学家们的心灵构造。他们的口号是"存在就是被构造"，凡是存在的都是被构造的。因此，按照这种观点，他们否认实无穷总体的存在，因为他们不可能用潜在的直觉构造出全部的实数。

数学实在论和反实在论在本体论方面的根本分歧在于，数学本体实在论者主张，数学实体客观地存在，我们能用数学语言指称或谈论这些抽象的数学实体及其性质；并且他们相信数学真理是对实在的抽象数学世界中的数学事实的客观描述，就像自然科学真理是对实在的处于具体时空中的自然世界中的事实的客观描述一样。而数学本体反实在论者却认为抽象的数学实体根本不存在，即使存在，也是数学家们创造或者构造的。因此，他们在对待数学中最基本的"非直谓定义"时产生了直接的冲突。简单而言，"非直谓定义涉及一个类，这个类包含了正在被定义的对象。通常的'最小上界'定义就是非直谓的，因为它通过涉及所有上界的集合而定义了一个特殊的上界"①。数学实在论者认为，数学语言是刻画数学实体的，因此数学实在论者承认数学中的非直谓定义。而数学反实在论者却坚决反对这个定义的合法性，因为既然数学对象是被构造的，一个数学家不可能通过涉及构造被定义对象的类反过来重新定义这个对象，这是做不到的。虽然现在直觉主义的反实在论受到了大量的批评，但是数学本体反实在论在实在论者的批判中又酝酿出了新的形式，这就是当代的虚构主义和模态结构主义。实在论者也提出了各种不同的实在论立场来进行辩护，其中有麦蒂的自然主义集合实在论、雷斯尼克和夏皮罗的结构主义实在论等。需要注意的是，在数学本体反实在论的论证越来越精细的情况下，数学本体实在论者不仅要在立场上继续保持坚定，而且还要找到更合适的方法论策略来为数学实在论进行辩护。

在数学的本体论层面，另一个重要的问题是数学的本质究竟是研究作为个体的对象还是结构。关于这个问题，学界出现了数学对象柏拉图主义、数学对象反柏拉图主义、数学结构柏拉图主义、数学结构反柏拉图主义四种立场。

对象柏拉图主义主张，数学是研究数学对象及其性质的科学，数学的本质是对象；数学对象的存在独立于人类的心灵和人类的语言、约定等其他活动；数学对象是抽象的、不占有时空位置、不经历变化、因果无效的。对象反柏拉图主义承认数学是关于数学对象及其性质的科学，数学的本质是对象；但他们否认数学对象的客观存在性，主要表现为要么直接否认数学对象存在，要么认为数学对象的存在依赖于人类的心灵或人类活动。

结构柏拉图主义主张，数学是研究各种各样的数学结构或者关系的科学，数学的本质是结构或关系。数学结构独立于人类的心灵和人类的语言、约定等其他活动而存在；数学结构是抽象的、不占有时空位置、不经历变化、因果无效的。数学对象是数学结构中的位置。结构反柏拉图主义承认数学是关于数学结构或关系的科学，数学的本质是结构或关系；但他们否认抽象数学结构的客观存在性，主要体现在要么直接否认数学结构存在，要么认为数学结构的存在依赖于人类的心灵或人类活动。

对象柏拉图主义的典型代表人物有弗雷格、哥德尔、新弗雷格主义者赖特和黑尔；对象反柏拉图主义的支持者有菲尔德和达米特；结构柏拉图主义的典型代表人物有雷斯尼克、夏皮罗；结构反柏拉图主义的支持者有贝纳塞拉夫、希哈拉和赫尔曼。

---

① Shapiro S.The Oxford Handbook of Philosophy of Mathematics and Logic. Oxford：Oxford University Press，2005：7.

2. 数学真值实在论和反实在论

贝纳塞拉夫的《数学真理》一文论证了数学真理的语义学解释和数学真理的可知性之间不相容的事实。他认为，由于人们至少可以认识一些数学真理，所以数学柏拉图主义的解释是不合理的。对数学柏拉图主义认识论难题的反思，学界形成了两种不同的路径：一种是数学实在论者竭力提供数学真理的认识论说明；另一种则对贝纳塞拉夫论证的前提"数学陈述是否有真值"以及"真值由什么确定"的问题进一步深思，由此形成了数学真理的真值实在论和真值反实在论。

数学真值实在论者认为，数学陈述具有真值，这些真值具有独立于数学家的心灵、语言、约定以及数学共同体活动的客观性。在他们看来，数学定理如同物理学定律一样描述实在的世界，它们的真值不依赖于发现定理或者证明定理的数学家们的活动。从经典逻辑的角度看，对于数学命题 A，有 $A \vee \neg A$，即或者 A 为真，或者 A 的否定为真，从而 A 具有真值。或许有人会举出一些反例来驳斥这个观点。比如，数学家康托尔提出的著名猜想"连续统假设"（continuum hypothesis，CH），它既不能在标准的公理化集合论中被证明，也不能被驳斥，因此 CH 根本没有真值。数学真值实在论者对此作出的辩护是，既然数学陈述不依赖于具体的人，那么数学是发现的而不是发明的，同时由于人的生理和心理等限度，存在不被人所知的数学真理。假定即使 CH 为真，按照实在论的观点，处于特定时代的人可以不知道它为真。需要注意的是，不知道 CH 为真并不代表 CH 不为真。

数学真值实在论的代表人物有：弗雷格、哥德尔、麦蒂、赖特、黑尔、雷斯尼克、夏皮罗、蒯因、普特南等。

数学真值反实在论者的基本立场是，数学陈述要么不具有真值，要么其真值依赖于数学家。否认数学陈述有真值的典型立场是菲尔德的数学虚构主义。既然数学对象是数学家的虚构实体，也就不存在虚构对象的数学事实，自然也就无所谓数学真理了。用贝纳塞拉夫和普特南的话来讲，数学真理充其量也就是"故事中的真理"（truth in story）。主张数学陈述的真值依赖于数学家的代表观点是数学中的直觉主义和卡尔纳普所倡导的约定真理观。数学直觉主义者遵从直觉主义逻辑，反对经典逻辑。按照他们的标准，数学中的存在性证明和排中律都不成立，只有确实被数学家构造出来的证明才是真正的证明。因此，一切数学命题的真值都是可确定的，数学家们能够认识所有的数学真理，数学真理等同于数学证明，不存在不能被人所认识的数学真理。这样，数学陈述的真值依赖于数学中的构造性证明，依赖于数学家的数学活动，不具有独立性。卡尔纳普追随经验主义的传统，运用逻辑和语言分析对数学陈述有意义的条件进行了论述。按照他的观点，实体分为具体的物质实体和抽象实体，有关物质实体的断言可以通过经验确证的方式断定其真假；有关抽象实体的断言则可以通过逻辑证明确定它们的真值。经验陈述涉及事实内容，数学陈述则不包括这样的事实或信息，数学陈述的真值由定义、公理和逻辑规则确定。因此，数学陈述的真值依赖于特定的语言框架，数学真理是一种逻辑真理、分析真理，而不是对由抽象实体构成的数学世界的刻画。由于数学系统中的公理是按照逻辑的一致性标准进行选取的，在这个意义上，数学真理就是从约定的公理系统中推导出的逻辑命题。

3. 数学认识实在论和反实在论

按照尼尼洛托（Ilkka Niiniluoto）的观点，"认识论研究的是人类知识的可能性、来源、本质和范围。……从认识论的角度看，实在论的问题是：关于世界的知识是可能的吗？"① 因此，就数学认识论而言，数学实在论面临的首要的、不可回避的问题就是：关于数学世界的知识是可能的吗？人类究竟能否获得数学对象的知识？即关于数学对象和数学事实的认识的可能性问题。进一步，认知主体和数学对象及事实之间的关系又是如何的呢？

不可否认的是，上述问题和数学的本体论及数学真理的实在论问题紧密相关。首先，承认存在一个由数学实体构成的数学世界。在此前提下，主张数学实体不依赖于认识的主体及其活动而存在，并且人类能够获得数学实体的知识，我们把这种观点称为认识论的数学实在论，简称"数学认识实在论"；反之，则被称为"数学认识反实在论"。数学认识实在论者一般承认数学理论是对数学实在世界的努力描述，认为所有的数学陈述都具有真值，接受由数学理论假定的数学实体的存在性。尽管不同的数学实在论者对数学实体的认知途径的说明各不相同，但是，他们都为解释"人们是怎样获得数学实体的知识"做出了积极努力。比如，哥德尔利用一种类似于感性知觉的数学直觉的能力来说明人类如何把握抽象数学实体的性质；赖特和黑尔则通过逻辑分析和语言分析的先验认识方式说明抽象数学实体的认知途径；蒯因和普特南通过经验主义确证整体论的方式，断定抽象数学实体的存在；麦蒂则把人认识数学实体的认知模式看作一种自然现象和自然过程，以自然主义的方式说明数学认识论。一般而言，承认数学实体的抽象性的数学实在论者都主张先验主义的认识论；不承认数学实体的抽象性的数学实在论者则采用经验主义的认识论途径来支持数学本体论和数学真理的实在论解释。

数学认识反实在论主要包括以下五种立场：①从根本上否认人类具有数学知识；数学仅仅是一种有用的虚构，是一种方便的工具；数学陈述没有真值，数学知识也不是对数学真理的刻画，这是数学认识反实在论中比较极端的一种观点。提倡者为数学唯名论-虚构主义者菲尔德。②即使承认人类具有数学知识，但数学陈述充其量也是空洞地真；否认数学词项有指称，否认抽象数学实体的认知意义，

① Niiniluoto I. Critical Scientific Realism. New York：Oxford University Press，1999：1-2.

认为人类不能够获取数学实体的信息。这种观点的典型代表人物为数学约定论者卡尔纳普。③承认人类具有数学知识，也承认数学实体存在，主张人们能够获得数学实体的信息，不过数学理论和数学实体是数学家们富有创见性的构造活动所得的产物，数学实体的信息也是数学家们通过内在的心灵构造所获得的。这种观点的支持者为数学直觉主义者布劳威尔（L. E. J. Brouwer）和达米特。④承认人类具有数学知识，不过数学理论涉及的只是一些无意义的符号，数学知识和数学真理的判断标准就是由它们和其他数学命题组成的数学系统的一致性。这种立场是以希尔伯特（David Hilbert）为代表的形式主义。⑤承认人类具有数学知识，不过数学知识只是被数学共同体接受的信念体系，是在数学家们的数学活动中产生的，受到各种社会、历史和文化等因素的影响；数学实体与诸如法院、教堂及学校这样的社会机构居于同样的本体论地位，它们既不是物质对象，也不是个别人的心灵表象，而是一种具有"客观性的"的社会实体。按照这种观点，数学知识和数学实体明显依赖于认识主体，数学知识不再是不可错的绝对真理，而是可错的、可修正的相对真理。其倡导者为数学社会建构论者布鲁尔（David Bloor）和欧内斯特。

数学认识论直接涉及数学知识的客观性、先验性及确定性等问题，要想作出合理的解释，只有把数学本体论、数学真理和数学认识论结合起来，才有望达到。

4. 数学语义实在论和反实在论

前述关于数学实体和数学真理的实在论争论归根结底是关于"是否存在着数学理论之外的数学实体和数学事实"的形而上学争论。无论是数学实在论者还是反实在论者都不能为对方提供一个令人满意的论证，正如达米特所言：

> "凡哲学著述，过去的也好，现在的也罢，均对伟大的形而上学问题提供了解答；而这些解答除了让它们的作者满意之外，通常难觅任何知音。原因在于，这些问题困难异常，纵有聪慧贤达之士千百年来的苦心劳作，也不能获致公认正确的答案。当然，他们的共同努力已使我们颇为接近发现答案了……"①

确实，这是一个非常困难的问题，以致有一批像达米特这样的哲学家断然放弃这样的尝试，而是把形而上学的实在论争论转化为对语言与实在之间的关系的探讨。他们围绕"数学真理是否是一种数学语言和实在之间的语义关系，数学单称词项指称数学实体吗？"这一问题展开了关于语言的实在论争论，形成了数学语义实在论和数学语义反实在论的新立场。

数学语义实在论者同意数学真理所假定的数学实体存在，数学真理是一种数

---

① 　[英]迈克尔·达米特. 形而上学的逻辑基础. 任晓明，李国山译. 北京：中国人民大学出版社，2004：17.

学语言和实在之间的语义关系。持有这种实在论态度的哲学家有塔斯基、蒯因、普特南、赖特和黑尔。塔斯基为数学语言和实在之间的语义关系建立了一个标准的科学语义学图式。他把真理看作是语言和实在之间的符合关系。"真理的承担者可以被看作是句子、陈述、判断、命题或者信念。一个陈述是真的，如果它描述了一个现有的事态，也就是如果它表达了一个事实；否则为假。"[①] 其典型的说明图式为：

"雪是白的"为真，当且仅当，雪是白的。

塔斯基为此建立了元语言与对象语言之间的区分。其中，对象语言涉及对世界的谈论；元语言涉及对语言的分析。在这样的解释模式中，塔斯基成功地建立起了语言和世界之间的关系，如图 1.1 所示[②]。

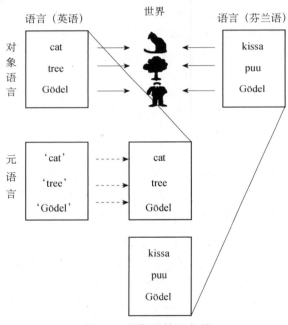

图 1.1　塔斯基的语义学

　　我们知道，塔斯基的真理论是一种典型的符合论，塔斯基真理语义学的核心就在于真陈述与世界相符合，真陈述中的单称词项指称实在世界中的实体。事实上，塔斯基是用语言来谈论实在的。需要注意的是，塔斯基的真理语义学依赖于指称概念，语词的指称涉及实体（抽象的和具体的），这在根本上是一个形而上学问题。因此，塔斯基是一个强的数学语义实在论者，因为他的落脚点仍是对"存

①　Niiniluoto I. Critical Scientific Realism. New York：Oxford University Press，1999：49.
②　Niiniluoto I. Critical Scientific Realism. New York：Oxford University Press，1999：56.

在着独立于真的实体和事实"进行辩护，只不过他采取了语义分析的辩护方式。与塔斯基不同，蒯因为了避免形而上学问题无休止的争端，他采用了著名的"语义上溯"和"语义下降"的策略，巧妙地把本体论的形而上学争论转化成对语言的争论。比如，他把"本体论事实"问题的讨论转化成"本体论承诺"的讨论。在他看来，"何物存在"与我们的理论说"何物存在"是两个根本不同的问题。前者是形而上学问题，后者是语言问题。又如，他的"去引号"的真理理论仅仅把"真"看作是一种去引号的手段，而不用承诺句子需与实在符合。"对于蒯因来说，'真的'这个词是一种语义上溯和语义下降的手段。如果我们上升一个层次，把真赋予'雪是白的'这个句子，那么我们就把白赋予雪。真这个谓词使我们能够从谈论语言的层次回到谈论世界的层次。"① 但无论如何，这同样是语言的问题，而不是形而上学的问题。在这个意义上，蒯因是一个弱的数学语义实在论者，而不是一个绝对的柏拉图主义者。普特南的内在实在论同样也是一种弱的数学语义实在论，而赖特和黑尔的新弗雷格主义则是强的数学语义实在论。

数学语义反实在论者否认数学真理是数学语言和实在之间的一种语义关系，不承认数学真理假定的数学实体存在。他们试图把数学真理定义为一种语形关系，否认数学陈述中的单称词项具有指称功能。为这种哲学立场辩护的哲学家有卡尔纳普、希尔伯特、达米特、坦南特（Neil Tennant）和菲尔德等。作为逻辑实证主义的倡导者，卡尔纳普通过拒斥形而上学、对语言做逻辑分析把哲学的任务从关注形而上学问题转移到关注科学命题或者语言的意义问题上来。对卡尔纳普而言，一个数学陈述为真不是由于该陈述与外在的实在相符合，数学陈述的真或假只和它所在的语言框架相关。数学的形而上学问题得不到确证，因此是没有意义的。希尔伯特作为数学形式主义的代表人物，主张数学符号不指称任何东西，一个数学命题为真在于它和系统中的其他命题相一致。按照这种观点，数学理论不指涉实在，数学陈述只是一些无意义的符号串。数学家们的工作就是寻求数学系统一致性的证明。与数学语义实在论直接对立的观点是数学直觉主义，达米特是这种观点的积极辩护者。在达米特看来，我们有资格称一个陈述 A 为真或假，仅当"我们能在有限的时间内使我们自己处于一种立场，即我们有正当理由断言 A 或者有正当理由否定 A"②。这就是说，一个数学陈述为真就在于它是可证的。在这个意义上，数学真理就是数学证明。一个数学陈述只有在得到证明的情况下，才可以被数学家们接受为真理。按照这个标准，选择公理的应用就是不合法的。事实上，数学直觉主义为数学家们所设定的方法论标准不符合实际的数学研究。菲尔德同达米特一样是一个彻底的语义反实在论者。他在根本上否认数学语词与数学对象、

① 王路编译. 真与意义理论. 世界哲学，2007，6：48.
② Dummett M. Truth and Other Enigmas. London：Duckworth，1978：16.

数学定理与数学事实之间存在任何关系。数学语言或者数学理论只是科学家们一种方便的、虚构的工具，它们不是对实在数学世界的刻画。描述世界的理论只能通过自然科学才可以达到，而数学语言在自然科学理论的表述中可以被其他语言所替代，菲尔德把这种语言称作"唯名论语言"。在这个意义上，菲尔德确实是一个典型的数学语义反实在论者。

二、规范的数学哲学的困境

以当代数学实在论和反实在论为研究路径的规范的数学哲学秉承了哲学传统探讨的本体论、认识论和语义学问题，以及以逻辑分析和语言分析为主的先验的研究方法。这是典型的哲学研究探讨的主题和方法，也是规范的数学哲学享有"数学哲学"这个名称的合理性基础。值得指出的是，当代的数学实在论和反实在论的各种立场与20世纪前半叶的数学基础三大学派具有直接的渊源关系，他们都以先验的哲学假定为基础，以"哲学在先"原则为其核心理念，因而在本质上都属于规范的数学哲学的研究传统。

20世纪前半叶流行的数学基础主义认为，数学哲学的主要工作是为数学寻求一个确定的基础，主张数学知识是先验的、客观的、必然的、确定的和不可错的。逻辑主义、形式主义和直觉主义学派在数学的元理论层面以"哲学先于实践"的理念试图为数学提供一种本质的、绝对的和普遍的哲学说明。需要注意的是，基础主义学派在探讨数学知识的确定性问题中也隐含了对数学本体论和数学真理问题的探讨，以至于形成了基于这个传统下的当代数学实在论和反实在论关于数学本体和数学真理的争论。具体来看，基础学派中弗雷格主张的数学柏拉图主义为当代哲学家贝纳塞拉夫提供了对其进行本体论和认识论批判的基础；弗雷格与形式主义者希尔伯特关于数学研究主题的争论奠定了当代关于"数学研究的核心究竟是作为个体的对象还是数学结构"的数学本体论争论；布劳威尔的直觉主义直接影响了当代数学反实在论者达米特的思想。由此可见，居于当代数学哲学研究中主导位置的数学实在论和反实在论的争论是基础主义传统下的产物，其奉行的原则依然是"哲学先于实践"，主要的论证策略也依然是"第一哲学"式的先验论证。

比如，数学中的柏拉图主义和直觉主义就是典型的以"第一哲学"为思考框架的数学哲学。在柏拉图主义者看来，数学实体（它们既不是物质实体，也不是心灵实体，而是一种独立于人类思想和活动的第三种实体，即抽象实体）客观地存在着，我们的数学定理就是关于这些数学实体的客观真理，数学中的抽象单称词项指称着这样的实体。因此，数学家们的工作就是发现这些数学实体和数学事实，对其性质和结构进行描述，并且对这些描述给予严格的数学证明。这样，既然数学中的定理都是客观真理，当我们在实际的数学演进中发现了有错误的数学定理时，这条数学定理就不再应该被继续接受为是"数学定理"。

类似地，数学中的直觉主义认为，数学实体的存在和一个数学陈述是否为真依赖于数学家们的心灵和构造活动。"只有被构造的才是存在的"是他们明确的口号，这样，经典逻辑、非直谓定义、选择公理和实无穷就应该从经典数学中排除出去。因为，"不存在先于数学活动而被确定的所有实数的静态集合"①，简单地说，人们无法构造出一个现实的无穷序列，实无穷自然就是不合法的。

简言之，数学实在论者由于其信念接受数学中的排中律和非直谓定义，同样数学直觉主义者由于其信念拒绝数学中的排中律和非直谓定义。很明显，上述情形表明的是数学实在论或者反实在论信念影响了其倡导者关于数学实践的观点，而不是数学实践导致了数学实在论或者反实在论的产生。这样一来，哲学就成了数学实践的先导，并且规范的数学哲学关注的数学领域仅限于集合论、几何和算术等少数具体的数学分支。

持有规范的数学哲学范式的数学哲学家们基本上都是受过严格训练的哲学家或者逻辑学家，他们的目标似乎并不是为了使人们更好地理解现行的数学实践，而是试图给出关于数学的一种绝对的规范性说明。在这种说明框架中，所有的数学都符合一些给定的特征，所有的数学都按照一种模式演进。比如，逻辑主义和新逻辑主义的信条就是把数学看作逻辑，数学的演进俨然符合演绎推理，数学被看作一门演绎科学。这种研究范式的根本缺陷就在于忽视了现行的数学实践，是一种典型的非历史说明。众所周知，实验数学已经使用了大量的归纳推理，简单地把数学看作一门演绎科学的观点已经过时了。又如，当前流行的各种版本的结构主义数学哲学，它们都认为数学研究的核心就是结构，数学也被看作是一门研究结构的科学。但是真实的数学实践却表明，这种结构主义数学观仅仅描述了部分数学，像数论和集合论这样的数学分支很难用结构的术语对其进行描述。因此，试图用一种规范的、绝对的、普遍的"第一哲学"的传统方式来描绘出关于数学的一幅全景图像，似乎已不能适应这种要求。规范的数学哲学无法完成数学哲学的根本任务。

第二节　描述的数学哲学及其困境

描述的数学哲学的基本信条在于主张，数学哲学没有自己特定的研究主题，数学哲学家们关于数学的哲学说明不会对实际的数学进步产生影响，数学不需要哲学来指引，数学是独立的，数学哲学需要做的仅仅是把实际的数学面貌如实地

---

① Shapiro S. Philosophy of Mathematics: Structure and Ontology. New York: Oxford University Press, 2000: 23.

加以描述。总体而言，这种研究范式在关注数学实践的同时却存在着弱化哲学主题及方法的倾向，是一种以外在论（数学史和数学社会学）的方法来描述数学实践的说明。

一、描述的数学哲学的研究路径

描述的数学哲学的研究路径主要表现为数学的史学和社会学探讨的主题，包括：数学知识的本质是什么？数学知识是如何得到确证的？数学知识是如何演进的？数学和其他人类知识及文化的关系是什么？什么是数学证明？什么是数学真理？数学对象的本体论地位如何？数学理论是如何被评价的？等等。可以看出，上述讨论的核心问题是关于数学知识的。并且，数学的史学和社会学的解释主要把数学作为一种人类的社会文化活动来理解。

（一）数学史的解释

20 世纪 50 年代之前，数学哲学家们对数学的普遍印象是：数学知识是确定的、客观的、不可错的、先验的，数学知识有一个确定无疑的基础，数学完全按照一种演绎的方式演进，数学真理独立于我们的数学理论等。这样一幅关于数学的图像是基于哲学家或者逻辑学家们对数学理论所作的静态分析得出来的。一些数学史家（著名的有拉卡托斯和克莱因）对上述由基础主义和绝对主义占主导地位的传统哲学发出了挑战，他们以数学实践为基础，从动态的视角有力地驳斥了下述哲学教条：

第一，数学有一个绝对确定的基础。

自古希腊时代以来，数学一直被看作诸科学中确定性最高的典范。然而，20世纪初罗素悖论的发现对数学的确定性构成了威胁，掀起了数学界的极大恐慌，为此数学家、逻辑学家和数学哲学家们纷纷投入为数学寻求可靠基础的努力中。数学哲学的事业也变成了探索数学基础的事业。不过，历史表明上述希望从未实现，逻辑主义、直觉主义和形式主义这三大基础学派的工作倒是促进了数理逻辑的迅猛发展。基础主义的全部基点恰好就奠定在从公理通过证明保真，以致推导出的定理也为真的演绎逻辑基础之上，这样建立起来的数学知识就成为一个绝对的真理体系，数学完全按照逻辑的方式演进。

但是，数学史表明，基础主义的上述信条并不符合真实的数学演进。这是因为，首先数学公理并非自明真理，"萨博说明，在欧几里得（Euclid）时代，'公理'一词——如'公设'——是指批判的对话（dialectic）中的一种命题，要由推断就其结果进行检验，并不是已被讨论者承认为真的。这个词的意思刚好颠倒了，真是对历史的讽刺"①。其次，保证真理传递的严格的数学证明不存在，数学证明本身就是处在特定历史阶段中的产物。"一个证明，如果被当时的权威所认可，或者是用了当时流行的原理，那么这个证明就可为大家所接受。"② 数学家们以数学证明的形式在专业刊物上发表的数学定理的全体则是真实的数学。随着时间的流逝，以前被认为是严格的证明有时会被后人发现有错因此被拒绝。比如，"1963年9月《美国数学社会的进展》杂志上出现一篇题为'赫布兰（Herbrand）的错误引理'的论文，该篇论文指出由赫布兰在1929年发表的论文中的某些引理是错的。这些引理被用在一个定理的证明中，而那个定理在逻辑上的影响力长达50年之久。"③。这是一个非常著名的例子。因此，在实际的数学研究中，所谓的数学真理只是相对真理，并且也不存在一个绝对确定的数学基础。

第二，数学知识是先验的、不可错的和绝对确定的。

传统的数学知识先验论的观点认为，数学知识的先验性依赖于严格的逻辑证明。数学家们从不证自明的公理通过演绎逻辑推理达到无可怀疑的数学定理。数学知识的确证完全依赖逻辑，独立于经验。因此，经公理化方法确证的数学知识是先验的、确定的和不可错的。

然而，来自数学史的案例表明，专业数学家们实际所用的数学确证不仅仅有严格的逻辑证明，还包括借助于图形直觉的证明（如欧几里得几何学）；计算机证明（如四色定理的证明）、需要被确证的数学公理或定理在数学其他分支中的广泛应用（如选择公理的确证）等。以选择公理为例，如果按照严格的逻辑推理的确证，那么数学家们就应该拒绝承认选择公理，因为从选择公理可以证明出著名的巴拿赫-塔斯基（Banach-Tarski）悖论，又名"分球怪论"。这条定理严重地违反了人们的直觉，如图1.2所示④。

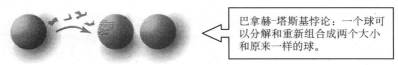

巴拿赫-塔斯基悖论：一个球可以分解和重新组合成两个大小和原来一样的球。

图1.2　巴拿赫-塔斯基悖论

因此，如果考虑到数学家们难以接受"分球怪论"的合法性，选择公理就不应该被数学界承认。但事实上，实际的数学进展已向人们表明了选择公理一直被数学家们当作真理运用着。正如克莱因所言："需要选择公理才能证明的许多定理

① ［英］伊姆雷·拉卡托斯. 证明与反驳——数学发现的逻辑. 方刚，兰钊译. 上海：复旦大学出版社，2007：48.

② ［美］M.克莱因. 数学：确定性的丧失. 李宏魁译. 长沙：湖南科学技术出版社，1997：324.

③ Hersh R. Some proposals for reviving the philosophy of mathematics//Tymoczko T. New Directions in the Philosophy of Mathematics：an Anthology. revised and expanded edition. Princeton：Princeton University Press，1998：19.

④ 维基百科. 巴拿赫-塔斯基定理. https://zh.wikipedia.org/wiki/%E5%B7%B4%E6%8B%BF%E8%B5%AB-%E5%A1%94%E6%96%AF%E5%9F%BA%E5%AE%9A%E7%90%86［2016-4-20］.

在现代分析、拓扑学、抽象代数、超限数理论以及其他一些领域中都是基础性的定理，因此，不接受选择公理会使数学家们举步维艰。"①

至此，当数学先验论者和绝对论者面对实际的数学历史时，他们的论证策略——以逻辑确证为论证核心——已然显得苍白无力；他们的论断——数学知识是先验的、不可错的和绝对确定的——也就站不住脚了。

第三，数学知识的增长严格遵循"公理—证明—定理"的演绎模式。

两千多年来，数学认识论的历史可以说是一部以欧几里得几何学的演绎推理模式为典范的理性主义与经验主义不断较量的历史。但是，随着数理逻辑的兴起，弗雷格在《算术基础》中对密尔纯粹经验主义的批判，使得理性主义以压倒性的优势战胜了经验主义。这种局势进一步由 20 世纪前半叶逻辑主义、直觉主义和形式主义的工作推到了顶峰。数学知识的增长被描述为一个严格遵循"公理—证明—定理"的逻辑演进路线，其明显特征就是"在演绎主义的风格之中，所有的命题都是真的，并且所有的推演皆是有效的。数学表现为一个不断增长的永恒不变的真理集合"②。真理从顶部的公理经有效的逻辑推理到达底部的定理，一旦公理和定义被给定，一切就都被确定下来，数学成为一个必然的、不可错的知识体系。在这个过程中，没有怀疑，没有批评，没有反驳，数学的演进俨然成为一项独立于人的活动。

直到拉卡托斯根据数学家们实际工作的历史，对真实的数学知识的进步给出说明时，沉醉于以往演绎主义迷梦中的数学哲学家们才被惊醒。事实上，数学的进步往往是数学家们针对当时的数学问题和情形先提出猜想，然后再试图去证明那个猜想。数学的历史证实了这一点，"对于古代数学家来说，在探试顺序中猜想（或定理）先于证明是一个常识。……算术定理'远在由严格的论证证实其真实性之前就发现了'。……在探试法上，结果先于论证、定理先于证明的观念，在数学的逸闻中有很深的根源。……波利亚（George Polya）强调说：'你必须在你证明一个数学定理前猜到它'"③。这样，根据拉卡托斯的说明，真实的数学知识的演进就是按照"原始猜想—证明、反驳—经过改进的猜想（定理）"不断前进的。在这种模式下，不再是数学真理从顶部的公理传递到底部的定理。与此相反，它是"谬误的传递—从底部的特殊定理（'基本陈述'）向上传到公理集"④。

因此，数学知识的演进是推测的、试探性的、可错的；而不是逻辑的和不可错的。

---

① ［美］M.克莱因. 数学：确定性的丧失. 李宏魁译. 长沙：湖南科学技术出版社，1997：275.

② ［英］伊姆雷·拉卡托斯. 证明与反驳——数学发现的逻辑. 方刚，兰钊译. 上海：复旦大学出版社，2007：154.

③ ［英］伊姆雷·拉卡托斯. 证明与反驳——数学发现的逻辑. 方刚，兰钊译. 上海：复旦大学出版社，2007：5.

④ Lakatos I. A renaissance of empiricism in the recent philosophy of mathematics? //Tymoczko T. New Directions in the Philosophy of Mathematics：an Anthology. revised and expanded edition. Princeton：Princeton University Press，1998：33.

第四，数学哲学只需关注确证语境（context of justification），发现语境（context of discovery）被严格排除在外。

从弗雷格倡导"始终要把心理学的东西和逻辑的东西，主观的东西和客观的东西明确区别开来"开始，心理学分析就随同心理主义一起被清除出数学哲学的领地。这种影响也波及了科学哲学领域，"那些试图把科学哲学这门学科发展为一种类似于数学中的基础研究那样的科学哲学家们接受了莱欣巴赫在科学的发现语境和确证语境之间的区分。他们同意科学哲学的适当领域就是确证语境。而且，他们试图以形式逻辑的模式重新阐述科学定律和理论，以至关于说明和确证的问题就能作为应用逻辑的问题加以处理"[①]。这样，在拉卡托斯以前，数学的发现语境在数学哲学中处于不合法地位，只有数学的确证语境才被人们关注。

不幸的是，以逻辑确证为核心的先验主义数学哲学家们对数学知识的说明并不符合实际的数学情形。在某种程度上，从他们的解释模式中看不到真实的数学进步。数学知识以"公理（引理、定义）—定理—证明"的顺序展现在人们面前。人们完全不知道实际的数学家们为什么要提出这些公理、定义和证明，它们为什么是重要的等。况且，如果数学知识完全以逻辑的方式演进，那么数学中的无穷概念一定不是逻辑地被提出的。因为，任何有穷都不逻辑地蕴含无穷，所以一个充分的数学哲学要想完整地描述数学全貌，那就不得不把数学发现也纳入数学哲学的合理范围之内。

（二）数学社会学的解释

描述的数学哲学的第二种研究路径是从社会维度对数学实践进行解释的。其代表人物有社会建构论者欧内斯特、英国科学知识社会学的领军人物布鲁尔，还有数学家赫什（Reuben Hersh）等。

如前所述，数学柏拉图主义的本体论和认识论困境是整个当代数学哲学的讨论焦点。数学实在论者和反实在论者们习以为常地把这些问题当作静态的、先验的哲学论题来论述。数学的社会学解释则把这些问题拓展到了动态的数学实践中："如果数学实体是抽象的，那么它们就不可能对人类及其活动施加任何影响。……如果数学实体不能对人类及其活动产生影响，那么我们如何能有正当理由相信这些数学实体存在呢？"[②] 毫无疑问，没有人会怀疑数学是一项人类的活动。但是，传统的数学柏拉图主义把数学中的存在（如数、集合）看作是一种时空之外的抽象存在。既然人类居住在时空因果序列的物理宇宙中，那么，这些抽象数学实体的存在必定独立于数学家们实际的数学实践活动，最终导致数学对象的不可知。

① Losee J. A Historical Introduction to the Philosophy of Science. 2nd ed. Oxford: Oxford University Press，1980：174.

② Cole J C. Practice-dependent Realism and Mathematics，Doctorial Dissertation of Philosophy. microform edition. Ann Arbor: ProQuest Information and Learning Company，2005：3.

传统的数学柏拉图主义强调关注数学实践的社会学进路，拒斥数学柏拉图主义的先验观点，主要突出数学实践的社会维度，试图以一种经验主义的方式构建数学本质的社会学解释，其核心立场如下：

第一，数学不仅仅是静态的理论知识体系，其本质是一项人类的活动，是一种社会历史现象。

如果数学哲学家们把他们的目标定位为：对实际的数学理论和实践的哲学说明能够令专业数学家们感到满意。其先决条件之一就是要从不同角度对数学的全貌进行研究。拉卡托斯开创了这种探索方式的先河，他从对数学的历史研究中得出了一系列一反传统的哲学结论。社会学家布鲁尔看到拉卡托斯研究方法的优势，从拉卡托斯的数学史案例中发掘出了新的哲学论断，即数学的社会学说明。

对布鲁尔而言，在拉卡托斯列举的"欧拉定理"的证明过程中，"各种反例的存在表明，人们对多面体是什么、不是什么并不很清楚。人们需要对'多面体'这个术语的意义作出解释，因为就这些反例所揭示出来的未说明部分而言，它是非常不明确的。人们必须对它进行创造或协商。这样，通过创造一种由各种定义组成的详细的结构，这个定理的证明和范围就可以得到巩固。这些定义都是由于这种证明和各种反例之间的冲突才产生的"①。因此，从社会学的视角看，数学概念、定义及整个数学理论都是被创造出来的，是经过数学家们的不断协商最后一致通过的。在这个意义上，它们是社会规范的产物，是数学家共同体特定规范下的产物。

另外，拉卡托斯的历史分析表明，对数学上真正有创造性过程的说明被以逻辑理性占主导地位的传统数学哲学"有意"地忽视了。因为他们认为其属于数学心理学领域，而不属于哲学领域。布鲁尔大加赞赏拉卡托斯把数学发现纳入数学哲学的合理领地这一壮举。所不同的是，拉卡托斯从历史的角度强调数学发现的重要性，而布鲁尔则用敏锐的眼光从"欧拉定理"证明的案例中觉察出，批评、反驳和协商在数学发现中起着至关重要的作用。因此，对布鲁尔而言，"正是从这种意义上说，重视协商所发挥的创造性作用可以增加人们对某种社会学视角的需要"②。也正是在这一点上，数学的社会学进路主张数学本质上是一项人类的活动，真实的数学并不是独立于数学家且自始至终都具有严密逻辑性的理论知识体系。

第二，数学实在是一种社会实在，是不同于心理实在和物理实在的第三种实在。

赫什，作为一名数学家，通过他自身对数学研究的体验，主张任何一种令人满意的数学哲学必须和数学实践相一致，这就包括数学的研究、应用、教学、数学史、计算和数学直觉。这恰好是赫什整个哲学立场的基础，即"如果一种关于

---

① ［英］大卫·布鲁尔. 知识和社会意象. 艾彦译. 北京：东方出版社，2001：238.
② ［英］大卫·布鲁尔. 知识和社会意象. 艾彦译. 北京：东方出版社，2001：247.

数学的说明和人们所做的不一致，尤其是和数学家们所做的不一致，那么这种说明就是不可接受的"①。换言之，"如果远离数学生活而考虑数学，当然这似乎注定是要死亡的"②。因此，对于赫什而言，想要了解数学对象实在性的本质，就必须深入到数学生活中去。反之，任何与实际的数学研究不一致的有关数学对象实在性的说明势必是错误的。

传统的数学柏拉图主义把数学对象刻画为非时空、非因果、不经历变化、独立于人类活动的抽象实体，这些抽象实体既非物质对象，也非心理对象。按照赫什的标准，如果这种刻画与数学实践相一致，那它就是适当的；反之，若与数学实践相悖，那它就是不可信的，甚至是误导人的。因此，探讨数学对象实在性本质的重点应当转变为考察实际的数学究竟是什么样的。

历史地看，数学概念的产生与人们的实际经验密不可分。在赫什看来，有穷的自然数（如1、2和3）既可以作为形容词使用（其功能是用来修饰其他对象的，是一种"计数数"），也可以作为名词使用，这时它们代表的是纯数。这样，等式"1+2=3"就有两种不同含义。一种是作为描述其他对象的计数数，另一种是被初等算术的公理刻画的纯数学对象（或概念），这些数学对象、概念和公理都是被数学共同体一致认可的。纯数在计数数的基础上产生，同样，数学中的无穷概念由数学家们创造，它并不是非人类的、虚无缥缈的"柏拉图式王国"中的一个成员。总之，任何与数学家们的实际研究相悖的哲学解释（当然包括柏拉图主义）必须毫不留情地予以抛弃。

从社会学的视角看，数学对象具有和诸如货币、国家、公民、语言和法律一样的实在性。例如，一个特定的国家并不等同于它所拥有的土地，如果另一个国家侵略了其中的一片土地，那么这个国家的土地面积就会减少，但这个国家依然存在。国家的实在性不是物理意义上的实在性。另外，国家也不是任何个体的心理对象，不是一个人想象那个国家是什么样子，它就是什么样子。因而国家的实在性也不是心理意义上的实在性。它是第三种意义上的实在：社会实体。因为国家是由于特定的社会规范才存在的。同样，数学对象也是这第三种实在。其本质在于，"数学对象是一种与众不同的社会-历史对象。它们是文化的一个特殊部分"③。数学实在性的核心就是它的社会实在性。

第三，数学知识的本质是得到数学共同体认可的信念，其确证最终取决于数学共同体，而不是所谓的"客观的"逻辑标准。

对于数学社会建构论者来说，数学知识的评判标准植根于实际的数学活动之中，而非先验的哲学标准。按照哲学上传统的认识论，得到确证的真信念方可成

①　Hersh R. What is Mathematics，Really? Oxford：Oxford University Press，1997：30.
②　Hersh R. What is Mathematics，Really? Oxford：Oxford University Press，1997：18.
③　Hersh R. What is Mathematics，Really? Oxford：Oxford University Press，1997：22.

为知识。这样，数学家们知道"2+2=4"，当且仅当：①他们相信"2+2=4"；②"2+2=4"为真；③他们有正当的理由相信"2+2=4"。条件①是显然的；条件②表明"2+2=4"为真就意味着，存在一个抽象的数学世界（包括 2 和 4 这样的数学对象），2 和 4 之间存在关系 2+2=4，数学信念"2+2=4"符合数学事实 2+2=4；条件③要求数学家们能够用"数学证明"证明出"2+2=4"。这就是先验的哲学认识论的"知识"标准。

但是，数学社会建构论者们依据数学实践，认为数学对象或者概念是由数学家们创造出来的，并不存在一个抽象的数学世界。2+2=4 并不是这个非人类世界中的事实，数学真理也并非传统意义上的符合真理。另外，实际的数学研究中数学反证法被普遍使用，一个特定的数学证明究竟证明了什么要依不同时代、不同文化中的数学共同体而定。为此，布鲁尔用" $\dfrac{p}{q} \neq \sqrt{2}$ "的数学证明为例证。

" $\dfrac{p}{q} \neq \sqrt{2}$ "究竟说明 $\sqrt{2}$ 是一个无理数还是说明 $\sqrt{2}$ 就根本不是一个数，取决于当时的数学共同体。布鲁尔论证道：

> "这种计算结果意味着什么？……这种计算过程证明了根植"二"是无理数吗？这种过程严格来说只是表明，根植"二"不是一个有理数……。然而，对于希腊人来说，这种过程所证明的却不是这个结果。在他们看来，它所证明的是，"二"的平方根根本就不是一个数。
>
> ……
>
> 那么，这种证明过程实际上证明了什么呢？它究竟是证明了"二"的平方根不是一个数呢，还是证明了它是一个无理数？显然，它证明了什么取决于那些关于数的背景性假定，因为人们正是出于这些假定来看待这种计算过程的。"[①]

因此，衡量数学知识的标准是内在于数学共同体的，要遵从实际的数学经验，符合数学实践。这样，只要得到数学共同体认可的信念就可以成为数学知识。

同样，数学知识确证所依赖的数学证明的标准也取决于数学共同体；实际的数学探索表明，数学知识是可错的。数学社会建构论者们主张："数学知识的确证主要涉及人类活动（human agency），不能还原为知识的客观条件。证明的标准从来不是客观的和终极的，但是到当时为止是充分的，并且证明的标准永远可以进行修正[②]。数学证明被接受是因为它们使个体（尤其是数学共同体的适当的代表人物）得到满足，而不是因为证明满足了证明的明确的、客观的逻辑规则[③]。这样数

① ［英］大卫·布鲁尔. 知识和社会意象. 艾彦译. 北京：东方出版社，2001：194.
② Kitcher P. The Nature of Mathematical Knowledge. New York：Oxford University Press，1984.
③ Manin Y I. A Course in Mathematical Logic. New York：Springer，1977.

学知识和支持它的证明标准就依赖于当时的数学家所认可的东西。"① 总之，数学共同体是数学知识中不可缺少的一部分。

第四，数学的客观性可以通过社会维度加以解释，即主体间性。

无论是传统的理性主义者，还是数学社会建构论者，他们都一致同意数学对象、数学知识和数学真理是客观的。不过，关于数学客观性的本质，二者却有着极为不同的理解。在传统的理性主义者弗雷格那里，数学对象被刻画为一种客观对象。这种客观性的本质，在数学柏拉图主义的意义上被解释为非时空、非人类和抽象的。在布鲁尔看来，弗雷格只是明确地表明数学对象既不是物质对象，它们不占有空间位置；也不是心灵对象，不是个别人的心灵状态，不能被个体所感觉到；数学对象是第三种对象，即客观对象。在社会学的意义上，制度化的信念也完全满足弗雷格对于客观性的定义。

在《算术基础》中，弗雷格阐述数的客观性所用的主要策略是类比推理。他论证了数具有和地轴、赤道及颜色相类似的客观性。具体论证如下：

> "我把客观的东西与可触摸的东西、空间的东西或现实的东西区别开。地轴、太阳系的质心是客观的，但是我不想把它们像地球本身那样称为现实的。人们常常把赤道叫作一条想到的线，但是若把它叫作一条臆想的线就会是错误的；它不是通过思维而形成的，即不是一种心灵过程的结果，而仅仅是通过思维被认识到，被把握的。
>
> ……
>
> 当人们称雪为白的时，人们是要表达出一种客观性质，这种性质是人们在一般的日光下借助某种感觉认识到的。……甚至色盲也可以谈论红的和绿的，尽管他在感觉上区别不出这些颜色。他认识到这种区别是因为别人做出这种区别……因此颜色词常常不表示我们的主观感觉……相反，颜色词表示一种可观性质。因此我把客观性理解为一种不依赖于我们的感觉、直觉和表象，不依赖于从对先前感觉的记忆勾画内心图像的性质，而不是理解为一种不依赖于理性的性质。"②

但是，客观性的本质究竟是什么，弗雷格并没有给出清晰、正面的说明。他只是简单地把客观性描述为一种依赖于理性的性质。然而，理性在某种程度上具有和柏拉图主义一样的神秘性。这种情形引起了布鲁尔对数学客观性做进一步解释的兴趣。在布鲁尔看来，地球赤道就像某种领土界线一样，是社会制度的产物，是一种制度化的信念。虽然，地球赤道的客观性并不是就"它是物理对象或现实

---

① Ernest P. Social Constructivism as a Philosophy of Mathematics. New York: State University of New York Press, 1998: 46.

② [德] 弗雷格. 算术基础. 王路译. 北京：商务印书馆，1998：42-44.

对象"意义上的那种客观性，但是人们似乎又不得不承认地球赤道是实在的、客观的。对于布鲁尔而言，可以肯定的是，这种实在并不是一种经验性实在，地轴和赤道只是知识成分中的两个理论概念，并且"知识的理论成分也恰恰就是它的社会成分"①。

　　布鲁尔用了典型的例证支持上述要点。比如，中世纪的思想把地球的中心看作整个宇宙的中心。虽然这种理论后来被证明是错的，因而不与实在相对应，但无论如何它绝不是一个主观方面的问题。它不是某个人的心理状态或者心理过程的一个结果。当然，这种理论认为的宇宙的中心也不是一个现实对象，因为人们无法看到或者触摸到它。这样，"从弗雷格的意义上说，它是一个客观对象。它在另一种意义上是一个理论概念，是当代宇宙学理论的一个部分。从第三种意义上说，它是一种社会现象，是一种制度化的信念，是文化的一个部分。它是得到人们接受和传播的世界观；它得到了那些权威的认可⋯⋯"②

　　因此，从社会学的角度看，客观性的正面说明与制度化的信念是相容的，处于特定社会规范中的这种制度化的信念完全满足弗雷格的客观性定义。因而，社会建构论者得出结论：数学的客观性可以从社会维度加以解释。数学的客观性并非物理对象意义上的纯客观性，从实际的数学研究来看，它一定涉及人类的活动，是在被数学共同体认可的意义上的客观性。

二、描述的数学哲学的困境

　　以数学史和数学社会学解释为研究路径的描述的数学哲学是从反基础主义和反柏拉图主义的先验的形而上学假设的基础上产生的。按照社会建构论者欧内斯特的看法，20 世纪数学哲学的主导性研究经历了两个阶段：20 世纪前半叶是由具有哲学倾向的专业数学家主宰的数学基础主义研究；20 世纪后半叶是由具有数学倾向的专业哲学家主宰的数学本体论和认识论研究。这两个阶段的共同特征就是他们都使用了内在论的研究方式，他们探讨的主题和方法要么内在于数学，要么内在于哲学。这两种内在论的研究传统都没有给出数学的一种描述性说明。③ 数学家、数学史家和数学社会学家们看到了上述基础主义和绝对主义哲学传统的弊端，他们试图以一种外在论的研究方式说明数学知识和数学实体的本质。数学史的解释策略从动态的视角说明数学知识的增长，数学社会学的解释策略通过考察数学和社会文化之间的关系把数学作为一种社会活动来理解。这两种研究途径都指出传统的基础主义和柏拉图主义都是先于数学实践基础之上的一种形而上学预

　　① ［英］大卫·布鲁尔. 知识和社会意象. 艾彦译. 北京：东方出版社，2001：154.
　　② ［英］大卫·布鲁尔. 知识和社会意象. 艾彦译. 北京：东方出版社，2001：155.
　　③ Ernest P. Social Constructivism as a Philosophy of Mathematics. New York: State University of New York Press，1998：53-54.

设，在根本上忽视了数学实践，真正的数学哲学应当将其探究的领域拓宽到包含数学史、社会学、数学教育等方面。

对于传统的数学哲学而言，数学史的研究表明，通过对真实数学实践的历史考察，数学的哲学反思不应当仅仅停留在静态的数学理论结构和逻辑的分析上，从一种动态的视角出发似乎更能反映出数学的真实面貌，数学史对于数学的哲学研究是不可或缺的。数学的社会学解释进路突出强调了数学实践中的社会因素，它始终把对数学的说明和数学家的实践联系起来。这样，通过把数学带入一个动态的活动过程之中进行分析，数学哲学的视野被拓宽了，从而对于向着把握数学全貌并做出合理说明的目标前进了一步。需要注意的是，这两种解释都对传统数学哲学探讨的主题和方法提出了质疑，认为数学哲学不能只从逻辑的和语言分析的角度说明数学知识的确证，因为这种解释并不能把握现实的数学实践，数学哲学必须把数学实践中的发现语境纳入数学知识确证说明的合法范围，从动态的历史视角分析数学知识整体性的增长和发展；另外，数学哲学不能预先设定一种先验的形而上学假定以使数学实践符合这种规范的说明，而是要遵从数学实践的本性以对其进行合理描述，这样先验的柏拉图主义信念就应当被抛弃。因此，描述的数学哲学范式的研究路径是反对绝对主义、基础主义、先验主义的哲学教条，主张数学哲学应当充分关注数学实践。

不过需要注意的是，固然数学史的分析加强了哲学对数学实践的说明力度，但是无论如何，数学本质的哲学探讨的任务不能由数学的历史研究来承担。毕竟，数学史的目的是为了能够把过去的和当前的数学真实地描述出来，它关注的焦点集中在——真实的数学究竟是什么样子——这样的问题上。因此，数学史理论的重点在于历史叙事，从整体上考察数学知识的增长，描述现实实践中的数学演进。但是，当他们为数学提供出这样一幅描述性图景的同时，却忽略了数学与实在世界之间的关联。与数学史的研究相对照，数学哲学的理论不仅要符合真实的数学实践，而且还要给出数学实践的合理说明。比如，数学研究什么？数学研究的那些对象存在吗？这些对象存在的本质是什么？我们是如何知道这些对象存在的？数学语词的意义是什么？数学陈述的真说明了什么？数学和科学的关系是什么？数学和我们周围的实在世界的关系是什么？数学证明和数学真理之间的关系如何？等等。数学哲学的核心不仅仅在于描述现实的数学实践，还要试图理解它并给出相应的说明。因此，数学史对于数学哲学的研究是必要的，但是数学哲学一定不能被还原为数学史。

同样，从社会学的视角对数学进行审视，使我们认识到数学在本质上是一项人类的社会实践活动，脱离了这种活生生的实践进行抽象的形而上学思辨本身就违反了数学哲学的目标。这再一次印证了数学的哲学说明一定要符合真实的数学实践。不过需要注意的是，从社会学的维度对数学进行的反思毕竟属于数学的社会学研究，而不是哲学的探讨。也就是说，数学哲学不是数学的社会学，不能把哲学还原为社会学的经验研究。虽然二者都是为了增进我们对数学的理解，但是它们在本质上是截然不同的。数学的社会学研究旨在把数学知识视为一种社会活动，主要关注数学共同体作为一种社会因素在数学知识产生过程中的重要作用。换言之，社会学家们关心的是实际中的数学知识是如何形成和发展的，他们的责任是描述实际存在的数学知识和数学实践，至于数学知识是其所是的本质、数学知识是否是对实在世界的探究等，社会学家们似乎并不关心。与社会学家们不同，探究数学知识背后所隐含的本质则是哲学家们关心的，这样一来，哲学家们的目标似乎又向更高和更深的层次迈进了一步。显然，这种探求关于数学实在、数学真理以及数学与世界之间关系的努力，不是仅仅通过经验研究或者对历史案例的社会学分析就能够实现的。它们在本质上是一种形而上的研究，是基于经验又高于经验的一种理性探索。这样，虽然数学的社会学研究加深了我们对数学知识和数学实践的进一步理解，但是要对数学实践进行全景式的说明则仍然要依赖于哲学。

因此，描述的数学哲学范式的研究路径在对传统数学哲学进行激烈的抨击的同时，也对数学哲学进行了重新定位，即用描述的解释取代规范的说明，甚至认为传统数学哲学的研究（包括其讨论的问题和方法）没有任何实际的价值，在根本上应该予以否定，或者这种研究应该交由职业数学家、数学史家、数学社会学家、人类学家、认知科学家、语言学家、计算机科学家等进行研究，不应该从数学的"内部"或者形式方面，而应该从数学的"外部"或者非形式方面（历史的、社会的、文化的等领域）进行探讨。这样，以一种"外在论"的研究方式为主要策略的"人文主义的数学哲学"和"社会建构论的数学哲学"试图取代以"内在论"的研究方式为主要策略的"数学基础主义的数学哲学"和"数学柏拉图主义的数学哲学"。这种研究范式从一个极端走向了另一个极端，数学哲学的研究主题面临着被弱化甚至被取消的可能。总之，描述的数学哲学范式在引导数学哲学应当关注数学实践的同时弱化了哲学的规范性传统，最终不能合理完成数学哲学的根本任务。

第三节　自然主义的数学哲学及其困境

自然主义数学哲学的基本倾向在于，试图把数学的哲学问题还原为科学问题（科学自然主义）或者还原为数学问题（数学自然主义）。科学自然主义者试图用自然科学的方法取代传统的先验的哲学方法，主张自然科学是数学实在和真理的唯一仲裁者；数学自然主义者试图用数学的方法取代传统的哲学探究，主张数学才是数学知识确证的评判标准，不存在数学之外的（科学的和哲学的）其他评判标准。总体而言，这种研究范式在承认数学哲学有意义的同时却存在着取代哲学主题及方法的倾向，是一种带有数学实践和科学实践优位的极端化倾向的哲学说明。

一、自然主义数学哲学的研究路径

自然主义数学哲学的研究路径主要表现为数学自然主义和科学自然主义的解释。探讨的主题包括：数学、科学与哲学之间的关系是什么？抽象的数学对象是否存在？数学的认知机制是什么样的？数学真理是如何得到确证的？数学实践中的方法选取的评判标准是什么？等等。这些论题涵盖了数学本体、数学真理、数学知识、数学方法、数学与科学及哲学的关系等方面。其解释策略主要是放弃"第一哲学"，运用数学和科学的标准进行研究。

（一）数学自然主义的解释

自贝纳塞拉夫对数学的柏拉图主义解释发起挑战以来，美国数学哲学家麦蒂就试图提出一套以关注数学实践为核心的自然主义解释策略，并以此重新规定数学哲学的研究导向和方法。在麦蒂看来，"哲学家的工作是给出实践中数学的一种说明，而不是基于哲学理由对数学进行彻底改革。例如，实数理论是微积分和高阶分析的一个基本的组成成分，这远比受到数学存在或者数学知识的任何一种哲学理论的支持更为坚定。牺牲前者保留后者是一种坏的方法论"①。按照这个标准，直觉主义否认数学中的非直谓定义和排中律的使用，这种哲学立场不仅没有对数学实践作出充分描述，而且与实际的数学研究发生了冲突，此时哲学应该让位于数学。麦蒂前期的思想受到蒯因的科学自然主义的启发，试图把数学的本体论和认识论进行自然化，主张一种自然主义的集合实在论观点，其代表著作为《数学中的实在论》（*Realism in Mathematics*，1990 年）；后期思想抛弃了蒯因的科学自然主义思想，转为一种彻底的数学自然主义，主张数学不仅独立于"第一哲学"，同样独立于科学，并使数学自然主义的核心从讨论传统的形而上学问题转为关注数学实践中的方法论，其代表著作为《数学中的自然主义》（*Naturalism in Mathematics*，1997 年）。由于麦蒂后期的思想更彻底地关心数学实践，因而我们只简单讨论她前期的自然化的数学本体论和认识论，然后重点分析数学的自然主义解释方案。

麦蒂在 1990 年出版的著作《数学中的实在论》中就主张数学哲学应该关注数学实践，以数学实践为基础对数学进行哲学说明。不过当时麦蒂还是一位名副其实的数学实在论者，认为数学研究的是客观实在，数学中存在真理，数学家从事

---

① Maddy P. Realism in Mathematics. New York: Oxford University Press，1990：23.

的就是发现这些数学真理的事业。然而人所皆知，数学的这种实在论解释遇到了认识论上无法逾越的障碍，为此麦蒂提出了一种自然化的认识论，进而主张一种自然化的本体论。麦蒂以数学中的集合论为例，把蒯因的不可或缺性论证与各种自然科学（如神经生理学和认知心理学）的成果相结合，为数学实在论的认识论难题提供解决策略。在本体论方面，麦蒂主张集合存在于因果时空序列中，数不是集合，而是集合的性质；在认识论方面，麦蒂认为我们能够感知到集合，因而集合可以和物理对象一样位于特定的时空之中。这种立场就被称为自然主义的集合实在论。

由于在麦蒂的思想中，数学实践和数学哲学的关系始终是她考虑的核心，自然主义的集合实在论实际上已经暗含着一种数学实践中的方法论导向。比如，相信实在论立场的数学家们倾向于接受非直谓定义和排中律，既然 CH 有一个确定的真值，这就使得这些数学家们继续寻求集合论的新公理以判定连续统问题。如果自然主义集合实在论蕴含这样的思想，那么岂不是数学家们的哲学假定引导着他们的实践吗？这是否违反了麦蒂潜意识中关于数学哲学的定位呢（即哲学要尊重数学实践，而不是指导数学实践）？为此，麦蒂把她关注的核心问题转移到了与数学实践紧密相关的数学方法论问题上来，最后彻底推翻了她前期的数学实在论，转而提倡一种彻底的数学自然主义。麦蒂的数学自然主义的论证思路及核心立场如下：

第一，数学自然主义者把注意力从对数学的形而上学探讨转移到了关注数学实践中的方法论问题上来。

按照麦蒂对数学哲学的理解，只要是除了数学证明之外的任何考虑都被认为是哲学的，这或许也是数学家们的看法。这样，数学的哲学问题就可以分为两类：方法论问题和形而上学问题。数学的方法论问题包括：我们应该允许非直谓定义吗？我们应该把自己限制于一种没有二值原则或者排中律的逻辑上吗？应该要求一个群的每一个元素都有逆元素吗？数学需要新公理以确定 CH 的真值吗？集合论的公理应该如何被选择？等等。数学的形而上学问题包括：我们的数学理论为真吗？数学对象存在吗？数学理论是否是对一个客观存在着的数学世界的描述？数学的真理独立于还是依赖于我们的思想？等等。[①] 数学自然主义的基本精神在于主张数学只能通过数学自身的标准被理解和评价，正如科学自然主义的基本精神在于主张科学只能通过科学自身的标准被理解和评价一样。不同的是，有关物质对象的本体论问题——它们是否客观地存在于时空中——本身就是科学研究的一部分。但是，数学对象是否客观地存在以及它们存在的本质（即是否是因果、时空的）却不是数学研究的一部分。数学的本体论问题外在于数学，因此数学自

---

① Maddy P. Mathematical existence. The Bulletin of Symbolic Logic，2005，11（3）：351-352.

然主义者自然就把这个问题排除在他们的研究视域之外。同样，数学真理是否是对一个客观存在着的数学世界的准确描述这样的问题也是形而上学的，数学本身并不关心，因而数学真理问题也被排除在数学自然主义的研究纲领之外。与此不同，像"数学是否需要新公理"这样的方法论问题却是数学实践中合法考虑的问题，关涉着数学实践本身，因此，数学的方法论问题是数学自然主义者们关注的核心。麦蒂明确提出："自然主义的方法论者希望发现什么构成了解决当代集合论的方法论困难的好的理由，也就是理性的理由，比如，这些方法论的困难包括决定 CH 和描述集合论的开放问题是否仍然是合法的数学考虑，或者为潜在的新公理进行辩护或批评。作为一个数学的自然主义者，和科学的自然主义者一样，这种相同的自然主义方法论者提出了运用从数学自身推出来的标准研究这些方法论困难，而不是从任何来自数学之外的标准来研究。"① 这样，数学自然主义的兴趣就从典型的数学本体论和真理的形而上学问题转移到了作为数学实践的数学方法论的问题上来。这种研究使得数学的哲学研究从倡导关注数学实践到具体地实施这一口号变成了现实。

　　第二，数学自然主义主张数学实践不需要以预先的哲学假定为基础，哲学是向后走的，数学哲学是对数学实践的理解而不是对其进行辩护或批评。

　　麦蒂倡导的数学自然主义的核心要旨在于主张："数学不对任何超数学的法庭负责，不需要任何超越于证明和公理化方法之上的确证。蒯因认为科学独立于第一哲学，我的自然主义认为数学既独立于第一哲学，也独立于自然科学（包括和科学相连的自然化的哲学）——简言之，独立于任何外在的标准。"② 按照这个理念，数学的方法论问题归属于合法的数学考虑的范畴之内，而数学本体论和真理的形而上学问题却超出了数学领域，因此数学自然主义者自然不理会这些形而上学问题，现实数学实践中的方法论决策和确证也不需要来自哲学方面的指导。但是，情形确实如此吗？从历史的角度看，一些著名的数学家本人也是哲学家，如莱布尼兹（Gottfried Wilhelm Leibniz）、布劳威尔、哥德尔和希尔伯特等。其中，哥德尔就持有一种坚定的数学实在论信念，哥德尔的数学研究是否受到了他的哲学信念的影响呢？哥德尔对集合论和康托尔的 CH 的看法是："集合论的概念和定理描述了某种确定的实在，其中康托尔的猜想必定是要么真要么假。因此从今天所假定的公理中得出的康托尔猜想的不可判定性只能意味着这些公理并没有包含了关于那种实在的一个完备描述。"③ 由此可见，寻求新公理以试图解决 CH 的判定问题似乎正是由哥德尔背后的这种实在论信念所驱使的。类似的问题还有：在

　　① Maddy P. How to be a naturalist about mathematics//Dales H G，Oliveri G.Truth in Mathematics. New York：Oxford University Press，1998：165.
　　② Maddy P. Naturalism in Mathematics. New York：Oxford University Press，1997：184.
　　③ Gödel K. What is Cantor's continuum problem? //Benacerraf P，Putnam H. Philosophy of Mathematics. New York：Cambridge University Press，1983：476.

数学中是否应该允许非直谓定义？选择公理是否应该被采用？当然作为哲学论争，这些问题自然有肯定和否定两种回答，那么数学实践中的方法论决策会采取哪种呢？在麦蒂看来，这些哲学争论和数学实践的具体实施并没有多大关系，数学实践也不会受到相应的哲学观点的影响，理由是"非直谓定义和选择公理是目前当代数学实践中所重视的工具，然而哲学议题却仍然是持续争论的主题。方法论的决定似乎不是受到哲学论证的促动，而是由可能被称之为……数学丰富性的考虑促动的"①。因此，数学方法论的评判内在于数学，而不是哲学。

简言之，数学自然主义者坚称数学的形而上学争论与真正的数学实践的方法论问题不相关。事实是，数学实践中的方法决策取决于特定的数学实践的目标。因此，数学自然主义对于数学哲学（或者说数学哲学和数学实践之间的关系）的总体观点为："特殊的集合论实践以及数学的一般实践不需要从哲学方面给出理由。……哲学是向后走的，它试图理解实践而不是论证或批判它。"②

（二）科学自然主义的解释

自然主义数学哲学的第二种研究路径是从自然科学的角度对数学的本体论和认识论问题进行解释。具体包括通过对数学在科学中的不可或缺性和具体自然科学（如认知科学）取得的成果进行论证。前者的主要代表人物有哲学家蒯因和普特南。后者的主要代表人物有加利福尼亚大学伯克利分校语言学教授莱考夫（George Lakoff）和加利福尼亚大学圣迭戈分校认知科学系副教授纽尼兹（Rafael E. Núñez），除此之外，还有瑞士心理学家和哲学家皮亚杰（Jean Piaget）强调从心理发生的角度说明数学的认识机制，美国数学家和数学史家丹齐克（Tobias Dantzig）从对数概念的历史考察中发现人的生理结构在数概念的形成中起着至关重要的作用，英国数学思维教授大卫·高（David Tall）从数学思维发展的角度区分了数学的三个世界：涉身世界、过程概念世界和公理化世界。他们都通过从数学认知的角度来探求数学的本质，形成了数学的涉身认知解释。

数学的涉身认知解释拒斥那种认为数学对象独立于人类的大脑、心灵和身体而存在的传统数学柏拉图主义的先验论观点。通过对数学认识机制的多学科考察，数学的涉身认知解释提出了极有说服力的关于数学本体论和认识论的崭新论证：

第一，数学柏拉图主义声称的先验数学世界不存在，或者即使存在，也得不到充分解释。事实上，唯一存在的只是能被人类所认识、理解和把握的数学。数学对象是否存在的本体论问题并不能通过先验的哲学分析加以解决，即不能通过

---

① Maddy P. How to be a naturalist about mathematics//Dales H G, Oliveri G.Truth in Mathematics. New York: Oxford University Press, 1998: 64.

② ［美］佩内洛普·麦蒂. 数学需要新公理吗？//郝兆宽. 逻辑与形而上学. 上海：上海人民出版社，2008：62.

逻辑分析和语言分析这样的传统分析哲学的方法得到说明。在某种意义上，这个问题的解决依赖于各门具体科学的相关发展。因为只有通过诸如数学、哲学、数学史、逻辑学、心理学、语言学、人类学及认知科学的各学科间的合作，从整体的角度才能说明数学认识机制的产生、发展和它的本质。从而最终说明人类所能认识到的种种数学对象的本质的本体论难题。

　　从涉身认知的观点看，数学柏拉图主义把数学世界视为一个独立于人类的、非涉身的抽象领域。人类所能认识到和理解的数学世界与这个真实的抽象数学世界之间存在着本质的区分，正如人们所能把握的现象与真实的实在世界截然不同一样。不可否认，支持这种实在论断言的证据来自数学上的某些结果。比如，一个特定的数学陈述的真值由"数学事实"决定，而不是由人类掌控的数学证明决定。典型的例证之一是由康托尔提出的"连续统假设（CH）"。虽然数学家们用现有的公理既不能确证它，也不能否证它，但是 CH 的真值一定是确定的，只不过现有的公理还不足以充分地把它揭示出来。这样，集合似乎真实地存在，并且由像策梅洛-弗兰克尔这样的集合论公理加以刻画。按照这种解释，我们可以很自然地得出以下结论，"人类数学家居于探索者的位置，数学结果是发现而不是发明或者人类的创造物；是关于数学家们探索到的领域的报道"[①]。暗含在这个结论中的至关重要的假定之一是莱欣巴赫（Hans Reichenboch）在关于科学的发现语境和确证语境之间做出的区分。显而易见，在柏拉图主义的数学哲学传统中，人们并不关心数学知识如何产生，他们对于数学认识是如何发生和发展的问题不感兴趣。相反，他们的注意力主要集中在数学知识的确证问题上。

　　但是，既然数学哲学的任务是努力寻求发展一种对数学实践的完整图景的说明，那么哲学家们就不能忽视数学发现作为在这一探索过程中不可或缺的一部分的重要性。更进一步，关于数学认识的哲学说明无论如何要与现行的数学实践和科学的研究结果相一致。既然哲学的主要功能之一在于它的解释力，当关于数学的一种哲学说明与数学实践或者与当前的科学发现相冲突时，表明这种解释存在着某种缺陷。从而这种解释是不合理的，甚至在根本上就是错的。在这个意义上，哲学不是科学的向导，恰恰相反，科学的进步可以说是当代哲学的生命力之源。

　　数学的涉身认知解释正是立足于哲学的这种基本精神，根据相关科学的成果和数学实践得出他们关于数学认识和数学本体的哲学解释。认知科学的最近发展表明，"认知过程本质上起源于有认识能力的生物有机体的生物学特性。……就人类而言，这意味着认知起源于我们的神经系统和身体的特性，起源于它们在所处环境中的演化方式。……这样，包括数学概念在内的概念系统就是涉身认知领域

---

① Voorhees B. Embodied mathematics. Journal of Consciousness Studies，2004，11（9）：83-88.

的一部分"①。因此，作为处理各种抽象概念（如无穷、集合、数、空间和函数等）的数学，本质上是人类大脑和身体特性的产物。莱考夫和纽尼兹声称："数学，正如我们所知道的，它是人类的数学，是人类心灵的产物。数学从哪里来？它来自我们！我们创造了它，但是它不是任意的……"②

传统的数学柏拉图主义认为数学是被发现的，存在着一个非人类、先验的数学世界。这种主张与认知科学的最新研究结果格格不入。与数学的涉身认知解释不同，数学柏拉图主义的信念依据并非来自认知科学上的发现。相反，它采用静态的逻辑和语言分析，或者诉诸素朴的哲学思辨作为其论证策略。比如，弗雷格就坚定地认为，2 这个数是对象（the number 2 is an object），因为以定冠词（the）为标示的专名（the number 2）代表对象。哥德尔则用数学直觉为他的数学实在论辩护。显然，当上述论证和观点与科学发生矛盾时，数学柏拉图主义陷入令人难以置信的局面也就成为一件不可避免的事，逻辑和语言分析由此也暴露出它们的局限性。数学柏拉图主义遭到了更为严肃的批评，莱考夫和纽尼兹责难道："柏拉图式的数学的存在这个问题不能被科学地提出。充其量，这只能是一个信仰问题，更像是对上帝的信仰一样。也就是，柏拉图式的数学，就像上帝一样，本身不能通过人类的身体、大脑和心灵被感知或理解。仅凭科学既不能证明也不能否证柏拉图式的数学的存在，就像它不能证明或者否证上帝的存在一样。"③ 由此可见，对数学柏拉图主义的信念被视为诸如对上帝的信仰一样，这种境遇足以说明这是迄今为止数学柏拉图主义所遇到的来自科学上的一种最有力和最为致命的攻击。

第二，数学认识本质上是涉身的，依赖于人类的心灵、大脑和身体，以及它们与周围环境的关系。

从数学的涉身认知的视角看，先验的柏拉图式的数学世界并不存在。数学只是人类的一个概念系统，认知科学家们有足够的理由把其纳入他们的研究范围。认知科学的新近研究表明，"人类的心灵本质上是涉身的，也就是，它起源于我们的身体和大脑的生物学特性，起源于我们和我们的环境（包括社会环境和物理环境）之间相互作用的方式。……思想不是字面的，也不以抽象规则和范畴作为其基础，而是它在本质上必然是隐喻的"④。认知科学对数学哲学的关键洞见在于，隐喻理论说明了"数学起源于人类的涉身过程"这一核心论点。

为了实现上述目标，认知科学家纽尼兹详细考察了数学中的"连续"概念。

① Núñez R E. Conceptual metaphor and the embodied mind: what makes mathematics possible? //Hallyn F. Metaphor and Analogy in the Sciences. Netherlands: Kluwer Academic Publisher, 2000: 133.

② Lakoff G, Núñez R E. Where Mathematics Comes From: How the Embodied Mind Brings Mathematics into Being. New York: Basic Books, 2000: 9.

③ Lakoff G, Núñez R E. Where Mathematics Comes From: How the Embodied Mind Brings Mathematics into Being. New York: Basic Books, 2000: 2.

④ Núñez R E. Conceptual metaphor and the embodied mind: what makes mathematics possible? //Hallyn F. Metaphor and Analogy in the Sciences. Netherlands: Kluwer Academic Publisher, 2000: 125.

从历史的角度看，数学家们对"连续"这个概念的理解有两种刻画：一种来自牛顿（Isaac Newton）和莱布尼兹的直觉的和非严格的理解，盛行于 17 世纪；另一种则发端于 19 世纪柯西-魏尔斯特拉斯（Cauchy-Weierstrass）的严格的 $\varepsilon\text{-}\delta$ 定义，后者成为现代数学中"连续"概念的标准定义。然而，纽尼兹指出在当今数学实践中，"连续"的直觉和非形式定义仍然非常活跃，并且它在数学理解中扮演着重要角色。并且这种直觉定义恰好根源于人们日常的物理经验，即如果一个物理对象沿着一个方向随时间的延续而持续运动，并且不发生突然的改变，那么这个运动过程就是连续的。再进一步设想，这样形成的运动轨迹也是连续的。用数学的术语来表述，称一个函数 f 是连续的，也就意味着一条曲线没有间隙、没有"跳跃"和"尖点"，如图 1.3 和图 1.4 所示[①]。

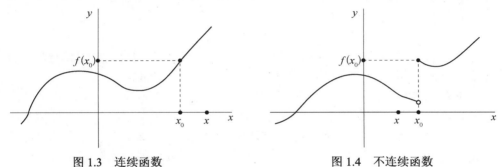

图 1.3　连续函数　　　　　　　　图 1.4　不连续函数

图 1.3 表示连续函数，图 1.4 表示不连续函数。这是因为，在图 1.3 中，当 x 趋于 x_0 时，$f(x)$ 趋于 $f(x_0)$；但是，在图 1.4 中，当 x 趋于 x_0 时，$f(x)$ 可以不趋于 $f(x_0)$。简言之，数学上的连续意味着：当 x 趋于 x_0 时，$f(x)$ 趋于 $f(x_0)$，用数学符号写为：$f(x) \to f(x_0)$（当 $x \to x_0$）。这种从物理对象的运动折射到数学上非形式的连续定义实质上就是概念隐喻的运用。从另一个角度看，这恰好说明了数学思想或者数学概念是涉身的，与人们的经验相关。

但是如果从数学中"连续"的 $\varepsilon\text{-}\delta$ 严格定义的角度看，就会发现情况似乎并非如此。这个定义是这样的：

> 如果函数 f 满足下述三个条件，则在 a 点连续：
> （1）函数 f 被定义在一个包含 a 的开区间上；
> （2）$\lim_{x \to a} f(x)$ 存在，并且；
> （3）$\lim_{x \to a} f(x) = f(a)$。
> 这里，$\lim_{x \to a} f(x)$（函数 f 在 a 点的极限）被定义为：

① Núñez R E. Conceptual metaphor and the embodied mind: what makes mathematics possible? //Hallyn F. Metaphor and Analogy in the Sciences. Netherlands: Kluwer Academic Publisher, 2000: 131.

让函数 f 定义在一个包含 a 的开区间上，如果不可能是 a 自身，让 L 是一个实数。陈述 $\lim_{x \to a} f(x) = L$ 意思是，对于每一个 $\varepsilon > 0$，都存在一个 $\delta > 0$，使得如果 $0 < |x-a| < \delta$，那么 $|f(x)-L| < \varepsilon$。①

在该定义中，我们丝毫看不到函数 f 的连续概念会和日常的物理经验相关联。这表明传统数学哲学拒绝把数学的发现语境作为其合法的探讨领域所带来的局限。

从数概念产生的历史看，"人类在计算方面之所以成功，应当归功于十指分明。就是这些手指，才教会人类计数，从而把数的范围无限地扩大开来。如果没有这套装置，人类对于数的技巧就不会比原始的数觉高出多少。因此，我们不无理由地说，要是没有手指，那么数的发展，以及随之而来的我们精神上的和物质上的进步所依据的精确科学的发展，也将毫无希望地处于低下的阶段"②。当然，"人类采用十进制乃是一种生理上的凑巧"③。由此可见，数学思想产生之初确实是涉身的。

第三，数学的认知结构既非来自先天的认知主体，也不是客体本身所蕴含的，它是在认知主体和客体相互作用的过程中形成和不断发展的。

如果前述两点仍然不能令数学先验论者相信数学在本质上是基于人类的大脑和身体的生物学特性的（因为他们有充分的理由认为一些纯数学结论似乎完全不依赖于经验，同时这些结论又是真的和必然的），那么数学是涉身的倡导者们就必须说明最初的涉身数学是如何发展为形式化数学的。能胜任这一任务的除隐喻说明之外，另一条途径是由皮亚杰提出的根源于生物学的发生认识论的解释图式。

根据皮亚杰的观点，首先，数学并非是一个超时空、已然存在的静止的抽象世界。相反，数学世界是由有认知能力的主体在其和客体相互作用的过程中逐步建构成的。在这个过程中，认知主体经历了从把事物归类和序列化等感知运动阶段到概念化活动的高级思维阶段。另外，我们对数学的认识并非通过纯粹直觉这样的先验方式达到的，而是通过最初根源于感知的方式获得的。也就是说，作为一种概念性知识的数学并不是一开始就先验地栖居在人类的心灵之中，而是随着认知有机体的生物进化的发展而产生的。通过对儿童进行实验，皮亚杰发现，在概念甚至语言出现以前，儿童就具有了智力。这个阶段的智力主要表现为：儿童通过他们身体的活动和周围的客体相协调。在没有掌握概念以前，儿童甚至还不具备离开特定环境进行传递推理的能力。比如，"如果被试看见在一起的两根棍子 $A<B$，然后又看见两根棍子 $B<C$，他不能推论出 $A<C$，除非他同时看到

① Núñez R E. Conceptual metaphor and the embodied mind: what makes mathematics Possible? //Hallyn F. Metaphor and Analogy in the Sciences. Netherlands: Kluwer Academic Publisher, 2000: 128.
② [美] T.丹齐克. 数: 科学的语言. 苏仲湘译. 北京: 商务印书馆, 1985: 8.
③ [美] T.丹齐克. 数: 科学的语言. 苏仲湘译. 北京: 商务印书馆, 1985: 13.

它们"①。但是，高级的数学认识不用借助具体场景而只运用抽象概念就能进行。总之，数学认识是随着认知主体身体的各种机能的生物学演化以及在与周围环境相适应的过程中逐步发展的，它是一个不断演进的复杂过程，而不是一个脱离经验的、内在于认知主体的先天的认知结构。

其次，数学认识或者数学知识并非客体自身的特性。比如，我们在物理世界中找不到数学上无穷这个概念的影子。即便我们只关注那些能被数学模型所刻画的物理世界，这个所谓的世界也是被主体所认识的世界。关键在于，"事实只有被主体同化了的时候才能为主体所掌握。要掌握事实，儿童在建构使事实具有顺序或结构从而使事实变得丰富起来的那些关系时，有一个先决条件，就是要能运用同化客体的逻辑数学方法"②。因此，客体自身的结构和特性远不足以形成我们的数学知识。

总之，发生认识论对于数学的认识机制的深刻洞见就在于："认识既不是起因于一个有自我意识的主体，也不是起因于业已形成的（从主体的角度来看）、会把自己烙印在主体之上的客体；认识起因于主客体之间的相互作用，这种作用发生在主体和客体之间的中途，因而同时既包含着主体又包含着客体……"③ 当然，数学作为人类的一种认识，它既不是先天的，也不是预先被客体所揭示的，而是在认知主体和客体相互作用的过程中逐渐形成和不断发展的。

二、自然主义数学哲学的困境

以数学自然主义和科学自然主义的解释为研究路径的自然主义数学哲学是在反对传统的"第一哲学"研究方式的基础上成长起来的。他们拒绝脱离数学实践和科学实践的抽象的哲学争论，其合理性在于他们意识到了数学哲学应当重视数学实践。对数学自然主义而言，重视数学实践体现为数学哲学研究的核心应当是数学实践中的方法论问题，主张数学知识的确证标准内在于数学。对科学自然主义而言，重视数学实践体现为关注数学在科学中的应用，主张数学知识的确证标准是外在于数学的科学。实际上，前者强调的是数学的哲学说明应当与数学实践相一致，后者强调的是数学的哲学说明应当与科学的世界观相一致。这正是自然主义数学哲学吸引人所在之处。

但与此同时，他们对于数学实践和科学实践的过分强调却导致了哲学问题数学化和哲学问题科学化的倾向，数学的哲学探究有可能被数学的和科学的探究所取代。按照科学自然主义的研究方案，数学的本体论和认识论问题都应该交由科学来回答。因为，在蒯因看来，自然科学是实在的唯一仲裁者，并且我们关于实

①　[瑞士]皮亚杰. 发生认识论原理. 王宪钿等译，胡世襄等校. 北京：商务印书馆，1997：37.
②　[瑞士]皮亚杰. 发生认识论原理. 王宪钿等译，胡世襄等校. 北京：商务印书馆，1997：54.
③　[瑞士]皮亚杰. 发生认识论原理. 王宪钿等译，胡世襄等校. 北京：商务印书馆，1997：21.

在世界的知识必定且只能通过科学的方式获得。他分别在其论文《自然化的认识论》（*Epistemology Naturalized*，1969 年）和《经验主义的五个里程碑》（*Five Milestones of Empiricism*，1981 年）中论述道：

> 认识论，或者某种与之类似的东西，简单地落入了作为心理学的因而也是作为自然科学的一章的地位。[①]
>
> 自然主义把自然科学看作是对实在的一种探究，自然科学是可错的和可纠正的，但是它不对任何超科学的法庭负责，并且不需要超越于观察和假说－演绎方法之上的任何辩护。[②]

这样，数学哲学的事业就可以被自然科学的事业所取代。与科学自然主义类似，数学自然主义者麦蒂声称：

> 数学不对任何超数学的法庭负责，不需要任何超越于证明和公理化方法之上的确证。蒯因认为科学独立于第一哲学，我的自然主义认为数学既独立于第一哲学，也独立于自然科学（包括和科学相连的自然化的哲学）——简言之，独立于任何外在的标准。[③]

因此，按照这种评判标准，至少数学的认识论问题能够被自然化为数学问题，既然只有通过现行的数学方法我们才有可能获得关于数学真理的知识，那么作为哲学分支之一的数学认识论就可以被取消。由此可见，上述的倡导原则对待数学实践和科学实践的极端态度正是自然主义的数学哲学范式的困境。

从总体上来看，自然主义集合实在论是要在主张尊重数学实践的基础上对数学实在论进行辩护，主张集合存在并且存在于宇宙时空之中，数是集合的性质，人们能够感知到集合的存在。虽然麦蒂倡导数学哲学应该重视数学实践的导向令人鼓舞，不过遗憾的是，自然主义集合实在论的策略在打着"反对第一哲学"口号的同时，运用的仍然是第一哲学的方法论原则，已经偏离了以数学实践为基础的哲学导向。因为，现代公理集合论的 ZFC 系统断言数是集合而不是集合的性质；ZFC 系统并没有告诉我们集合存在于宇宙时空之中，它只是断言了空集和无穷集合（如全体自然数构成的集合 ω）存在。至于 $\varnothing$ 和 ω 存在的本质，即它们的存在是否是非时空、非因果、客观的，则没有下结论。因此，只根据数学实践还不足以回答贝纳塞拉夫对数学柏拉图主义提出的挑战。

从意识到数学的方法论决策不需要以哲学假定为理由之后，麦蒂的规划就转向了一种彻底的数学自然主义。数学自然主义只关心与数学实践紧密相连的数学方法论问题，而有意忽略传统的数学本体论和真理等认识论问题。需要注意的是，

---

① 涂纪亮，陈波. 蒯因著作集. 第②卷. 北京：中国人民大学出版社，2007：409.
② Quine W V. Theories and Things. Boston：Harvard University Press，1981：72.
③ Maddy P. Naturalism in Mathematics. New York：Oxford University Press，1997：184.

麦蒂把数学哲学家们的视野从传统的形而上学争论转移到数学家们的亲身实践，这种转折无疑给数学哲学带来了勃勃生机和新的发展前景。不过按照麦蒂的数学自然主义的主张，如果数学方法论的评判是内在于数学的，那么该问题就是合法的数学问题，数学自然主义在哲学上唯一感兴趣的方法论问题就变成了真正的数学问题，这样数学的哲学研究也就不能称其为真正的哲学研究，充其量仅仅是数学研究的一部分了。另外，由于关于数学对象在什么意义上存在的本体论问题和我们的数学认识是如何可能的认识论问题不能在数学内部得到评价，即不能被自然化为数学问题，所以，传统的本体论和认识论的哲学问题必然会滑出自然化的数学哲学范畴之外。但是，哲学要成为一门独立的学科，就必须有自己的问题和自己的方法。而要成为科学的哲学而不是思辨的哲学，就要对那些神秘的、未知的、令人们感到困惑的问题做出清晰、合理的说明，而不是避而不谈。虽然麦蒂清醒地认识到数学哲学必须尊重数学实践，但是与此同时，她却把传统的哲学问题排除出了她的自然化哲学研究纲领之外或者转变为数学问题，这极有可能导致其本身就背离了哲学探索的本质。

对于科学自然主义的盛行，有关数学认知机制的论证已经从经验科学的成果中汲取了极为丰富的养料。关于数学认知机制的各种经验证据表明，先验的、非时空的柏拉图式的数学世界不存在。正是在这个意义上，数学认知的经验研究为哲学家们提供了令人信服的科学证据。但与此同时我们应该注意到，真正的数学哲学或者形而上学的探讨一定不能被科学的探讨方式所取代。

事实上，传统的哲学或者形而上学合理存在的根据之一恰是对世界的实在的最为普遍事实的一种先验探究。与哲学探讨的主题不同，各门经验科学关注的是实在世界的各种具体对象，比如，物理学研究像树木、电子和星球这样的物质对象，生物学研究各种生物体。虽然如此，像"什么是物质对象"这样的普遍问题在物理学之内却得不到回答，这是典型的形而上学问题。形而上学的任务就是要探讨世界上存在哪些基本范畴或者世界上存在什么。一般而言，形而上学或者哲学的知识不是经过观察和科学实验的方法获得的。相反，它是从某种原初的假定（对世界的理解）开始，经过有效的逻辑推理和论证得出结论。这种获得知识的方法是独立于经验的，即是一种先验的、理性的研究模式。当然，形而上学的探讨对于人类理解世界而言是有意义的，并且它的探讨不能通过经验科学的方法获得。因此，根据这样的论证，关于数学的哲学探讨不能用关于数学认识的经验研究所取代。

总之，自然主义的数学哲学范式在强调反对"第一哲学"、重视数学实践和科学实践的同时存在着取代哲学主题及研究方法的倾向，最终也不能合理地完成数学哲学的根本任务。

第四节　数学实践哲学的兴起与数学哲学新范式的诉求

　　通过对数学哲学的上述三种研究范式的分析，可以看出，规范的数学哲学虽然保持了哲学传统研究的规范性，但是这种"第一哲学"式的或者"哲学先于实践"的研究路径有可能为真实的数学实践提供一幅虚假图像，存在着误解甚至歪曲数学实际面貌的倾向。描述的数学哲学虽然注意到了数学哲学应当重视数学实践，但是由数学家和数学史家发起的这种"反传统"革新却完全否定了传统数学哲学，主张数学哲学的主要任务就是描述数学实践，这种研究路径会导致人们认为数学哲学的研究事业可有可无，该项工作可由数学家和数学史家来完成。自然主义的数学哲学虽然在哲学传统的研究规范下着重讨论了与数学实践相关的哲学问题，然而这种研究路径对数学实践优位的处理使得数学的哲学探究有可能被数学和科学的探究所取代。因此，这三种研究范式都无法为数学提供一种连贯、合理和全面的说明。

　　事实上，上述的分析中隐含着下述倾向：一方面，我们必须拒绝传统的先验的"第一哲学"的研究范式（因为，数学哲学最根本的目标在于给出实际数学的合理说明，而不是修改现行的数学实践）；另一方面，我们还必须为数学的哲学研究进行辩护（毕竟数学哲学不同于数学史、数学社会学，也不同于具体的数学和科学）。

　　这样，当前数学哲学研究的一种合理性的背景性预设框架逐渐明晰起来：①数学哲学的根本任务在于对实际研究中的数学给予合理说明，这就要求我们的哲学探索必须以数学家们的实际工作为基础，关注真实的数学实践。毕竟，不了解范畴代数就对其进行说明和评论，这种哲学立场是无法让人接受的。②数学的哲学探索一定有着自己特定的研究主题，哲学家们（为理解数学以及数学在我们的实在世界中所处位置）的探讨方式不能被其他的研究所取代。③关于数学的哲学说明还必须与我们的科学的世界图像（即科学的世界观）相一致。

　　由此看来，研究范式的选择取决于数学哲学自身的任务。正如希哈拉指出的那样，数学哲学的根本任务在于："它试图寻求提出一种对数学本质的连贯的、整体的、普遍的说明（这里的数学，我指的是由当前数学家们实践和发展的实际的数学）——这种说明不仅与我们关于世界的当今的理论观点和科学观点相一致，而且也与我们作为具有这类感觉器官的生物有机体在世界中的位置相一致，这种位置由我们最佳的科学理论所刻画，而且它还与我们所知道的关于我们对数学的掌握是如何获得和检验的相一致。"①

---

① Chihara C S. A Structural Account of Mathematics. New York：Oxford University Press，2004：6.

　　由于规范的、描述的和自然主义的数学哲学都不足以完成数学哲学的根本任务，以至于在"分析传统"和"反传统"革新之后，当代的数学哲学研究中一种新的研究趋向"数学实践哲学"开始兴起。数学实践哲学的倡导者、美国加利福尼亚大学伯克利分校的哲学系教授曼科苏意识到，规范的数学哲学下引导的"分析传统"研究路径忽视了内容丰富的数学实践，描述的数学哲学下引导的"反传统"革新在注意到数学哲学应当关注数学实践的同时却基本否定了传统哲学的研究主题和方法，以致当前的数学哲学界依然是由忽视数学实践的"分析传统"居于研究的主流位置，而关注数学实践的"反传统"革新则处于次要位置。同时，自然主义数学哲学引导下的数学自然主义虽然是在"分析传统"的研究路径下具体讨论数学实践的方法论问题，然而它却将数学的本体论和认识论排除出其自然化的研究纲领之外。正是基于这样的现状，曼科苏试图将"分析传统"的研究主题及方法和具体的数学实践相结合，形成独特的数学实践哲学的新的研究方向。

　　实际上，曼科苏是在继续秉承哲学传统的研究规范性和重视内容丰富的数学实践之前提下去开拓数学实践哲学的新领域的。他在把数学哲学与自然科学哲学做了比较之后发现，"在一般方法论和经典的形而上学问题（实在论与反实在论、空间、时间、因果律等）与专门科学（物理学、生物学、化学等）中详细的案例研究相互结合的共同影响下，自然科学哲学取得了蓬勃发展。富有启迪作用的案例研究既有历史的（爱因斯坦的相对论，麦克斯韦的电磁理论、统计力学等），也有当代的（量子场论新领域的研究等）。与此相对照，除个别情况例外，数学哲学没有相应的详细的案例研究就发展起来了"[1]。因此，曼科苏明确声称："关注数学实践是复兴数学哲学的一个必要条件。"[2] 另外，他还强调将传统的哲学问题与具体的数学实践结合起来进行探讨，将"分析传统"使用的方法拓宽到囊括更多的数学领域的分析中。由曼科苏于 2008 年编辑出版的《数学实践哲学》一书包含了八个具体的研究主题：①数学中的可视化；②图表推理；③数学说明；④方法的纯正；⑤数学概念和定义；⑥计算机科学在数学中使用的哲学方面；⑦范畴论；⑧数学物理学。其中涉及了代数拓扑学、纽结理论、复分析、几何学、计算机科学、数学物理学等多个具体的数学分支学科。值得指出的是，这种新生力量向我们暗示了：在 21 世纪，一种欣欣向荣的数学哲学必定与数学家和数学史家们关注的问题及领域保持密切联系。只有这样的数学哲学才是令人向往和真正有发展前途的。

　　与传统的基础主义和当前"分析传统"中只关注算术、集合论和几何等基本数学分支相比，这种新的探索途径极大地拓宽了数学哲学的研究范围；与最近 50 年来贝纳塞拉夫主导的当代数学实在论和反实在论之争的统治局面相比，它突破

① Mancosu P. The Philosophy of Mathematical Practice. New York：Oxford University Press，2008：2.
② Mancosu P. The Philosophy of Mathematical Practice. New York：Oxford University Press，2008：2.

了数学哲学只关注本体论和认识论的传统研究域面；与"反传统"革新中的描述性倾向和关于一般的数学知识的元理论探讨相比，它具有哲学传统的规范性和更多令人信服的局部案例研究；数学实践哲学的背景信念中事实上隐含着三个原则：①摒弃以往"第一哲学"式的先验探讨；②避免将数学的哲学思考理解为仅仅是对现行的以及历史上出现的数学事件及理论给出描述；③任何具体科学的探讨都无法取代哲学家的分析及反思。总之，我们可以预测，在不久的将来，这第三种研究倾向将成为取代"分析传统"的真正的主导性研究方向。因为，它既可以为传统的主流研究带来新鲜空气，避免学院式的"第一哲学"研究风格，同时还可以继续保持数学哲学的规范性研究传统。

基于数学实践哲学的兴起和对前述三种研究范式的分析，当前的数学哲学亟须一种满足数学哲学根本任务和符合这一趋势的新的研究范式。如前所述，我们已经看到来自描述的和自然主义的数学哲学视野下所揭示出的数学实践在数学哲学研究中展示出的力度，因而一种合理的数学哲学研究范式的必备条件就是要充分尊重数学实践。这就意味着我们要拒绝传统哲学的先验的探讨方式，重视数学的历史分析，正视数学作为一项人类的实践活动具有的社会特征，坚持与科学的世界观相一致。实际上，这些不同的研究为我们展示出一个总的趋势，即数学的哲学探究应当关注数学实践，把数学置于不同的语境中进行分析，从动态的视角重新审视数学，坚持与世界的其他图景相一致，尤其是科学的说明（一种合理的数学哲学与其他来自各种不同角度的关于数学的理解应该是相容的，而不是互相冲突的）。

另外，数学实践的各个方面都是数学哲学进行论证的必备前提，但是反过来并不成立。也就是说，数学哲学研究一定不能简单地还原为或者等同于数学实践的任何一个具体方面。需要承认，各门具体科学确实推动了当代哲学的进步，不过这绝不意味着数学或者各门具体学科的研究方式可以取代哲学的探讨。毕竟各门学科有着各自不同的研究范围和局限，它们并没有囊括实在世界的全部。在这个意义上，哲学有着自己特定的研究领域和特殊的研究方法，它有自身的存在价值，不能被还原为其他任何一门学科。相应地，数学哲学的任务是提供一种连贯而全面的数学图像，它旨在探求更为普遍的与数学相关的一切事实。无论是数学的历史分析、社会学研究、经验观察还是数学的语言分析等，虽然这些具体科学为数学的哲学洞见提供了新的证据和关于数学的新认识，不过它们无论如何都没有能力对数学做出一种普遍性的说明，这个责任的重担终究要交给数学哲学家们。

总之，不论是传统的先验式的哲学探究，还是关注数学实践的不同角度的解释，都需要首先明确数学哲学的根本任务及相应的数学哲学研究范式，因为只有在一种合理的研究范式引导下的哲学说明才有可能解决重要的哲学难题，进而保持合理且有发展前途的研究方向。一种合理的数学哲学研究范式所需的必备条件有：①尊重数学实践，反对"第一哲学"。该原则主张与现实数学实践不符的哲学论证应该被抛弃，避免抽象的、绝对的和非历史的哲学说明；②保持哲学研究的规范性特征，不能把数学哲学定位为仅对数学做出描述。数学的哲学问题不能简单还原为数学的史学或社会学描述；③避免将数学的哲学问题自然化，即反对将哲学问题最终归结为数学问题或者科学问题，拒绝数学自然主义和科学自然主义的方法论，但是数学的哲学说明需与科学的世界观相一致。这样一来，数学哲学的研究一方面要在数学实践的基础上进行反思，避免违背数学实践的抽象哲学争论；另一方面，还必须时刻警惕数学的哲学说明被其他方式所取代。正是在这个意义上，数学实践哲学应运而生，这种现实背景也成为一种新的数学哲学范式产生的内在诉求。"语境论的数学哲学"正是我们要试图提出的一种新的研究范式。

第二章　语境论数学哲学的基本纲领

如前所述，只有立足于一种适当的研究范式，数学哲学才能在哲学传统的研究规范基础上解决现有的哲学难题并拓宽自身的研究域面、保持其兴旺发展、为相关学科提供启示和洞见。迄今为止，数学实践哲学的新趋势能够较为合理地满足数学哲学的根本任务。因此，我们需要明确提出一种符合该趋向的新的数学哲学研究范式。为此，我们提出"语境论的数学哲学"。它的核心理念在于主张，数学哲学研究的基点应该以数学实践为基础，数学的哲学探究不能被其他任何形式的研究所取代，这种探究要与科学的世界观保持一致，在整体论的、动态的作为一种世界观的语境论的框架中进行。语境论的数学哲学包括如下三种核心要素：背景信念、问题域和方法：

（1）背景信念：语境论的世界观，主张把数学当作一种动态的历史事件，置于其所在的各种语境中加以理解和说明。

（2）问题域：把具体的数学实践和传统的哲学问题相结合。

（3）方法：将"分析传统"中使用的逻辑和语言分析拓宽到"语境论"核心的研究方法，即语境分析方法。其含义涉及狭义的语言分析（语形、语义和语用分析）和广义的非语言分析（语言、逻辑、历史、心理和社会学分析）。

现在，我们用一个具体的示意图来描绘当代数学哲学的研究传统、趋向、归属范式以及"语境论的数学哲学范式"所处的位置，具体如图 2.1 所示。

从图 2.1 中我们可以看出，"语境论的数学哲学"主张把传统的数学本体论、认识论和语义学的相关问题与现行的数学实践结合起来进行探讨。比如，数学中的范畴论就为数学哲学中结构主义的说明提供了新的分析原料，数学的现实应用及来自数学物理学的洞见也可以和数学实在论的不可或缺性论证相联系，而图表推理和数学说明则可以为我们理解数学真理的传统认识论问题提供新的线索等。具体的数学实践哲学研究和语境论的数学哲学范式可以为数学哲学打开新的探讨空间。

总体而言，在数学实践哲学兴起的总体背景下，我们试图提出"语境论的数学哲学研究范式"。需要说明的是，除了数学哲学自身的现实背景，"语境论的数学哲学范式"具有哲学上深厚的思想渊源。为此，本章将阐明语境论数学哲学的基本纲领，首先追溯该范式的三个思想渊源，即语境论的世界观、语境实在论和语境论的科学哲学；其次在此基础上，试图明晰该范式具有的六个核心原则，即实践原则、动态原则、语境原则、一致性原则、整体论原则、跨学科原则；最后，阐明该范式的分析方法。

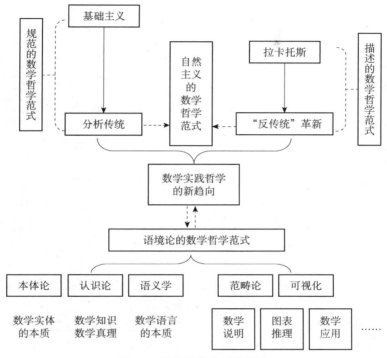

图 2.1　数学哲学的研究范式

第一节　语境论数学哲学的思想渊源

随着近代科学的诞生一直到 20 世纪科学所取得的显著成就，一般哲学和自然科学哲学的发展也日益兴盛。与此相反，数学哲学的主导研究路径却依然被一种先验的、绝对的、普遍的、确定的和非历史的信念所主宰。数学哲学家们探讨的主要论题包括：是否存在着一个和物理世界一样实在的抽象的数学世界；数学研究的是个别对象还是一些抽象结构？存在数学真理吗？如果存在，判断一个数学陈述真值的标准是什么？等等。与自然科学哲学不同，数学哲学家们可以不涉及具体的现代数学实践或者只懂得一点数学集合论就能对上述问题展开研究，以至于许多的数学哲学家们并不能如愿地把握、理解并说明数学的全貌，最终造成了一种脱离了数学实践的关于数学的哲学说明。实际上，一种充分的数学哲学是在关注数学实践的基础上，对数学做出的一种连贯的、整体的说明，这种说明应当与数学史、我们日常的感知经验和科学的世界观相一致。因此，为寻求一种与充分的数学哲学相应的新的研究范式迫在眉睫。语境论的数学哲学研究范式正是这种努力的结果之一，其基本的思想渊源有语境论的世界观、语境实在论、语境论的科学哲学。

一、语境论的世界观

"语境论的世界观"（a contextualistic worldview）是随着 19 世纪末、20 世纪初在美国诞生的实用主义运动的一种自然产物，是为哲学家们甚至广大公众提供的对世界和我们在世界中位置的一种新的理解方式。哲学，作为一种全局视域的学科，与任何一门具体科学都不同，它是对世界中一切事物的全面反思，即对来自人们的日常生活、常识、科学、宗教、艺术、经济、政治和社会等中的一切事件和现象进行的说明和解释。自柏拉图和亚里士多德的古希腊哲学传统开始，哲学家们的工作似乎是在探究关于实在世界的一种永恒的、确定的、绝对的真理体系。由此，哲学也往往被描述为是一种超越经验、高于经验的一种高贵的、先验的理性活动。然而随着现代科学的迅猛发展和由此带来的社会变革，以往那种抽象的绝对主义哲学已经很难适应这些改变，哲学家们也不再应该由于他们被赋予一种优越的尊贵地位而悠然自得。恰恰相反，哲学家们应该把他们的研究指向实践，与我们身处的世界及其我们周围的环境紧密相连，这才能体现出哲学在人类的实践和应对世界的过程中所具有的真正价值。正是基于现实的这些迫切要求，一批来自美国马萨诸塞州坎布里奇"形而上学俱乐部"的成员提出了对哲学范式的转换，由此产生了哲学中的实用主义思潮。

实用主义的核心人物——皮尔士（Charles Sander Peirce，1839—1914）、詹姆斯（William James，1842—1910）、杜威（John Dewey，1859—1952）奠定了美国哲学思维方式的转换，其中尤以詹姆斯和杜威强调哲学应关注"实践""变化"和"语境"的重要性而闻名于世。秉承了实用主义传统的美国哲学家佩珀（Stephen C. Pepper，1891—1972）于在其著作《世界假设：一种证据的研究》（*World Hypotheses: A Study in Evidence*，1942 年）中提出了语境论世界观的概念，随后哈恩（Lewis Edwin Hahn，1908—2004）在《一种语境论的世界观》（*A Contextualistic Worldview*，2001 年）中，系统阐述了语境论世界观的起源、核心观点及其对哲学的意义，认为"语境论的世界观是理解我们的世界和我们在其中的位置的较佳方式之一……是实用自然主义的一种形式"[①]。为了明确语境论世界观的基本精神及其与经典实用主义体系之间的连续性，我们首先从历史的脉络挖掘詹姆斯和杜威关于实用主义哲学范式的精髓。

詹姆斯于 1907 年出版《实用主义》（*Pragmatism*），奠定了实用主义的思想体

---

① Hahn L E. A Contextualistic Worldview. Carbondale，Edwardsville：Southern Illinois University Press，2001：ix.

系。他从哲学的两种气质出发，明确反对抽象的理性主义，倾向于尊重事实的经验主义；反对静止的世界观和真理观，主张变化的世界观和流动的实用主义真理观；反对绝对论的哲学体系，赞成哲学的相对性（语境性）；反对一元论的独断论，坚持多元论的开放性等。在詹姆斯看来，哲学的核心就是尊重和坚持事实与具体性，反对抽象的形而上学争论，如果先验的哲学原则与说明和具体的事实相冲突，那么相应的哲学解释就得让步。因为毕竟哲学是对真实的世界进行的一种全面反思，如果哲学忽略了真实的世界，那么显然这种说明是没有意义和价值的。詹姆斯强调："具体性和事实性是实用主义最大的特性，是实用主义的根本。"①

既然哲学面对的是真实的世界，那么哲学就必须依据世界的本性做出反思。关键之处在于，世界的本性如何呢？詹姆斯认为，传统的哲学把世界的本性看作是静止的、永恒的、不变的，人类的知识就是寻求关于这个世界的一种永恒真理，这种传统的哲学视域或者态度并不符合世界之本性。与此相反，我们所经验的世界是一个不断处于变化中的、开放的、动态的世界，因而我们关于世界的知识也会随之变化。这样，詹姆斯从历史的、时间性的、科学的、有人参与的世界的角度指出，"把世界视为一种'完成了的'世界，是毫无意义的。它从未完成过，我们还有未来。停止观念的哲学我们应予抛弃"②。基于这种变化的理念，詹姆斯明确反对客观、静止、不变的绝对真理观，主张真理是人对事物永无休止的一种追寻过程。这样，"真理存在于人对世界不停的追问。理性主义哲学认为，真理是客观的，是不受人及事物影响的。实用主义认为，离开了人的经验，离开了事物，离开了人对事物的活动，真理将空置，真理就是人在实践过程中检验其心中的概念为真而不为假的东西，抽象的真理不存在"③。

从整体的角度看，詹姆斯从事实和变化两个核心要素出发，向我们展示了哲学应关注事实或者人类真实的实践活动，强调一种动态的、历史的哲学思考方式。这为后来以历史事件作为根隐喻的语境论的世界观奠定了坚实的基础。

杜威是我们要提到的另外一位倡导哲学范式需要转换的哲学家。他认为哲学应当建立在一些与科学现状和社会现状相一致的事实之上，这种新的哲学关注事实、重视变化、强调语境，反对抽象、静止、绝对的普遍主义哲学观。

首先需要认识到的一个事实是，哲学的使命与其他学科一样，都是为了我们更好地理解并适应我们所生活的世界。如果哲学只是一种与现实不相关的抽象争论，不能为人们提供某种启示，那么这些争论就没有实质性的意义。因此，如果哲学想和现代科学与人类的其他智力活动一起对我们理解世界有所助益，具有实际的价值，那么哲学就必须跳出以往那种抽象的、纯粹概念式的、先验的学究式

① ［美］威廉·詹姆斯. 实用主义. 燕晓冬编译. 重庆：重庆出版社，2006：51.
② ［美］威廉·詹姆斯. 实用主义. 燕晓冬编译. 重庆：重庆出版社，2006：72.
③ ［美］威廉·詹姆斯. 实用主义. 燕晓冬编译. 重庆：重庆出版社，2006：143.

传统，转而关注当前的科学和人类的社会状况。换言之，哲学就应该关注事实。正如杜威所言："如果理性主义……不涉及人们实际上相信和关注的事物，那么它就会成为一种留给学院里的专家和抽象的形式主义者去研究的学说。"① 所以，杜威所倡导的实用主义哲学一定是以事实为基础的哲学，是与传统的抽象哲学截然不同的一种新哲学。

如果哲学尊重事实，那么我们首要关注的就是事实是什么。杜威由此出发，认识到现代科学已使我们关于世界的信念发生了革命性的变化，科学所揭示出的世界是一个处于变化和过程中的世界。所以，事实最重要的特征就是变化，"存在处于过程之中，处于变化之中"②。科学使我们更为清晰地认识到了事实的变化特征，在此关键的过程中，达尔文（Charles Robert Darwin）《物种起源》（*On the Origin of Species*，1859 年）的出版起了奠基性的作用。的确，就我们探索人类的本质而言，《物种起源》作为自然科学的标志打破了神学对人类本质的终极设计论解释的禁锢，而以永恒和固定不变的世界为假设的哲学也需要在以变化为特征的事实之基础上做出新的范式转换。

生物学的发展向我们表明，物种是可变的，生物是进化的。人作为一种生物有机体也是由低等生物进化而来的，生命有它的起始点、过程和终结点。因此，对于生命而言，这些存在物的重要特征就是它们是作为一种经历了变化的事件而存在的。同样，其他物质事物也是作为一种历史事件的存在物，杜威坦言："不论它是像太阳系那样的庞大事物，或者像温度的升高那样细小的事物，我们都可以询问它是如何产生的。"③ 这样看来，世界是一个不同的存在物相互作用的、变化着的世界，每一种存在物也都是变化着的事物。事实上，在达尔文之前，16 世纪和 17 世纪的科学家们就已经认识到了世界是由变化构成的这种显著特征。伽利略（Galileo Galilei）说："我认为地球由于其中不断发生如此众多、如此不同的变异和生成，而变得非常宏伟壮丽，十分令人赞赏。"笛卡儿（René Descartes）说："当人们把物质事物的性质看作逐渐形成的，而不是看作一下子以一种完美无缺的形态产生出来时，人们就更加易于理解这种性质。"④ 由于科学揭示出世界具有在时间上经历变化的特征，杜威由此断定："一切存在之物也是事件，对这一点没有怀疑。因为一切存在之物都可以通过时间的转换加以描述。"⑤ 这样一来，既然世界是变化着的，那么我们的哲学信念也需要随之以一种动态的、历史的眼光来反思世界，以往那种静止的、终极的哲学信念应该予以抛弃。

---

① ［美］约翰·杜威. 必须矫正哲学//涂纪亮编译. 杜威文选. 北京：社会科学文献出版社，2006：75.
② ［美］约翰·杜威. 我相信什么？//涂纪亮编译. 杜威文选. 北京：社会科学文献出版社，2006：39.
③ ［美］约翰·杜威. 形而上学探索的题材//涂纪亮编译. 杜威文选. 北京：社会科学文献出版社，2006：184-185.
④ 转引自［美］约翰·杜威. 达尔文学说对哲学的影响//涂纪亮编译. 杜威文选. 北京：社会科学文献出版社，2006：53.
⑤ ［美］约翰·杜威. 语境和思想//涂纪亮编译. 杜威文选. 北京：社会科学文献出版社，2006：207.

　　在明确了实在以变化为特征之后，杜威紧接着提出了哲学更重要的一个特性，即重视语境在哲学思考中的作用。杜威提醒我们，如果仅仅把存在之物看作是一些孤立、自足、封闭的事件，那么这恰恰犯了哲学中最严重的错误，即对语境的忽视。"由于每一个事件也是不同事物之间的相互作用，因此事件内在地具有一个特征：它是来自某种东西又走向某种东西。"① 一个事件往往牵涉到与其他事件之间的相互关联，离开了特定的环境和条件，作为事件的存在物自身也可能会随之消亡，因此，实在本身也是相对于特定语境而言的。比如，"生命是在周围媒介中进行的，并且起因于周围媒介，而不是在真空中进行的。凡是有经验的地方，就有生物。凡是有生命的地方，就与环境保持双重的联系。……没有环境的这种直接支持，生命是不可能的"② 又如，"一个人在发现铁或者水在各种各样的不同条件下产生作用之前，不会对铁或水有适当的了解，因此，一种把铁看作本质上是硬的或者把水看作本质上是流动的科学理论，便是不恰当的"③。总之，语境对哲学家们考察实在的本性是重要的。同样，语境对哲学思想本身的特性来说也是一个极为根本的因素。

　　众所周知，哲学往往以普遍性、确定性和绝对性特征来标榜自己的与众不同，哲学也往往声称自己是探究事物本质的一种终极的全面反思。不过也正是由于哲学的这种绝对性、普遍性和对语境的忽视，哲学事业似乎和我们的科学及日常生活脱离得越来越远，哲学的这种现状也使得科学家和普通公众，甚至是哲学家们自己感觉许多的哲学争论都是无意义的思辨活动而已。杜威敏锐地洞察到，充分认识到语境的重要性，哲学家们"将学会姿态谦卑并禁止过分无节制地和武断地将其结论普遍化"④。他在《语境和思想》一文中甚至直言不讳地宣称："对语境的忽视是哲学思想可能遭受的最大的唯一灾难""哲学思想中的大部分无处不在的谬误都要追溯到对语境的忽视"⑤。由此可见，语境在杜威的整个哲学中具有十分重要的地位。哲学的一切思考包括传统的本体论和认识论问题、难解的心身问题、主客二元论问题等都可以通过语境的思考得到更为深入的分析。因此，杜威反对绝对主义和普遍主义的哲学态度，如果哲学能够考虑实际事物的语境性，哲学的分析和反思才具有价值，否则将是空洞的。正由于此，美国哲学家高文（William J.Gavin）指出："与美国历史上任何其他经典哲学家相比，杜威更加清楚地认识到哲学与其环境的关系实际上是多么的多变而微妙。哲学体系确实产生于文化语境，而当它们不将其自身幻想为绝对超验的东西时，哲学世界观就具有批判的分析能

---

① ［美］约翰·杜威. 语境和思想//涂纪亮编译. 杜威文选. 北京：社会科学文献出版社，2006：208.
② ［美］约翰·杜威. 必须矫正哲学//涂纪亮编译. 杜威文选. 北京：社会科学文献出版社，2006：65.
③ ［美］约翰·杜威. 形而上学探索的题材//涂纪亮编译. 杜威文选. 北京：社会科学文献出版社，2006：192.
④ 转引自［美］威廉·J.高文. 约翰·杜威哲学中"语境"的重要性//俞吾金. 杜威、实用主义与现代哲学. 北京：人民出版社，2007：68.
⑤ 转引自 Hahn L E. A Contextualistic Worldview. Carbondale，Edwardsville：Southern Illinois University Press，2001：93.

力，具有投射一种特定文化立场之分支的力量，并且展现出一种具体而丰富的意义和谦卑的姿态。"① 因此，语境对哲学的重要性是每一位哲学探究者都应该认识到并且要具体地把它应用到哲学的实际分析当中。

总体来看，杜威从事实、变化和语境三个角度讨论了哲学思考方式的核心，阐明了实用主义哲学作为一种新的哲学范式在解释和说明世界中的力度。特别是，杜威对语境在哲学分析中重要性的强调为日后佩珀和哈恩把语境论看作一种世界观的新理念起到了不可或缺的作用。

追随着像詹姆斯和杜威这样的实用主义哲学理念，佩珀于 1942 年从元哲学的角度在其著作《世界假设：一种证据的研究》中把以历史事件作为根隐喻的源自皮尔士、詹姆斯、杜威和米德（George H. Mead）等的实用主义提升为一种语境论的世界观。粗略来讲，世界观是人们用以描述、说明、解释和理解世界或者现象的一套背景信念系统或背景假设。它无形中引导着人们的实际行动，在这个意义上，世界观也是一种方法论。佩珀用根隐喻的方法形象地阐释了各种世界观，比如，以形式的相似性为根隐喻的柏拉图（Plato）和亚里士多德（Aristotle）的形式论世界观；以机器为根隐喻的德谟克利特（Democritus）、笛卡儿、洛克（John Locke）和牛顿的机械论世界观；以有机体为根隐喻的谢林（F. W. Schelling）、黑格尔（G. W. F. Hegel）、布拉德雷（F. H. Bradley）、罗伊斯（Josiah Royce）和布兰夏德（Brand Blanshard）的有机论世界观或者绝对唯心论。佩珀提出语境论世界观的根隐喻是历史事件，以历史事件作为根隐喻，我们可以更好地理解语境论，他论证道：

> 语境论者所谓的历史事件指的并不主要是一个过去的事件、一个可以说是死的或者结束的并且必须被挖掘的事件。语境论者的意思是在当前仍在进行着的事件。语境论者说，我们通常所谓的历史指的是试图重新呈现事件，以某种方式使它们再次存在。真实的历史事件，即现实的事件，是现在正在进行着的、动态的引人注目的活动的事件。我们可以称它为一个"行动"……但是它不是一个被认为是孤立的或者隔绝的行动；而是一个有其背景，在语境中的行动。②

由此可见，语境论世界观的核心要素有两个：变化和语境。也就是说，一个语境论者在考察事物本质时，要从历时的和语境的眼光对该事物进行尽可能全面的、一致的反思。

在佩珀之后，美国哲学家哈恩进一步更为详细地阐述了语境论世界观的本质

---

① ［美］威廉·J.高文. 约翰·杜威哲学中"语境"的重要性//俞吾金. 杜威、实用主义与现代哲学. 北京：人民出版社，2007：68.
② Pepper S C. World Hypotheses: A Study in Evidence. Berkeley: University of California Press，1942：232.

及其对哲学的意义。历史地看，语境论的世界观来源于皮尔士、詹姆斯、杜威、佩珀和席勒（F. C. S. Schiller）、米德等哲学家倡导的实用主义传统，哈恩更为具体地把语境论的世界观看作是实用自然主义的一种形式。他在其著作《一种语境论的世界观》的开篇——"导论：拓宽我们的哲学视野"中指出："通过强调以变化为中心、人们和其环境之间的密切关系以及正确地看待事物的重要性，我认为我的语境论的世界观是理解我们的世界和我们在其中的位置的较佳方式之一。在使用这种特殊的世界图景去处理各种各样的主题时，它总是可以启发出一些新的洞见。"[①] 哈恩围绕着上述核心要素展开了对语境论世界观的全面论证。语境论世界观的特征主要体现在以下四个方面。

第一，语境论是一种以变化为中心（change-centered）的世界观。在语境论者看来，一切事物都在变化，没有所谓先验的、终极不变的、静态的、永恒的、抽象的事物等着我们去发现。语境论者关注事物的核心是考察该事物的形成、发展和终结，正如杜威所言："每一种存在都是一个事件。"没有脱离时间过程而存在的事物。主张语境论的实用主义赞成和科学的一致性，达尔文的物种起源学说揭示了世界的变化特征，因而"对于语境论者而言，关于我们的世界的关键事实是变化的事实，无论他们在遍及宇宙的哪里看，不管是在巨大的星系中，原子的组成成分还是人类的事态中，他们都能找到变化。每一种存在就是一个事件或者历史，有它自己的起始点、质的变化和终结点。宇宙中的每一事物形成，经历质变，并且死亡，为其他的个体让路"[②]。因此，从语境论世界观的角度看，哲学分析必须看到世界的这种变化特征，避免任何先验的、静止的和抽象的说明。

第二，理解事物的本质首要的是把其置于适当的语境中进行分析。我们已经知道语境论者关注的是事物和事实本身，而每一种事物又都是一个事件，事件又是相关的不同事物之间的相互作用，这样考察事物的第二个核心要素就是考察事物所在的语境。有时，一个事件或者事物可能会以不同的形式呈现出来，这其实是不同的语境产生的结果。比如，光的波粒二象性就是一个典型例子。因此，语境论的世界观坚定地拒绝任何教条的绝对主义，保持一种相对主义的说明。在语境论者看来，如果哲学分析忽视了语境，就会犯普遍化和绝对化的错误。当然，哲学家们可以不必担心语境论会导致一种极端的相对主义，因为事物的结构和特征依赖特定的条件或者语境并不意味着"怎么都行"。在这个意义上，语境可以使我们对事物看得更为清晰，更加接近事物的本质，不存在超语境的哲学认识论。

第三，语境论拒绝超自然主义，主张采取一种自然主义的解释途径。语境论作为一种世界观，是随着科学对世界的不断认识产生的，因此它自称与科学相一

① Hahn L E. A Contextualistic Worldview. Carbondale，Edwardsville：Southern Illinois University Press，2001：ix.

② Hahn L E. A Contextualistic Worldview. Carbondale，Edwardsville：Southern Illinois University Press，2001：13.

致。佩珀作为语境论世界观这个概念的第一个提出者，批判了形而上学把自身定位为追求确定性、永恒真理、不可错的权威和自明原理等的误区。实际上，并不存在着一个脱离了人类的静止的实在世界。更确切地说，我们认识到的世界只是我们经验到的世界，任何超越于经验之上的抽象世界我们无法言说。因此，语境论者反对哲学的确定性主张。正如佩珀著作的题名（"世界假设：一种证据的研究"）所表明的，"我们应该寻求的不是确定性而是证据的汇聚，根据这些汇聚我们形成了我们的假设。我们的信念应该处于彻底的怀疑论和教条主义之间，这两个极端都超越了可获得的证据"①。那么根据这种主张，一切确定的超自然主义信念由于其无法提供我们可以获得的证据和检验就不得不被放弃。目前，我们所知道的世界是一个自然世界，处于时空框架之内，设计论解释的世界仅仅是一种超越了证据的信念而已。这样一来，语境论"肯定要求放弃那些在历史上曾与基督教联系在一起的超自然主义、固定不变的教条以及某些僵硬的规章制度"②。自然主义的途径可以排除有一个处于自然界之外的独立的自我、认识者或者观察者，相反，认知者和认知对象都是处于同一个自然界中的自然物。因此，语境论拒绝自我和世界、心和身、主体和客体这些严格的二元对立，主张有机体和环境之间的相互作用。

第四，运用一种批判性探究或者反思性思考的方法。如上所述，"语境论坚持认为解释或理解一种情况意味着，首先要把它置于一种适当的语境中"③，语境分析的目的则依赖于问题，在语境论者看来，解决问题需要的就是一种批判性探究或反思性思考的方法。实用主义者杜威在《我们如何思考》（How We Think，1910年，1933年）和《逻辑：探究的理论》（Logic：The Theory of Inquiry，1938年）中详述了运用反思性思考的方法解决问题一般要有五个步骤：①问题的产生，如引起困扰的情境、含糊、混乱、疑难等；②澄清问题，对引发的困难和问题进行定位和表述；③提出解决问题的一些假说和方案；④对假说进行演绎性的推导；⑤证实或者否证，如通过观察或者实验检测假说。语境论的世界观作为一种方法论，并不局限于某种固定的分析方法（如语言分析或概念分析）。与此不同，语境论者关注的核心是问题本身，把问题置于特定的语境中，运用反思性的思考方法才能在根本上对问题的解决有所助益。因而，语境论世界观的哲学分析方法是一种灵活、动态、富于实际的解决问题的思考方式，而不是一种凌驾于问题之上的固定的、静止的、抽象的先验分析。

总之，语境论的世界观告诉我们，哲学应该关注事实和实践、重视变化、强

---

① Hahn L E. A Contextualistic Worldview. Carbondale，Edwardsville：Southern Illinois University Press，2001：135.

② ［美］约翰·杜威. 我相信什么？//涂纪亮编译. 杜威文选. 北京：社会科学文献出版社，2006：41.

③ Hahn L E. A Contextualistic Worldview. Carbondale，Edwardsville：Southern Illinois University Press，2001：95.

调语境、拒绝超自然主义、运用反思性思考的分析方法。这种思维方式向我们展示出了一套新的哲学理念，预示着一种新的哲学范式。以往那种抽象的、静止的、先验的、绝对的、普遍的传统哲学应该被放弃。基于这种新的理念，语境论的数学哲学范式与传统数学哲学范式不同，它强调关注数学实践、重视从历史的维度考察数学的本质、坚持用语境分析的策略反思数学。新的数学哲学范式一定是以数学实践为基础，是一种拒绝非历史、超自然、与日常感知和科学不一致的任何抽象哲学范式的新体系。

二、语境实在论

　　语境论数学哲学的第二个思想渊源是美国哲学家施拉格尔（Richard H. Schlagel）提出的"语境实在论"（contextual realism）。施拉格尔于 1986 年在其著作《语境实在论：现代科学的一种形而上学框架》（*Contextual Realism：A Meta-physical Framework for Modern Science*，以下简称《语境实在论》）中系统论述了他对"实在"概念和知识的一套新的理解。施拉格尔把他提出的这种新的解释框架称为"语境实在论"，其核心思想如下。

1. 哲学是对现实世界、经验和科学的反思，而非脱离了实践的抽象思考

　　施拉格尔在《语境实在论》的序言和导论开篇开宗明义地表明了他对哲学功能的看法，并提出了其核心主张——语境实在论。在施拉格尔看来，自伽利略时代开始，我们关于知识和实在概念这些传统的哲学探究日益受到了科学研究的深入影响，科学改变了我们对世界的观点。哲学家们的一个主要功能就是去解释和说明这些科学发展的意义，因而哲学问题有着广泛的科学基础。超越于科学和经验世界基础之上的任何抽象形式的哲学探究实际上是对哲学功能的一种误导。施拉格尔特别批判了 20 世纪初诞生于哲学中的"语言转向"，伴随着这场运动分析哲学思潮应运而生。英美的分析哲学家们重新对哲学进行了定位，认为传统的哲学问题（形而上学）长期以来得不到解决是因为这些问题根本就是伪问题，没有意义。他们认为哲学并非像科学那样是对世界的认识，哲学仅仅是对概念进行分析、澄清意义，哲学的混乱产生于语言的误用。这样一来，哲学问题全部变成了语言问题，哲学的任务也变成了对概念和命题进行逻辑分析和语言分析。分析哲学家们对哲学的这种重新定位使其局限于抽象形式的讨论，除了在哲学界有影响之外，似乎哲学变成了一种远离人们日常生活、科学实践、政治、社会、经济等活动的纯粹学院派研究，哲学家声誉的范围也日益缩小。施拉格尔主张哲学并非起源于语言的误用，而是起始于对世界、经验现象、科学等本质的探究及反思，实际上正是为了纠正"语言转向"对哲学带来的这种误导，为此他提出了"语境

实在论"。

施拉格尔提到,《语境实在论》这本书是"为新一代的哲学家而写,即希望开始发现旧有的分析哲学范式不足以胜任处理那些由经验探究、技术革新、社会变化和智力革命所引起的复杂的理论问题。……对于试图分析、澄清和领会深刻的社会、智力和技术变革带来的结果,当代的哲学家们面临着类似的挑战。因此,这本书将认真地对待像感知问题、心身问题和关于实在世界的本质这样的传统的哲学问题,试图发展与 20 世纪科学的显著发展相一致的一种知识理论和实在的概念。"① 施拉格尔提出的这种新的解释框架与分析哲学呈现出明显的对立:"①它并不把语言作为哲学研究的主要资料(datum),而是关注于经验探究的结果;②它不依赖逻辑作为澄清概念和论证的工具;③它是系统的,因为它试图表明知识问题的各个方面——像经验探究的层次、量子力学的悖论性结果、神经生理学中的研究、心身僵局、语言指称的问题、真理的意义和标准——是相互联系的,并且暗含了一种新的解释框架:'语境实在论'。"②

因此,"语境实在论"的首要前提就是主张哲学应当关注事实、关注实践、关注当代科学的发展,试图形成一种和日常感知与科学发展相一致的关于实在和知识的说明,避免脱离了实践的、先验的、神秘的形而上学探究,回归传统哲学的那种不同于其他学科的反思实在世界的基本功能。

2. 坚持科学的世界观

既然哲学首先关注的是事实,那么哲学就是在尊重事实之基础上的一种探究。"语境实在论"的目的是为了继续秉承传统的哲学追问,试图为我们提供关于实在的理解和对知识的说明。要对这些恒久的本体论和认识论问题提供一种令人满意的回答,哲学家们首先需要认真观察我们周围的实在世界以及科学所揭示出的世界。事实是,科学的发展深刻地影响了人们对世界的思考方式,我们对实在的理解也依赖于我们关于实在的科学知识。哲学追问有着深厚的科学来源和基础,因而我们应当坚持科学的世界观。正是基于这一点,施拉格尔强调科学的成功蕴含着科学实在论,而不是科学实在论能给科学的成功一个合理说明。他在以下多处进行了论证:

> 即使其他的哲学家们为科学实在论辩护的理由是基于科学实在论能够说明或者确证公认的科学探究中的成功和进步,但那不是我的观点。相反,我认为正确的辩护是要表明接受科学的"成功",同时否认构成这种成功的实体

---

① Schlagel R H. Contextual Realism: A Meta-physical Framework for Modern Science. New York: Paragon House Publishers,1986: xxx-xxxi.

② Schlagel R H. Contextual Realism: A Meta-physical Framework for Modern Science. New York: Paragon House Publishers,1986: xiii.

和机制，这是自相矛盾的。例如，接受原子弹的发展，然后否认原子论的真理和原子、原子裂变的存在，这能是一致的吗？[①]

正如法因的陈述表明的，实在论暗含在科学进步性的成就中，而不是对这些成就的一种额外的说明。[②]

从我的观点来看，如果人们不是试图用科学实在论去说明科学的成功，而是接受实在论暗含在科学的成功中，那么劳丹对实在论的批评就能够被消除。[③]

由此可见，施拉格尔主张的语境实在论是以科学的世界观作为其前提的，正是因为科学理论和实验为人们提供了不同于感知观察揭示出的深层结构的世界图像，人们对世界的认识才有了更深入的了解和新的认识，从而人们对实在的哲学说明也才更充分和趋于完备。

历史地看，传统的心身问题已经由神经生理学和神经心理学的大量证据表明，"我们的意识过程依赖于极为复杂的大脑结构和由传递化学-电子放电的神经放电构成的交互作用"[④]，康德所谓的"超验自我"实则是大脑结构相互作用的过程，超越于时空之外的"超验自我"是不存在的。现代科学的出现颠覆了人们经典的世界观，世界的可观察现象的根本原因不是靠我们的感觉器官揭示出来的（毕竟作为生物有机体的人类的感官受限于特定的条件从而是有限的），而是通过实验和理论的解释推断出来的，这正是科学史的明证。"如果在我们对自然的研究和说明中，我们仅限于对象的可观察性质，结果就是我们从来不会在实验上发现、推断出或者靠现代仪器观察到实体的内在结构……如果我们仅仅知道视觉表象、刺激的气味和酸的刺痛感，那么我们就不会理解为什么它们会使石蕊试纸变红（一种酸性的检测）。如果我们关于 HCL 和 NaOH 的知识受限于感觉观察，那么我们就不能说明为什么当它们结合在一起时会形成盐和水。如果我们没有理解原子或分子结构，那么我们如何能够生产出一个受控的核反应呢？"[⑤] 由此看来，正如丘奇兰德（Paul M. Churchland）所断言的："我们的知觉判断不再被赋予作为关于世界上何物存在的独立的和理论中立的仲裁者的任何特权地位。理论的卓越成就作为所有本体论的基本量度出现。因此，科学的功能就是要为我们提供一种占有优

① Schlagel R H. Contextual Realism: A Meta-physical Framework for Modern Science. New York: Paragon House Publishers，1986：215-216.

② Schlagel R H. Contextual Realism: A Meta-physical Framework for Modern Science. New York: Paragon House Publishers，1986：221.

③ Schlagel R H. Contextual Realism: A Meta-physical Framework for Modern Science. New York: Paragon House Publishers，1986：222.

④ Schlagel R H. Contextual Realism: A Meta-physical Framework for Modern Science. New York: Paragon House Publishers，1986：73.

⑤ Schlagel R H. Contextual Realism: A Meta-physical Framework for Modern Science. New York: Paragon House Publishers，1986：121-122.

势的并且（从长期来看）可能是完全不同的世界概念，甚至是在感知层面。"① 这样一来，世界的说明就依赖于一种科学的解释框架。哲学家们对实在和知识的说明同样需要以这样的科学事实作为基础，与现有的科学事实相矛盾或对立的哲学解释最终无法令人满意，哲学和科学对世界的说明应当是融贯一致的。综上，施拉格尔主张的语境实在论必然是以坚持科学的世界观为前提。

3. 实在和真理依赖语境，没有脱离了语境的实在本质和绝对的真理标准

首先，在本体论方面，既然哲学以事实为基础，从科学发展揭示出的世界理论来看，实在依赖语境，不存在绝对的、终极的实在本质。正如施拉格尔所论证的，虽然在有限的个体生命来看，认为存在着独立于人类、不受时间影响、永恒或绝对的实体和事件似乎是可能的，与此相应的绝对的"实在"和真理的观念似乎也非常自然，然而由生物进化论揭示出的世界之变化的特征以及科学为我们揭示出的实在图像都表明，一种绝对的实在理论和知识体系是多么不堪一击。并且"正如所有的科学知识似乎都受到研究方法和研究语境的条件限制，因此任何人如果试图想描绘一种'形而上学'的观点，就必须意识到要超越于他自己时代的有限预设来看有多么的困难"②。当前的科学告诉我们，我们关于世界的知识除了宏观领域以外还达到了微观和宇观层面，微观世界本身又包含着分子、原子、核子、亚核和夸克五个层次。立足于事实（日常的感知经验和科学）的语境实在论主张，实在世界由一系列的层次构成，没有哪一个层次的实在是终极的和本质的。按照这个标准，传统的朴素（或常识）实在论和批判实在论对世界的说明分别走向了两个极端，它们的相同之处在于都追求一种终极的实在本质，前者认为人们经验到的日常的宏观世界是唯一真实的世界，科学理论暗含着的实体仅仅是一种虚构；后者认为只有科学揭示出的世界才是真实的世界，日常的感知世界仅仅是一种不可靠的主观现象。事实上，一方面，我们无法否认在某些特定条件的刺激下，我们确实感知到了事物的颜色、食物的味道、伤口的疼痛等，这些第二性的质真真实实地存在着；另一方面，我们同样无法否认存在着事物现象背后隐藏着的深层次的微观结构，因而事物第一性的质同样真实。恰当的观点是，无论是日常感知到的宏观世界还是由科学实验和理论推测出的微观世界同样都是实在的。

语境实在论的核心要点在于强调，"实在似乎是由一些不可穷尽的显示出一个形式、性质、结构和过程的金字塔形状的半自主（或者"实在"）的语境层次构成的"③。每一种层次都具有各自客观的实在特性，比如，像水和盐作为自足的、独

① Churchland P M. Scientific Realism and the Plasticity of Mind. Cambridge: Cambridge University Press，1979：2.

② Schlagel R H. Contextual Realism: A Meta-physical Framework for Modern Science. New York: Paragon House Publishers，1986：273.

③ Schlagel R H. Contextual Realism: A Meta-physical Framework for Modern Science. New York: Paragon House Publishers，1986：274.

立的可观察实体在宏观层面上存在，它们具有的某些"客观"特征（像颜色、味道）只有在与一个拥有感觉器官的有机体相互作用的条件下才存在；而水的物质形态（液态、固态还是气态）则取决于它内在的分子结构和化学键强度。从这个意义上看，实在的特征有特定条件，因而实在也依赖语境，实在是在特定的语境条件下显示出来的。不存在终极的、本质的实在，我们讨论的实在只是一种语境化的实在，只有在特定语境中我们谈论实在才是有意义的，这正是语境实在论的本体论要旨。

其次，在真理方面，语境实在论主张不存在唯一、绝对的真理标准，在日常实践和科学实践中，知识的真理标准也依赖语境。一个信念、陈述或者命题的真假往往取决于该信念被断言的语境。就我们经常讨论的实在世界来说，我们如何知道我们所说的世界真的就是世界实际所是的样子呢？实际上，要判断一个命题是否真实地符合了实在世界的本性还要依赖于另外的评判标准，而该评判标准又是一个命题。由此可见，命题的真假本身依赖于某种特定的信念背景或概念框架。正是在这个意义上，施拉格尔才声称所有的知识都依赖概念框架，从而"真"也是相对于特定语境而言的。施拉格尔论证说："既然除了某种理论解释之外我们从来不知道世界，那么所有真（或假）的断言就是在这样的解释语境中做出的，从而真或假不可避免地相对于这些解释语境。因此，关于实在'本质上'可能是什么的问题，脱离了这样的理论框架就是不可回答或者无效的，但是不是无意义的。"① 通过对三个主要的真理标准（符合论、实用论和融贯论）进行考察，施拉格尔"试图表明每一个标准在特定的语境或者在特定的条件和限制下都有它们自己的应用，因而不存在一个单个唯一的或者普遍的真理标准"②。

真理符合论声称，如果一个陈述断言的与被断言的实际内容相符合或一致，那么该陈述就为真，否则就为假。问题在于我们如何检测该标准的应用呢？施拉格尔认为，如果我们能够观察到实际事态与一个陈述的所指相一致，那么该陈述就为真。这实际上已经预设了真理符合论的应用限制，即仅适用于可观察现象，而不适用于不可观察实体。由于我们不能直接经验到这些科学理论所假定的实体，因而在科学实践中，对这些实体的断言是否为真就不能用符合论的标准来判断，这样就要诉诸其他可行标准。

真理实用论是精通科学的实用主义哲学家们倡导的一种真理理论，尤其以杜威的思想最有名。杜威提出一种反思性的思考方法，认为人们的沉思起始于一个有问题的或者未解决的情境，与把思想看作对实在的认识和表征的传统观点相对立。这样，一个陈述是否为真关键是要看它是否成功地解决了问题。按照实用主

① Schlagel R H. Contextual Realism: A Meta-physical Framework for Modern Science. New York: Paragon House Publishers, 1986: 181.

② Schlagel R H. Contextual Realism: A Meta-physical Framework for Modern Science. New York: Paragon House Publishers, 1986: 192.

义的标准，科学探究是一种试探性的活动，基于一种或一系列假说之上，如果这些假说在特定的问题情境中能够解决疑难，那么这些假说就可以被看作是真的。虽然实用主义的真理观易于走向一种工具主义和科学反实在论，不过在施拉格尔看来这是由于皮尔士、詹姆斯和杜威所处的时代仍然是许多科学领域仍处于相对初步的发展时期，当代科学的成功是科学实在论成长起来的必然前提。因此，施拉格尔提出："尽管真理的实用主义标准的使用暗含着真理的检测在特定语境或者在特定条件下发生，那么它在某种意义上就是相对的，但对我而言，这种暗含似乎既不是愚钝的、功利主义的，也不是自私自利的。"①

需要注意的是，无论是真理符合论还是真理实用论，其检验标准其实都暗含了一种背景性的理论或概念框架，因为陈述与事态是否相符和假说是否成功地解决了问题都要依赖于一种背景性的概念语言系统。施拉格尔认为，随着观察-理论二分法的破裂以及经验资料对于理论的非充分决定性，因而所有的知识都依赖某种概念框架，在这个意义上，所有的知识都是理论的。这样，"任何对真理的断言或者随后被证实或否证的引导探究的被提议假说都包含着理论假定、概念解释和语言或符号的约定"②。事实上，量子力学的发展已经表明被观察对象和观察者是一个统一的整体，这就意味着"不是因为一个理论正确地表征了实在它才为真，而是我们关于实在的概念本身就依赖于我们的理论。……所有的知识都是依赖框架的，框架的融贯性才是真理的最终标准"③。当前的科学理论已经不再以观察为其主要依据，而是靠数学化的抽象表示及实验推理，这样我们检验一个陈述是否为真和一个理论的真理性最终依赖的是该解释系统的内在一致性和与实验结果的符合。显然，这种检验真理的标准运用的就是整个系统或框架的融贯性。

总之，真理的符合论、实用论和融贯论向我们揭示出真理的检验标准最终都离不开某种特定的背景性解释系统，因而和语境相关。至此，语境实在论的核心要旨在于告诉人们："既然作为人类的我们不能以任何其他方式超越自身环境的界限，那么，这些概念系统就是表征什么是真的和实在的唯一可以理解的方式。"④ 因此，我们关于实在和真理的讨论必定离不开语境，实在和真理仅仅是一种语境化了的实在和真理，超越了语境我们便无从可知。

语境实在论基于哲学史传统和当代的科学图景试图向人们表明：①哲学问题有着深厚的科学根源，当代的哲学家们应该回归哲学传统，寻求关于实在世界和

---

① Schlagel R H. Contextual Realism: A Meta-physical Framework for Modern Science. New York: Paragon House Publishers，1986：236.

② Schlagel R H. Contextual Realism: A Meta-physical Framework for Modern Science. New York: Paragon House Publishers，1986：243.

③ Schlagel R H. Contextual Realism: A Meta-physical Framework for Modern Science. New York: Paragon House Publishers，1986：262.

④ Schlagel R H. Contextual Realism: A Meta-physical Framework for Modern Science. New York: Paragon House Publishers，1986：269.

人类知识的说明，避免抽象化和走向神秘；②哲学说明应当与人们的日常实践和科学解释相一致；③由于人类的所有知识都依赖于概念框架，所以哲学应当避免绝对化和普遍化的倾向，时刻关注语境，在语境的框架下思考其相应的哲学问题。总之，无论是对实在的本体论探究还是对知识的认识论说明，语境实在论的核心主张认为，"所有的经验和知识与各种语境相关，无论是物理的、历史的、文化的，还是语言的，并且由于语境在变化，人们关于这些问题的观点也在随之变化"①。语境实在论对语境论数学哲学的深刻洞见在于：数学的哲学问题应当拥有不可动摇的数学实践之根源，凌驾于活生生的数学实践之上的先验的哲学论证只能是对数学哲学这一学科功能的误导；同样数学的哲学说明应当与我们的日常实践和科学解释相一致；对数学本体论和认识论等相关问题的思考应当将其置于适当的语境中，对数学本质的探究应从不同的语境视角去分析其不同的特征，避免陷入绝对化和普遍化的基础主义和本质主义的泥潭。

三、语境论的科学哲学

语境论数学哲学的第三个思想渊源是郭贵春倡导的"语境论的科学哲学"。执著于 20 世纪科学哲学的总体发展和对科学实在论的持久兴趣，郭贵春从 1997 年开始发表了一系列论文（《论语境》（1997 年）、《迷人的"语境"与科学哲学的发展》（1999 年）、《语境分析的方法论意义》（2000 年）、《当代语义学的走向及其本质特征》（2001 年）、《科学实在论的语境重建》（2002 年）、《"语境"研究纲领与科学哲学的发展》（2006 年））和著作（《当代科学实在论》（1991 年）、《后现代科学哲学》（1998 年）、《语境与后现代科学哲学》（2002 年）、《科学实在论的方法论辩护》（2004 年）、《当代科学哲学的发展趋势》（2009 年），他试图运用一套独特的"语言分析"和"语境"研究视角重新审视 20 世纪科学哲学的发展、总体特征及未来趋势，在此基础上构建一种合理可行的科学哲学新的研究范式，推进英美分析传统和欧洲大陆传统的融合，以形成科学哲学的"语境论"研究学派，其内在的动因和核心思想如下。

1. 探寻当前科学哲学发展的新的研究范式，规范学科功能、把握未来趋势

从 1929 年《科学的世界观：维也纳小组》（*The Scientific World-Conception The Vienna Circle*）一文的发表标志着"逻辑经验主义"作为科学哲学的第一个流派的正式出现，历经批判理性主义、历史主义、科学实在论等形式，科学哲学将近走过一个世纪。从 20 世纪 60 年代开始，随着科学社会学、科学知识社会学、科学

---

① Schlagel R H. Contextual Realism: A Meta-physical Framework for Modern Science. New York: Paragon House Publishers, 1986: xxxi-xxxii.

的文化研究等领域的兴起，传统的科学哲学受到了激烈挑战。在某种程度上，人们感觉到科学哲学的地位似乎在日益衰落，科学哲学的主题研究似乎也正在被其他的研究方式所取代。作为对科学哲学主流研究范式的坚定拥护者，郭贵春虽然认为"科学哲学具有一种不景气的前景"仅仅是一种极端的看法，然而这也实在是因为当前的科学哲学界确实没有一个明确的研究范式能够应对各方挑战。

郭贵春在其《当代科学哲学的发展趋势》一书中明确声称："科学哲学在近30年的发展中，失去了影响自己也能够影响相关研究领域发展的新的研究范式。一门学科一旦缺少了范式，就缺少了纲领；而没有了范式和纲领，当然也就失去了凝聚自身学科、同时能够带动相关学科发展的能力，因此它的示范作用和地位就必然会降低。因此，努力构建一种新的范式去发展科学哲学，在这个范式的基础上去重建科学哲学的大厦，去总结历史和重塑它的未来，就显得相当重要了。"① 由此可见，郭贵春正是要建立一种合理的科学哲学研究范式，在新的范式之基础上推动当代科学哲学的发展。

另外，从当前整个学科的现状来看，科学哲学应时刻思考如何与当前科学的快速发展保持同步前进，这是科学哲学赖以生存的前提。同时，目前的科学哲学界并没有呈现出一个非常清晰的发展脉络和趋势，其研究的主流路径、基本旨趣"不再像20世纪那样明朗、集中，而是呈现为多元、不稳定的状态。为此，必须通过深刻反思科学哲学在20世纪的基本逻辑和演变特征，在一个新的平台上重新建立21世纪发展的主流路径，与国际科学哲学接轨，规范科学哲学学科的发展"②。值得指出的是，与国外研究相比，"在当前国内科学哲学研究表面繁盛的后面，隐藏着深刻的学科边缘化危机，必须通过对国际科学哲学发展趋势的把握，以科学哲学核心理论的研究为基础，以科学哲学学科规范性的建设为目标，把中国科学哲学研究引入到主流发展的轨道上来。只有这样，才能形成和创建科学哲学研究的中国学派……而要达到这一点，就必须有我们自己独特的研究范式和研究纲领，有明确的发展路向和发展基点，从而加强科学哲学核心理论的建设和研究，以学科的规范性建设来避免边缘化的危险"③。

正是具备了这样一种敏锐的学科发展意识和前瞻远瞩的学术眼光，郭贵春立足于国际科学哲学发展的当前现状，在学术和学科的意义上试图提出一种"语境论的科学哲学"。特别值得强调的是，"语境论的科学哲学"并不是一种机械的、僵化的学说，与此相反，它是科学哲学自身发展必然要求的产物，有其内在的机理、解答传统科学哲学问题的一套新的思路和自己核心的理论体系。正是这个意义上，郭贵春倡导的"语境论的科学哲学"是在构建一种新的科学哲学研究范式，规范科学哲学的学科发展，探讨未来科学哲学的发展趋势。无疑，这种研究定位

---

① 郭贵春等. 当代科学哲学的发展趋势. 北京：经济科学出版社，2009：3.
②③ 郭贵春. "语境"研究的意义. 科学技术与辩证法，2005，(4)：4.

是国内每一位科学哲学家都应该深入思考的重要问题。

2. 运用语言分析的视角重新审视科学哲学的发展并奠定其方法论基础

既然"语境论的科学哲学"有其提出的动因和内在机理，问题是为什么科学哲学发展的逻辑起点或者范式会定位于"语境"这一基础之上呢？其实，科学哲学的"语境"研究纲领的提出正是郭贵春从语言分析视角审视科学哲学发展的结果。

郭贵春认为，20世纪科学哲学的发展历程伴随着三次大的转向运动，即"语言转向""解释转向"和"修辞转向"。这三大转向为我们理解和把握科学哲学的演进历程、本质特征提供了一条十分清晰的线索和脉络。语言转向是"以逻辑实证主义为核心的分析哲学的广泛运动，试图通过对语言形式的的句法结构和语义结构的逻辑分析，去把握隐含在语词背后的经验意义，从而推崇科学主义的极端观念和形式理性的绝对权威"①。解释转向是要超越仅仅从科学理论形式体系的逻辑和语言分析把握科学本质的狭隘性，自然科学和其他人文社会科学一样都是人类的社会实践活动，渗透着科学家主体的理解和解释，因而自然科学本身具有解释的特征。解释转向是"始于由库恩、海西和费耶阿本德等后经验主义的科学哲学家们批判逻辑经验主义，特别是反对根据科学主义的教条去对自然科学和人文科学进行绝对划界的'实践运动'"②。随着人们对科学本质的进一步认识，认为科学是揭示终极实在本质的绝对客观真理这种看法已经受到了动摇。同时，观察对于理论的非充分决定性表明科学家之间的意见分歧并不能通过客观的"观察事实"来做出判决，为了达成科学共同体内成员的意见一致，科学论述本质上暗含着修辞的成分，科学研究也成为力图使别人信服的一项追求有理由的劝导活动。这一事实促成了人们对科学哲学中的第三次转向运动——修辞转向的关注。特别是，"以L.普莱利、A.格罗斯、H.西门斯、D.萨佩尔、M.佩拉和W.舍为代表的哲学家们，将修辞学引入了科学哲学的研究，为'科学修辞学'理论的创立和发展，给出了可选择的趋向，从而酿就了科学哲学领域的科学修辞学的转向。这一'转向'的目的是要把科学修辞学作为一种确定的科学研究方法，充分地揭示科学论述的修辞学特征，从而在科学论述的境遇、选择、分析、操作、发明和演讲中，给出战略性的心理定向和更广阔的语言创造的可能空间"③。值得指出的是，无论是"语言转向""解释转向"，还是"修辞转向"，其核心"无一不是以'语言'为基本定位和出发点，试图通过语言的研究来寻求科学哲学甚至整个哲学的发展趋势和演变特征"④。

---

① 郭贵春. 后现代科学实在论. 北京：知识出版社，1995：2.
② 郭贵春. 后现代科学实在论. 北京：知识出版社，1995：3.
③ 郭贵春. 后现代科学实在论. 北京：知识出版社，1995：3-4.
④ 郭贵春. "语境"研究的意义. 科学技术与辩证法，2005，(4)：2.

从语言分析的视角重新审视科学哲学历经的三大转向可以发现,语言转向"在现代逻辑方法的基础上侧重了语形的逻辑性,并把形式句法的规范性同经验性联结起来,把哲学的研究引向了经验基底上的句法层面,从而强烈地突出了形式理性与科学主义的观念"。解释转向"促进了语言理解与解释经验、语言分析与解释实践的相互渗透和融合……在一定程度上推动了语言理解和语义分析的社会化的倾向"。修辞转向"使人们日益意识到了语言哲学的研究在本质上是一种'战略研究',推进了对语境及其意义研究的广义的自然化,并从语用分析出发……从语形、语义和语用的结合上去探索语言哲学发展的新趋势"[①]。另外,从语形学、语义学和语用学研究的本质来看,语形学研究符号与符号之间的关系,语义学研究符号与符号所指的对象或符号的意义之间的关系,语用学研究符号与符号使用者之间的关系。科学哲学中的逻辑经验主义关注科学理论形式体系的逻辑结构,并从逻辑语义学的角度重新解释传统的本体论和真理问题;历史主义及其后的科学哲学重视科学理论与把科学事业看作人类的社会实践活动之间的关系。基于这一事实,难怪阿佩尔(Karl-Otto Apel)断言:"科学哲学的兴趣重点逐渐从句法学转移到语义学,进而转移到语用学。这已经不是什么秘密。"[②] 现在的问题是,如何汲取"语言转向""解释转向"和"修辞转向"的合理成就,把语形、语义和语用分析结合起来去探究 21 世纪科学哲学发展的新基点呢?

郭贵春认为,科学哲学的演进中所提出、求解和涉及的一系列难题,均在一定意义上与语境问题相关,试图将科学之逻辑的、历史的、社会的和心理的等层面统一到一个不可还原和倒退的、整体的语境基点上,将语境作为语形、语义和语用分析结合的基础,在语境的基底上重构科学哲学的大厦将是未来的一个发展趋势。

总体来看,科学哲学的"语境"研究纲领的提出隐含着对科学哲学发展历程及趋势的一条十分清晰的语言分析的思维策略,正是在这个意义上,从狭义的语言视角最后到语境视角的转换,奠定了"语境论科学哲学"的分析策略及方法论基础。

3. 坚持语境本体论性的实在基础,构建科学哲学的"语境"研究框架

其实早在 1997 年,郭贵春就阐述了科学哲学"语境"研究纲领的核心思想,并陆续在其后的研究中试图形成一个系统、完备的理论体系。把"语境"作为整个科学哲学的一个基石,其最根本的前提就在于坚持本体论意义上的语境实在性,这个前提对于"语境论的科学哲学"而言是不可动摇的。作为一种具有本体论性的实在,语境至少有四个方面的本质特征:"第一,语境是一切人类行为思维活动

① 郭贵春. 论语境. 哲学研究, 1997,(4): 46.
② [德]卡尔-奥托·阿佩尔. 哲学的改造. 孙周兴, 陆兴华译. 上海: 上海译文出版社, 1997: 108.

中最具普遍性的存在，它不仅把一切零散的因素都语境化，而且体现了科学认识的动态性。……第二，语境作为理解科学活动的一个平台，是有边界的。……第三，语境作为科学哲学的研究基础具有方法论的横断性。……对所有特殊证据的评判只有在语境的横断性的方法论展开中，才能获得更广阔的意义和功用。……第四，语境绝非一个单纯的、孤立的实体，而是一个具有复杂内在结构性的系统整体。语境从时间和空间的统一上整合了一切主体与对象、理论与经验、显现与潜在的要素……语境的实在性就体现在这些结构的现存性及其规定性之中，并通过这种结构的现实规定性展示它一切历史的、具体的动态功能。"①这四个特征体现了"语境论科学哲学"的思想内核，即强调一种语境化的思维方式，主张任何"超语境"和"前语境"的东西都没有直接的认识论意义，只有在语境中意义才能得以实现；强调语境的动态性，以一种动态的方式审视科学，拒绝相对主义，语境的边界决定了其在方法论上并不是"怎么都行"；强调所有证据的评判都依赖语境；强调语境的整体性思维。

语境在本体论上具有了实在的地位，为"语境论科学哲学"的建立奠定了不可还原的基础。除此之外，这种"语境"研究框架的方法论基石则依赖于语形、语义和语用分析相结合的语境分析。本体上的语境实在和一整套系统的语言分析方法构成了"语境论科学哲学"的思想内核。正如郭贵春所言，"从最初研究科学实在论提出问题，通过'三大转向'的理论建构进行解决，到'语境'观念在科学实在论和科学哲学问题中的具体实践，进而从语境实在论的提出到语形、语义和语用分析方法的融合，一个初具特色的'语境'研究的理论体系基本形成了"②。

总之，"语境论科学哲学"的目标是要寻求科学哲学发展的新的研究范式，探索当代科学哲学发展趋势的新的逻辑起点；构建科学实在论和反实在论各种立场相互对话及融合的平台；寻求一种有效的科学哲学的分析方法；使科学主义与人文主义、科学理性与人文理性得到统一；消除一元论哲学的特权、二分法的僵化界限；反对基础主义和本质主义，同时也拒绝绝对主义和相对主义；提供"一个与大科学时代的科学研究方式相协调的科学哲学新体系"③。

"语境论科学哲学"对于数学哲学的启示在于：第一，保持学科研究的规范性，无论遇到什么样的挑战，科学哲学或数学哲学都应保持自身学科研究的独立性，规范自身学科研究的功能，避免被其他的研究途径所取代。正如"语境论科学哲学"倡导的，"自然科学的哲学问题不能消解，它从来都是科学哲学赖以存在的坚实基础"，"科学的主题不能消解，不能用社会的、知识论的、心理的东西取代科学的提问方式，否则科学哲学就失去了它自身存在的前提"④。可见，科学的哲学

---

① 郭贵春等. 当代科学哲学的发展趋势. 北京：经济科学出版社，2009：7.
② 郭贵春. "语境"研究的意义. 科学技术与辩证法，2005，(4)：3.
③ 郭贵春. "语境"研究的意义. 科学技术与辩证法，2005，(4)：4.
④ 郭贵春等. 当代科学哲学的发展趋势. 北京：经济科学出版社，2009：3.

探究是有意义的，不能被科学的社会学探究、历史探究等取代，科学哲学一定有着自己的主题。同样，数学的哲学探究不能被数学的社会学探究、历史探究、科学探究等取代，数学哲学一定有自己特定的研究主题，数学哲学应当保持自身学科的独立性。第二，确立数学哲学的新的研究范式。为了做到规范数学哲学的学科功能，把握数学哲学的发展趋势，需要建立一个适合该学科生存和发展的范式，这就是以尊重数学实践为前提，把数学置于适当的语境中进行分析的语境论数学哲学的新范式。第三，坚持语言哲学的分析方法和语境论的基础。如前所述，"语境论的科学哲学"已经向我们展示出语言分析和语境分析在科学哲学发展历程中的优势地位。从科学之语形、语义和语用的结合中去寻求我们对科学本性的理解。与此类似，如果我们要对数学本性给出哲学说明，同样可以从数学之语形、语义和语用分析的结合中去寻求答案。毋庸置疑，在这种哲学分析中，语境的基础始终是前提。第四，坚持科学的世界观。"语境论的科学哲学"主张"科学理性不能消解，科学哲学应永远高举科学理性的旗帜"①。可见，科学的哲学说明应与当代科学的发展相一致，与当前的科学解释相矛盾的哲学说明不是一种令人满意的说明，有时甚至是会使人误导的说明。同样，数学的哲学说明应当与当前的数学实践相一致，那种脱离现实的数学实践的哲学说明只能是对数学哲学学科功能的误导，一种不符合数学实践的数学哲学不能称其为真正的数学哲学。除此之外，数学的哲学说明还应当与我们当前的科学实践相一致，与当前科学解释相冲突的哲学说明最终算不上一种好的说明。

第二节　语境论数学哲学的核心原则

通过对"语境论的世界观""语境实在论"和"语境论的科学哲学"三种立场的考察，我们发现三者的共同之处都在于强调对哲学学科规范和功能的思考、强调哲学应当关注实践、强调科学的世界观、强调语境、强调历史分析。基于上述三种思想来源，语境论数学哲学形成了自己的核心原则，主要有：实践原则、动态原则、语境原则、一致性原则、整体论原则、跨学科原则，其具体阐释如下。

一、实践原则

实践原则主张数学哲学应该以实际的数学研究为基础，尊重数学实践，反对第一哲学。数学哲学的最终目的是获得对数学的理解，它的主要任务则是提供关于实际数学的全景式的、一致的说明。数学哲学作为一种对数学的哲学探究，并

① 郭贵春等. 当代科学哲学的发展趋势. 北京：经济科学出版社，2009：3.

不是要凌驾于现实的数学实践之上对其进行指导、规定其具体的方法论策略，这个任务是职业数学家们的职责，哲学家们则有自己特定的研究主题。如果数学哲学忽略了数学实践本身进行抽象的思考，那么这种思考就不能被称为数学哲学。反过来，如果数学哲学家们希望他们对数学的说明能够符合真实的数学实践且令数学家们也感到满意，那么必然条件之一就是哲学家们要充分关注现实的职业数学家们做了哪些工作，实际的数学理论的进步是如何被实践的。相反，如果他们不了解真正的数学就对数学家们所做的工作做出断言，那么哲学家们冒的最大风险就是他们对数学提供的说明将与实际的数学研究严重不符。这将导致数学家们无法接受哲学家们的立场，甚至哲学家们的新奇想法会令一些数学家们感到匪夷所思，这种情形显然严重背离了数学哲学的基本精神。

像数学柏拉图主义关于数学本质的说明便是一种典型的与数学实践相冲突的哲学立场，如今它遭到了来自各个方面的批评，如数学家的、数学史家的、数学社会学家的、认知科学家的和数学教育学家的等。这足以说明数学哲学的生命力完全依赖于要以实际的数学研究为基础。相反，那种认为哲学先于数学、哲学能够规定数学实践，那种思辨的、纯粹的"第一哲学"的研究方式已经不能适应当代数学哲学的发展。正如数学家狄奥多涅（Jean Dieudonné）的深刻洞见揭示的："真正的数学认识论或数学哲学应该以数学家具体的研究方式为其主题。哪有人讨论物理学的认识论而不谈相对论或量子的？哪有人讨论生物学的认识论而对遗传学一言不发？"①

然而，当前的实际情形是，"一些就数学发表论著的哲学家似乎并不熟悉比算术和初等几何更高级的数学；另一些哲学家是逻辑学和公理化集合论方面的专家，他们的工作似乎在技术上与任何其他的数学专业一样严密。有许多专业的科学哲学家，他们似乎对量子力学和广义相对论相当精通，但是，懂得函数分析或者代数拓扑学或者随机过程的专业哲学家似乎并不多。"② 这也正是为什么数学哲学没有像物理学哲学或科学哲学那样取得繁荣发展的真正原因所在。因此，面对当前现状，如果数学哲学想要有新突破，那么它必须转换自己的视角。也就是，要么立足于真实的数学实践，作为数学哲学元理论的立论前提或论证的基础；要么把焦点集中锁定在某些具体的数学分支或理论上，进行数学哲学具体论题的研究。可喜的是，这样的方向正在开拓并取得了相当成就，如数学中的结构主义。

概言之，以实际的数学研究为基础，尊重数学实践，反对第一哲学将是今后数学哲学发展的重要趋势之一，并且这也是数学哲学学科本身赖以存在和发展的

---

① ［法］狄奥多涅. 布尔巴基的数学哲学// ［法］布尔巴基等. 数学的建筑. 胡作玄等编译. 南京：江苏教育出版社，1999：187.

② Hersh R. Some proposals for reviving the philosophy of mathematics//Tymoczko T. New Directions in the Philosophy of Mathematics: an Anthology. revised and expanded edition. Princeton: Princeton University Press, 1998: 13.

基础。因此，语境论数学哲学研究范式首要主张的就是尊重数学实践，并以此作为建立其数学哲学元理论的第一个核心原则。

二、动态原则

　　既然数学哲学是对真实的数学实践本质的思考，数学本身又是一项处于不断变化和发展着的事业，因而数学哲学也需要从动态的、历史的视角去探求真实的数学面貌，避免任何静止的、绝对的和不变的关于数学本质的终极说明。事实上，从以詹姆斯为代表的实用主义一直到佩珀和哈恩的语境论世界观的实用主义哲学传统，都强调哲学应当关注事实，而且事实是变化着的事实，因而语境论世界观的核心是一种以变化为中心的世界观。因此，语境论的数学哲学主张哲学应当关注现实的数学实践。由于数学是数学家们实际从事的研究活动，是一项处于历史进程中的事件，所以反思数学的本质应当从实际的数学知识是如何产生和如何发展的历史中去寻求答案，任何一种忽略数学的这一现实特征的说明必定违反了真实数学演进的历程，因而造成不准确、不全面甚至有可能误解真实数学实践的说明。这样看来，如果数学哲学要尊重数学实践，避免走向抽象的纯粹学究式的哲学论辩，那么语境论数学哲学主张的第二个核心原则就是哲学应当从变化的动态性视角审视数学。

　　实际上，在数学哲学的历史进程中，数学基础主义学派甚至还有当代的一些主流的数学哲学研究途径依然从事着一项非历史的哲学解释事业。传统数学基础主义者们认为数学知识是确定的，数学证明是严格的，数学真理是永恒不变的，因而数学知识是必然的。然而，随着人们关于数学的确定性和绝对真理幻想的破灭，数学知识的上述信条也被击得粉碎。虽然哲学家们从数学知识的历史分析中汲取了教训，但令人遗憾的是这种历史眼光并没有在方法论意义上普遍渗透到数学哲学的研究骨髓中，致使当前仍有很多主流的关于数学的形而上学和认识论的探讨依旧局限于一种纯粹静止的语言分析和逻辑分析当中，以致最终没能真正把握数学实践的本质，进而也没有领会数学哲学的根本任务和基本精神。像关于数学研究的本质或核心究竟是个别对象还是数学结构、数学是否是实在的、数学的认识如何可能等问题的探讨，当代的众多流派——如数学对象柏拉图主义和反柏拉图主义、结构主义、虚构主义、自然主义集合实在论、新弗雷格主义、数学实在性的不可或缺性论证——依然是按照传统的规范的数学哲学范式试图对上述问题给出一种静态的和非历史的说明，当然这样的说明由于忽略了真实的数学历史揭示出的数学的总体特征和全貌从而没能对以上问题给出根本解决。因此，我们不仅必须认识到历史、动态的分析对于数学哲学的重要性，而且更重要的是要把这样的认识和理念运用到具体的哲学难题的求解和分析中。只有这样，数学哲学才不会走向一种僵化的、将活生生的数学历史束之高阁的抽象哲学论辩的狭隘空间。

总之，语境论的数学哲学在意识到哲学应当以数学实践为基础的同时，看到数学本身就是一个事件，处于历史时间过程中的事件，因而数学哲学应当汲取历史分析的优势，从动态的视角反思数学的总体特征及全貌，避免进行抽象、静止和绝对的哲学说明。

三、语境原则

语境论数学哲学的第三个核心原则是主张哲学分析的语境性，反对无语境的先验哲学。由前述分析可知，数学哲学关注数学实践，主张从变化和动态的历史视角审视数学。狭义地说，如果我们把历史分析看作是对数学进行纵向考察，那么在锁定了具体的历史时期之后哲学家们的一个重要工作就是把数学置于当时所在的现实语境进行反思和说明。因为如果我们承认数学是数学家们从事的研究活动，是特定历史进程中的一个事件，那么数学知识的发生、发展都与其所在的特定语境息息相关。如果抛开了数学的语境孤立地寻找数学本质，恐怕数学哲学最终仍然会背离以数学实践为基础的学科基本精神。无论是语境论的世界观、语境实在论还是语境论的科学哲学都已然意识到语境对于哲学分析的重要性。语境论的世界观认为理解事物之本质最重要的是把其置于适当的语境中，忽略语境是哲学最大的不幸；语境实在论主张无论是实在本身还是我们的知识都受到不同条件的语境限制，因而对这些问题的分析都离不开对语境的考察；语境论的科学哲学洞见到语境是一切人类行为思维活动中最具普遍性的存在，科学的哲学说明也应当从语境的多维视角审视科学的特征。由此可见，新的哲学范式（无论是一般哲学还是具体的科学哲学）的核心之一就是意识到语境化的思维方式将会引领我们走向一个新的开始，对于传统哲学难题的解决也会有革命性的飞跃式突破。

显然，哲学分析的语境原则强调的是具体性和相对性，因而语境论的数学哲学反对一切绝对主义、本质主义、基础主义和普遍主义的哲学态度和说明。按照这个标准，传统的数学柏拉图主义由于没有注意到现实数学实践的语境性，从而得出存在着一个独立于人类的抽象数学世界，我们的数学知识就是关于这个实在世界的描述，数学是发现而非发明的，数学陈述之所以为真是由先在的数学实在所决定的等主张，显然这种形而上学的实在论信念应该予以抛弃。曾经主宰 20世纪前半叶数学哲学的基础主义三大学派由于寻求数学知识确定性的终极基础，追求给出数学知识的一种全面的普遍化说明，忽略了不同的数学语境的局部性特征，得出数学的本质是一种逻辑、一套没有语义解释的形式系统、人类直觉的产物等信念，当然这些追求绝对的、终极的、确定的和普遍的说明最终都没有成功。甚至像当代关于数学本质引发争论的数学结构主义和数学对象柏拉图主义也犯了绝对化、普遍化和本质主义的错误，究其原因同样是因为它们没有考虑到现实数学实践的具体语境。比如，有的数学分支学科能够用数学结构进行统一和说明，然而有的分支却无论如何也做不到这一点。因此，无论是主张数学的本质是对象还是认为数学的本质是结构的观点都由于带有本质主义和哲学分析普遍化、绝对化的倾向而不能合理地说明数学全貌。由此看来，对语境的关注可以向哲学家们提出警示。

总之，语境论数学哲学的第三个核心原则是语境原则，即主张哲学分析具有语境性特征。这种具备语境性特征的哲学与传统的无语境的先验哲学和绝对主义哲学相对立。任何超语境的哲学分析都不具备批判性的分析能力，因而忽视了语境的数学哲学终将无法给出现实数学实践的合理说明，也无法完成数学哲学的学科任务。

四、一致性原则

如果数学哲学做到了尊重数学实践，关注动态的历史分析，重视语境，或许有人会认为满足了这三个条件的数学哲学必定会给出关于数学的一个令人满意的说明，从而数学哲学也将是完备的。殊不知情况并非如此。现在假设，如果我们仅仅从以数学为焦点的中心出发，考察已有的数学理论、数学的历史发展、与数学相关的各种语境，很有可能我们会得出一个来自数学自身的视野看待数学本质的哲学说明。不可否认，这样的视域空间和说明仍然是非常狭隘的。因为数学哲学的最终任务不仅是要给出数学实践的一个合理说明，而且还要在世界观的意义上考察数学在整个实在世界中的位置。这样，我们的视域就必须拓展，使我们对数学的说明也符合我们对世界的认识。如果哲学家们对数学的解释与当前人们对世界的解释产生了冲突，那么这种说明无疑是一种坏的说明。正像哲学家希哈拉给数学哲学定位的那样，"数学哲学试图寻求提出一种对数学本质的连贯的、整体的、普遍的说明（这里的数学，我指的是由当前数学家们实践和发展的实际的数学）——这种说明不仅与我们关于世界的当今的理论观点和科学观点相一致，而且也与我们作为具有这类感觉器官的生物有机体在世界中的位置相一致，这种位置由我们最佳的科学理论所刻画，而且它还与我们所知道的关于我们对数学的掌握是如何获得和检验的相一致"①。事实上，语境论的世界观、语境实在论和语境论的科学哲学都强调了哲学分析应当与科学的世界图像相一致。语境论的世界观认为，一种新的哲学应该在怀疑论和教条主义之间寻找出路，那就是寻求可获得

① Chihara C S. A Structural Account of Mathematics. New York：Oxford University Press，2004：6.

的证据。由于我们当前对世界的说明最有力的证据来自科学，因而哲学说明就是建立在科学的世界观基础之上的。语境实在论主张我们对实在世界的认识依赖于概念或者理论框架，而科学的发展又深刻地影响着人们的世界观，因此哲学有着深厚的科学基础，哲学分析和科学对世界的说明应当是融贯一致的。语境论的科学哲学则强调无论什么时候科学的理性都不能被消解。因此，语境论的数学哲学主张，数学的哲学说明应当与科学的世界观相一致，这个原则就被称为一致性原则。

按照这个原则，传统的数学对象柏拉图主义和数学结构主义实在论都应该被抛弃。既然无论是主张存在着独立于人类和物质世界的个别的抽象数学对象还是主张存在着不同于物质世界的抽象的数学结构，这两类观点都因与我们现有的科学解释不一致而不得不被放弃。同样，数学实在性的不可或缺性论证也应该被拒绝，因为当代科学的成功只能使我们接受科学实在论，即科学的世界图像，但是无论如何也推不出科学理论的说明中蕴含着一个不同于物质世界的另外一个脱离了人类的抽象数学世界，即科学的世界观并不能导出数学实在论。如果我们相信数学实在论，那么我们就不得不放弃科学的世界说明。从科学世界观的角度看，数学实在论仅仅是一种没有根据的信仰，与此相反，科学的世界观追求的恰好是一种有根据的说明。这样看来，之所以关于数学本质及其实在性的哲学争论无休无止，其原因之一也与哲学家们没有充分认识到哲学说明应当与科学的世界观相一致有关。

总之，数学的哲学说明需要与科学的世界观相一致，这是语境论的数学哲学主张的第四个核心原则。

五、整体论原则

语境论数学哲学的第五个核心原则是整体论原则，即主张语境论的整体论思想。由前述分析可知，数学的、科学的和传统的先验哲学的研究途径都不能为数学知识提供一种合理而全面的说明，这种说明不仅要求符合数学实践，而且更为重要的是要与人类对整个世界的认识相协调和融洽，因此从整体论的视角出发对数学的本质进行反思自然就成为数学哲学研究的一种必然趋势和要求。做出这种选择的具体理由如下：

第一，佩帕已经明确指出，语境论是继形式论、机械论、有机论之后的一种处于当代科学图景下的新的世界观。"世界观是人们对世界包括自然界、社会和人的思维的总的根本看法，它是哲学层面的元理论图式和信念……语境论世界观的硬核假定是：实在世界是一个相互作用和相互渗透的网络。存在是按照在其语境中实体的关联定义的，即存在被定义为语境中实体的关联，真理是依赖于历史语境的。一句话，任何事件都是在社会的、历史的环境即语境中发生的。"① 这样，语境论作为一种世界观，它通过把对数学的说明统一到关于世界的整体认识中，就能够使得关于数学知识的说明和人类的其他经验相一致。这不仅意味着数学的语境论说明更为合理，而且还推动了人类对整个世界的进一步认识。

第二，"作为一种普遍的思维特征，语境论在世界观的意义上，成了构造世界的新的'根隐喻'（root metaphor）"②。隐喻被视为人类认识和理解世界的一种重要方式。根据佩帕的研究，语境论世界观的根隐喻是历史事件，它旨在表明：世界是一个动态的系统，一切事件皆在世界这个语境之中。因此，如果数学是人类的一项活动，那么它必然就成为这个世界中的事件之一，我们就需要站在语境论的立场审视数学。与作为根隐喻的语境论不同，数学思维在很大程度上依赖的是概念隐喻。不过数学中概念隐喻的推理依然要在世界这个语境大背景中才是有效的或者有意义的，脱离了语境的概念隐喻是空洞的。比如，数学中的连续性概念就是借助于物理世界中某个物质对象的运动形成的，如果抛开了具体的数学语境和物理语境，以及联系它们二者的整个世界的整体语境，这一切都变得不可理解，也是无法想象的。因此，隐喻一定是依赖语境的，我们需要用语境论的根隐喻理论来理解数学。

第三，对数学本质的说明不仅需要分析数学语言的意义，还要考察数学的历史，以及与数学知识发展密切相关的从事实践活动的数学共同体。这种从语言、历史、社会以及心理等层面的说明必须在整体上相一致。恰好，"语境"作为统一来自各种不同角度的说明的基点，它能使各种途径相容起来。"语境"概念的整体性早已不仅仅体现在语言学层面上。事实上，"'语境'内涵经历了从'词和句子的关联'到'确定文本意义的环境'的演变。特别是在马林诺夫斯基（B. Malinowski）开创性的工作之后，语境观念从'言语语境'扩展到了'非言语语境'，包括'情景语境'、'文化语境'和'社会语境'"③。这样，我们就能从语境论视角分析数学实践的各个语境要素：数学语言、历史、社会、文化、心理和认知等，从而给出数学实践的合理说明。

总之，只有坚持语境论的整体论原则，数学的哲学解释才能符合数学实践，数学的本体论、认识论和语义学等问题才能在作为世界观的语境论的视角下得到解决。因此，它必然是语境论数学哲学的核心原则之一。

六、跨学科原则

既然对数学实践的说明和对数学本质的哲学探究需要在语境论世界观的框架

① 魏屹东. 世界观及其互补对科学认知的意义. 齐鲁学刊, 2004, （2）: 64.
②③ 殷杰. 语境主义世界观的特征. 哲学研究, 2006, （5）: 94.

下进行。显然，既要能够符合数学实践、说明数学的本质（数学实在、知识、真理和数学语言的意义），又能够使这种说明合理地容纳到对世界的整体认识的语境之中，这一任务的完成必然依赖于实际的数学理论、数学的语言学、数学史、数学社会学以及数学的认知等相关领域发展的成果。更宽泛地说，它依赖于数学、科学和哲学的共同进步。这意味着数学哲学难题的解决需要以多学科间的合作为先决条件。事实上，语境论的世界观恰好映射了对世界的整体认识的本质是以关于世界的跨学科研究为基础的。目前，"语境早已越出了语言学的疆界，成了包括社会学、文化研究、哲学、心理学、逻辑学、认知科学、信息科学、计算机与人工智能等众多跨学科领域所普遍关注的重大理论与实践问题。……语境的跨学科地位及受到的普遍关注和研究，最终可以归结为语境的普遍性"[①]。哲学的本质恰恰就在于探索事物和实在世界的普遍性。因此，语境论数学哲学的一个核心原则就是跨学科原则。

　　另外，如果我们把语境视域的范围缩小到哲学学科自身，对数学本质的哲学说明同样依赖于逻辑哲学、科学哲学、语言哲学、心灵哲学、认知科学哲学，以及一般哲学中的形而上学和认识论等相关领域的进步。因为，从语境论视角看，这些分属不同领域的问题在本质上相通，都是我们关于这个世界和处于这个世界中的我们人类自身的认识。数学哲学的进步与其他哲学分支的进步息息相关，彼此相互促进，共同推动了哲学的整体发展。比如，心灵哲学中对心灵本质的认识究竟应该归属于经验的自然科学研究还是先验的形而上学或哲学探索的争论，就为我们对数学实在的探索途径提供了深刻洞见。19 世纪末、20 世纪初，弗雷格关于数学基础研究中提出的"反心理主义"口号，对后来科学哲学以及分析哲学的发展产生了直接影响。从这个意义上来说，数学哲学不是孤立的，它与哲学其他分支学科共同发展。

　　因此，无论我们把关注的焦点集中在哲学学科之内还是之外，在我们探索数学本质的哲学说明的征途中，语境论数学哲学主张的跨学科原则是我们的必然选择。

　　总之，上述六个原则表明了语境论数学哲学的基本理念，即数学的哲学说明要符合数学实践、和人类其他的科学经验相容、在整体性和多学科性之基础上向普遍的方向努力，以达到与我们整体的世界观相一致。

第三节　语境论数学哲学的分析方法

　　语境论数学哲学基本纲领的构建，除了其自身发展现状的困境和数学哲学根

---

　　① 吕公礼，关志坤. 跨学科视域中的统一语境论. 外语学刊，2005，（2）：1.

本任务的要求外，"语境论的世界观""语境实在论"和"语境论的科学哲学"成为促成语境论数学哲学形成在哲学一般发展趋势中的深厚基础。随后，我们确立了语境论数学哲学的核心原则。在阐明了语境论数学哲学提出的背景、思想渊源以及核心原则之后，语境论数学哲学基本纲领的构建还需要一个很重要的构成部分，即它所使用的分析方法。本节将试图详细阐明语境分析的内涵、本质特征、它在求解数学哲学难题中的功能及其对数学哲学发展的意义。

一、语境分析及其在数学哲学中应用的基础

如果语境论的数学哲学要合理地完成前述提出的数学哲学的根本任务，那么该范式不仅要有合理的背景信念，而且还需要一套具体的方法论策略。从语境论的世界观和语境论的科学哲学这两个思想渊源来看，语境论数学哲学的方法论采用的是语境论的分析方法，即反思性思考和语境分析，语境分析又是语境论数学哲学的方法论内核。

（一）语境分析的内涵

从一般的角度看，语境论的分析方法是由杜威提出的反思性思考或批判性探究的方法。这种方法主张哲学的语境分析要以问题为核心，主要包括五个步骤：①问题的提出；②对问题进行定位；③提出解决问题的假说；④对假说进行推导；⑤证实或否证假说。按照这个方法，语境分析以解决问题为主要目的，具体的策略是把问题置于各种相关的语境中进行分析。因此，并不存在一种先于问题的形而上学信念。比如，我们提问：数学研究对象的本质是什么？数学陈述为什么为真？存在着一个实在的抽象数学世界吗？按照语境论的反思性思考方法，我们并不能预先地假定有一个实在的数学世界，相反我们需要把数学置于语境中去寻求证据，不存在超越证据的先验信念。这样，传统的数学柏拉图主义解释就应该被拒斥，因为它恰好就是一种预设的形而上学信念。可见，语境论的反思性思考强调以问题为核心，并在现实的数学实践语境和与整个实在世界相关联的整体语境中去求解哲学难题。这种方法具有现实的可操作性，与传统的形而上学预设形成了鲜明对照，也只有在此方法论的指导下才能最终给出数学实践的合理说明，避免走向任何抽象的先验思辨。

从具体的方法论策略来看，语境论的分析方法是由郭贵春提出的语境分析方法。在他看来，"语境分析（contextual analysis）是语境论（contextualism）的最核心的研究方法"[①]。它强调对事物或事件进行分析，关键就是要把其放置于整个历史的因果链条或事件关联之中。因而语境分析是一种动态的、整体性的分析方

[①] 郭贵春. 语境分析的方法论意义. 山西大学学报，2000，（3）：1.

法，它能使事物或事件的各个要素在语境中协调并统一起来，最终使我们对事物或事件有一个连贯而全面的认识。

由于我们讨论的是语境论数学哲学的语境分析方法，所以我们主要阐明对数学进行语境分析的内涵。具体来看，对数学进行语境分析主要包括狭义的语言分析和广义的非语言分析两层含义。

首先，在狭义的语言分析层面，对数学进行语境分析指的是对数学语言进行语形、语义和语用分析的统一。由于对数学理论的解释和说明被视为数学哲学家们的一个主要任务，数学理论的表述又离不开数学语言，所以对哲学家们而言，运用语言分析的策略试图去理解并探究数学的本质就是一种好的选择。对数学进行语形分析旨在厘清各种数学符号、数学语句之间的逻辑蕴含关系，试图把握数学理论发展的内在逻辑的必然性；对数学进行语义分析就是通过对数学语词和语句的指称及意义的研究，试图把握数学理论背后隐含的实在、真理及意义；对数学进行语用分析就是通过对数学语言和它的使用者或解释者之间关系的梳理，把数学的认知主体纳入到数学语言的说明中，试图理解数学语言的起源、用法和意义。这样，通过对数学进行语形、语义和语用分析的结合，我们能在语境的最原初的语言学意义上，也就是在语言范畴之内获得对数学文本的说明。

其次，在广义的非语言分析层面，对数学进行语境分析是指对数学实践涉及的语言、逻辑、历史、心理和社会方面的特征进行分析，并在语境的基础上进行统一。如前所述，语言分析为我们提供了一条通往理解数学本质的通道。但是仅通过对数学进行语言分析还不足以使我们清晰地认识数学的实在、知识和真理的本质。因此，我们必须考虑越出语言的界限，走向数学实践本身，把数学置于包含语言、逻辑、历史、心理和社会维度的更广阔的语境之中对其进行考察。这种考虑至关重要，因为我们不仅要通过对数学进行语言和逻辑分析以说明数学知识的确证语境，我们还要通过对数学进行历史、心理及社会分析以说明数学知识的发现语境。需要注意的是，上述各种分析的基点都立足和统一于作为世界观的语境。关于数学的任何一种分析都与其他分析相互关联，在这种语境论的整体视角下，我们将获得关于数学本质的更趋于真实的认识。

总之，"语境论数学哲学采用的语境分析以数学实践为基础，以语境为基点，试图在语境的基础上给出数学实践的一种较为合理的说明。

（二）语境分析的特征

如上所述，无论是对数学进行狭义的语言分析还是进行广义的非语言分析，统一的基底都是语境。作为世界观的语境论决定了语境分析是其基本的方法论，也正是语境论这种世界观决定了语境分析具有如下特征。

第一，语境分析的整体性特征。语境分析是语形分析、语义分析和语用分析的结合，对数学进行语境分析就是要在数学语境的整体中理解数学的发生、发展。具体来看，首先，数学语言的语用约定由具体的数学语境来确定，它是建构整个数学系统的基础。其次，数学公式之间的关系链构成了数学推理的证明语境，在这个语境中，具体的数学公式没有意义。公式的意义只有在整个数学推演中才能体现出来，因而数学证明中的各个公式并不是孤立的，而是作为整个证明链条中必不可少的一环。各个公式和整个证明序列中其他公式发生有效的逻辑关联，是构成整体数学证明的一个要素。最后，数学的语义解释由整体语境中特定的语用目的和语用域面的大小及特定的语形表征共同决定。只有在语境中，数学推演的含义才能具体化。总之，对数学进行语境分析的核心就在于要以相互关联的整体为基点对数学的意义进行分析，从语形、语义和语用的结合中去透视数学的发生、发展的规律。

第二，语境分析的关联性特征。在本质上，语形、语义和语用相统一的语境基底，预设了关系的存在，换句话说，各种背景之间的内在关系是形成语境的必要条件。事实上，在形式数学证明中，有穷公式序列的逻辑排列并不仅仅是纯语形的表征，它还内涵了数学推演的具体含义，否则，数学证明就是无意义的。不仅如此，一个数学证明还暗含着数学家为何选择这种证明方式而不是其他方式，一个具体的数学证明同时具有语用、语形和语义的特征。因此，在看待一个证明时，我们不仅要懂得数学公式之间的推演关系，而且还要挖掘数学证明主体的构造证明的思想，更要理解证明所蕴涵的实质含义，只有看到它们之间的内在关联，我们才能真正理解一个数学证明的意义。简言之，由于数学内部系统之间、数学与科学之间、数学与自然世界之间的内在关联，数学的语形表征、语义解释和语用约定（或构造）才能在语境的基础上统一起来。对数学进行语境分析就是要在各语境要素的关联中给出数学实践的说明。

第三，语境分析的多元性特征。对数学进行语境分析是理解数学的一种方式，看待数学的一个角度。它强调整体性和关联性特征，实际上这暗含了数学语境由多个要素构成，从不同的侧面看，会得出数学的不同特征。在这个意义上，数学语境是多元的。我们可以从不同的视角来理解数学的发生、发展。比如，我们可以从语形、语义和语用的视角，或者从逻辑、历史和社会的视角来理解数学知识的本质。数学实践的多元性决定了对数学进行语境分析的多元性特征，也就是，要多向度地看待问题，避免单向度思维的片面性。总之，从语境论世界观的角度看，数学实践既包括作为知识形式的数学理论，也包括数学的发展历史，还包括由数学家从事的数学实践活动。因此，从多个视域来理解数学的本质及意义就是十分自然的要求。确切地说，对数学进行语境分析的多元性特征就是要运用跨学科研究的方法论准则。根据该准则，我们能在数学语境的基底上从多学科的角度透视数学的本质，也只有这样形成的关于数学知识的说明才更为合理。

第四，语境分析的目的性特征。如前所述，数学不仅是作为知识的理论，而且也是数学家们从事的实践活动。数学活动的整个过程含有很强的目的性。就演绎数学而言，从数学语言的语用约定→数学系统的语形推演→数学系统的语义解释，整个过程都是围绕从公理→定理的证明而展开的。例如，已知某些条件，证明两个三角形全等。在现有的公理集（A_1，A_2，…，A_n）、定理集（T_1，T_2，…，T_m）和已知条件（C_1，C_2，…，C_l）的序列中，为了得到特定的两个三角形全等，我们找到一个序列 B_1，B_2，…，B_k，而这个序列的选取又是以现有条件和所证命题为目的进行的。否则，任何一个序列都可以被称为该命题的证明。同样，算法数学中的数学模型和算法也都是以解决问题为目的的。否则，任何一个算法都将是合理的。总之，只有目的性才能通过语用把数学语境的各个要素统一起来，形成一个有序的语境整体。对数学进行语境分析就是要深入挖掘数学理论发展背后隐含的目的性，以获得对数学本质的较为合理的认识。

第五，语境分析的意向性特征。既然数学是数学实践活动的产物，数学活动的整个过程中实际上都蕴含着数学语言的意向性（更确切地说，隐含着一种数学主体的心理意向性）。无论是演绎数学还是算法数学，这种心理意向性事实上都是从事数学研究的人为了更好地理解和说明我们的外部世界。因此，在这个意义上，数学知识是我们理解世界的一把钥匙，数学知识本身已经隐含着它与实在世界之间的关联。因此，对数学进行语境分析就是要试图把握数学语言隐含的意向性，以更好地说明数学实践。

总之，对数学进行语境分析就是要在整体性、关联性、多元性、目的性和意向性特征的基础上把握数学实践的本质。

（三）语境分析在数学哲学中应用的基础

语境论的数学哲学之所以能对数学进行语境分析，是因为数学实践本身就具有语境性特征。从语言分析的角度看，语境是语形、语义和语用的统一，实际上数学理论的文本同样具有语形、语义和语用特征。具体而言，语形表征了数学符号之间的变换推演关系，构成了数学的证明和计算；语义使数学的命题有了真假，因而有了数学真理，同时数学的语义解释还表明了数学的有效性及其存在的意义；语用则体现了数学是如何产生的以及数学语言使用者之间的现实交流，把数学主体带入了数学哲学的研究中。从语境论世界观的角度看，现实的数学实践作为语境中的一个事件发生于整个历史的因果链条和与其他事件的紧密关联之中。因此，数学实践本身就具有逻辑、历史和社会等方面的特征。正是数学实践的语境性特征（语形、语义、语用特征和逻辑、历史、社会特征）奠定了语境分析在数学哲学中应用的基础。

1. 数学实践的语形、语义和语用特征

　　首先，数学形式系统的语形特征表现为数学语言高度的抽象性和数学推理的逻辑严密性。一方面，当数学家在把现实的经验问题抽象成理想的数学模型，或者对数学的自身问题进行内部的再抽象时，都表现出一种从自然语言到形式语言的高度抽象性。其含义体现在，经过抽象得到的数学语言是完全没有含义的。数学符号在现实经验中没有对应的所指物，因而它不必和经验直接相关，具有高度的超验性。另一方面，模型求解过程中，形式化的演绎程序为数学论证提供了形式推理的逻辑严密性。这主要表现为，在完全没有意义的数学语言的基础上，为数学进行逻辑推理带来了极大方便。由数学公式构成的公理可以严格按照推理规则对公式进行不断变换，而每一个变换都是有根据的。这样，我们根据这个程序就可以推演出定理。当然在这个意义下定理就是可证的。于是我们又可以把定理当作前提，再次按照推理规则推演出其他定理。这样数学这个庞大的体系就形成了。基于数学公式的纯符号性和推理规则的有效性，构成了数学论证特有的逻辑严密性。

　　数学的语形特征具有语境基础。数学公式的不断变换实际上是数学公式语形的不断变换。语形的不断变换，暗含了语形所指也在变，即语义的变化。语义的变化又暗含语境的变化，语境的变化则体现语用范围的变化。从另一个角度看，语用范围不同，语境则不同，语形也随之不同，进而语义也不同。因此，模型的求解只有统一在语境的基底上，把语形和语义、语用相结合共同得出模型的解才是适当的。只有在特定的语境中，数学语句和数学公式的语形推演才有效，语义和语用范围也才是确定的。例如，概率演算中，如果事件 A 和事件 B 相互独立，也就是说，在这种概率事件相互独立的特定语境中，$P（AB）=P（A）\cdot P（B）$ 才成立。否则，事件 A 的发生必然要和事件 B 的发生相关联，这就会涉及条件概率。但是在条件概率的语境中，上述公式不再有效，相应的数学公式也随之发生改变。由此可见，语境的变化带来了语形、语义和语用共同的变化。因此，形式系统内部数学公式的推演本身便蕴含了在语境的基底上，语形、语义和语用的动态变化过程，以及由这三个层面相互作用构成的立体式的语境变化的动态性。所以，数学的形式语境并不是僵化、静态的，而是有其自身的合理性。同时我们也可看出，推演中特定语境下具体的数学公式的语形、语义以及语用范围又是确定的，因而又是静态的。因此，在形式语境全新的理解方式下，形式系统内部的演算获得了动态和静态，以及非确定性和确定性的统一。

　　其次，数学模型解释的语义特征表现为模型解释的多样性和应用的广泛性。数学形式语境中语形系统的普适性带来了模型解释的多样性。基于形式系统中数学语言高度的抽象性和数学形式论证的逻辑严密性，数学符号本身的不确定性表现得非常明显，因此，数学符号公式具有很大的普适性。这就造成了相同的语形，

语义可以不同，语义的多样性表现为对同一个形式体系的模型解释的多样性。具体而言，模型解释的多样性表现为两个方面。第一，对数学自身问题进行再度抽象得到的纯数学模型经过语义解释，可以得到各个不同的数学分支。第二，对现实经验问题进行抽象得到的现实模型通过语义可以表征为各种科学定律。基于模型解释的多样性，语用的范围也呈现出巨大的选择空间。语用范围的变化体现为横向扩张和纵向深入。一方面，由于同一语形表现出的语义多样性，数学表达在同一个语义层面表现为各种不同的数学结构。以数学结构分类来划分的不同的数学分支，在对应的现实经验的科学说明中便会有极其广泛的应用。比如，数理统计可用于人口普查、抽样分析；布尔代数和数值分析可用于计算机科学；方程可用于表征物理学定律；图论可用于大量的实际生活中的设计方案；还有大量的数学的其他分支可不同地分别应用于生物学、天文学、化学、工程学，甚至属于人类文化的艺术领域等。另一方面，由于不同的语形带来的不同语义的深层结构，在数学中表现为各个不同的数学分支自身的演化，使数学能够更抽象、更深入地发展。这样纵向发展的数学就可以使得应用的深度不断地超出人类能够直接感知的现实空间，从而进一步向宇观和微观领域深入。例如，以几何的发展为例，最初的欧氏几何公理学可以在现实的宏观空间中得以应用。随后的非欧几何，更准确地说，黎曼几何的发展极大地帮助爱因斯坦建立了广义相对论模型。因此，随着数学的发展，物理应用更为具体且深入了。数学的纵向深入使得物理应用逐渐从宏观向宇观和微观领域迈进。人们通常认为这是物理学的胜利，不可否认，这同样也是数学的胜利。当然这要归功于语义的模型解释。

数学系统的模型解释并不只是语义维度的孤立发展，它是基于语境的。第一，语义解释的实现依赖于语形的符号表征。没有语形表征空谈语义是不现实的。科学定律如果不经过数学语言的陈述和数学公式的推理计算，科学定律的意义就无法实现，科学的进展也会受到巨大障碍，甚至无法前行。比如，正电子的发现完全是狄拉克（Paul Dirac）在推导狄拉克方程中预言的，后经美国物理学家安德森（C. D. Anderson）在宇宙射线实验中证实。[①] 如果没有数学方程的帮助，正电子就无从发现，更不用说讨论它的现实指称和意义了。因此，"任何一个语句的语义解释均与它的句法结构密切相关"[②]，当然对于数学语句的语义解释也毫不例外。第二，语用的目的和范围规定了相应的语义解释。没有语用的限定和约束，语义解释的多样性就无法得到具体实现。因此，语义解释的实现离不开语用的指引和限定。并且，只有在特定的语境下，语用才能使语义的选择成为可能。总之，语义解释的实现最终只能在语境的统一下，使语形、语义和语用相结合，才能获得最完美的语义解释。

---

① ［美］P. A. 格列菲斯. 数学——从伙计到伙伴//孙小礼等. 数学与文化. 北京：北京大学出版社，2001：186.
② 郭贵春. 语义分析方法的本质. 科学技术与辩证法. 1990，（2）：1-6.

　　需要注意的是，数学语境中，形式系统的模型求解和模型解释之间有效的关联实质上是在语用的过程中完成的。只有在具体的语用中，才能确定特定的语形表达式和相应的语义解释，使两者有机地结合起来，共同呈现出一种完整的语境图景。因此，这必然要涉及数学实践的语用特征。

　　最后，数学实践的语用特征表现为客观的语用目的与范围和主观的语用洞察之间的统一。一方面，数学研究本身的语用目的和范围是选择数学形式模型的首要因素。客观上，语用决定了数学问题自身的含义和相应的数学表达式之间特有的联系。在整体的语用背景框架下，数学问题被抽象成这样的模型，而不是那样的模型。然后，我们按照严格的推演计算，对模型进行求解。在这一求解过程中，数学家内心深处早有某种意向解释在不断地驱使他在众多的推演定理中选择最佳的一种推演程序得出模型的解。这个过程极为重要。不难看出，语义的意向解释在其中起了不可泯灭的作用。然而只有在特定的语用中，这种语形的意向解释才是可能的。因为数学推演自身所蕴含的语义，并没有直接告诉我们到底该选择哪条推演路径，才能得出模型最佳的解。最后我们只要对模型的解做出解释便可获得模型的意义。一个数学难题就是在这样的语用背景中得到了最终而又完美的求解。另一方面，数学家内在的语用洞察力使得语用的目的和功能得以实现。换言之，客观的语用目的与范围和主观的语用洞察实质上相当于数学中的逻辑和直觉。逻辑和直觉都是必不可少的。逻辑给予数学确定的可靠性，它是基本的证明工具，而数学的发展单靠逻辑远远不够。很大程度上，数学家特有的直觉在数学的创造性发明中起着不可或缺的作用。比如，如果我们正在下棋，要弄懂一盘比赛做一个赢家，仅知道棋子走动的逻辑规则是不够的。如果这样，我们只能知道棋子符合规则。然而，我们却不知道棋手为什么在不违反规则的情况下走这个棋子而不是其他棋子。事实上，这一系列相继的棋步构成了一个有机整体。[①] 固然，这个整体中相继的棋步的逻辑规则是客观的，然而，只有善于洞察的棋手捕捉到这内在规则的联系，才能步步为营，取得最后的胜利。其实，对于数学而言同样如此。数学就类似于下棋，数学符号和公式就是棋子，数学公式的推演就相当于棋盘上的棋步。数学家不仅要懂得形式推演的规则，更要有善于洞察语形、语义和语用三者的内在联系，做一个数学棋盘上的赢家。

　　总之，数学实践中包含着语形、语义和语用的特征。在语境的基础上，数学包含的语形、语义和语用得到了统一。

2. 数学实践的逻辑、历史和社会性特征

　　我们之所以能用语境论数学哲学的核心原则对数学实践进行说明，主要是因

　　① ［法］H. 庞加莱. 数学中的直觉和逻辑//邓东皋，孙小礼，张祖贵. 数学与文化. 北京：北京大学出版社，2001：131.

为数学实践本身就包含着诸如逻辑性、历史性和社会性还有与科学世界观的一致性等特征。因此，只有把握了数学实践中蕴含的这些特征，哲学家们才能对现实的数学给出合理说明。

1）数学实践的逻辑性特征

毫无疑问，数学最明显的特征就是它的逻辑严格性。就数学的逻辑层面而言，包括语形和语义两方面。

第一，就演绎数学而言，我们把数学系统看成一个整体，这个系统由公理到定理通过严格的推演论证建构起来。演绎的形式数学系统必须满足一致性、独立性、可靠性和完备性等条件，只有满足了这些条件，该数学系统才是合理的。具体来看，①数学公理系统的一致性分为语形一致和语义一致。语形一致指的是一个系统中一个命题和它的否命题不能同时得证，即只能有其中一个是该系统的定理，而另外一个不是；语义一致指的是系统中一个命题和它的否命题不能同时为真，也不能同时为假。实际上，系统的一致性也就是系统的无矛盾性，不仅语形无矛盾，而且语义也不能有矛盾，这样的系统才是可靠的。②数学公理系统的独立性是指系统中的公理之间必须是相互独立的，如果一个公理能由其他公理推演出来，那就把它视为定理。③数学公理系统的可靠性是指系统中的定理必须为真。换句话说，数学推理首先必须在逻辑上是合理的，其次，数学推理在逻辑上有效，还必须满足这个推理的结论在语义上为真。否则，推理就是无意义的。④数学公理系统的完备性要求系统中全部为真的命题一定是系统中的定理，也就是，语义上为真的命题在系统中语形上是可证的，这样的系统在逻辑上才是完备的。因此，从一致性、独立性、可靠性和完备性等条件来看，数学在逻辑上最为严格。

第二，就算法数学而言，算法也必须符合严格的一套算法规则。如果算法有效，那么它必定满足此类问题中的每一个解，这样的算法在逻辑上才是有效的。总之，数学实践中最基本的特征就是逻辑性。

2）数学实践的历史性特征

从数学诞生以来，数学就作为一个处于时空中的历史事件经历着兴衰发展，因而数学实践本身具有历史性特征。无论是数学的研究对象、数学的严格性、数学知识还是数学真理本身都是相对于历史语境而言的，它们随时间的历史之流也在发生相应变化，因而我们对数学的认识就既不能是绝对的，也不能是静止的。具体来看：

第一，"数学是什么？"或者"数学的研究对象的本质是什么？"的哲学论题经久不衰，不仅哲学家，而且数学家们也一直进行研究和探讨，论证观点各不相同。其实，这个论题本身处在数学发展的历史范畴之内，不同的历史时期，数学的研究对象也不同。公元前 6 世纪以前，数学诞生于对"数"的研究，主要是记数、计数、初等算术与算法。公元前 6 世纪开始，希腊兴起了关于"形"的研究，一直到 17 世纪，数学始终都是关于"数与形"的研究，因此，把数学定位为"关于数和形的科学"。17、18 世纪，运动和变化成为数学关注的又一个焦点，产生了微积分，由此数学成为"研究现实世界的空间形式与数量关系的科学"。19 世纪到 20 世纪 50 年代，数学开始关注自身内在的逻辑性，抽象代数、非欧几何的出现体现了这一点。这时的数学不仅包括现实世界的各种空间形式和数量关系，而且还包括了一切可能的空间形式和数量关系（如几何学中的高维空间、无穷维空间；分析学中的泛函、算子；等等）。① 从 20 世纪 80 年代开始，由于数学的研究对象更为复杂，因此，"（数学）这个领域已被称作模式的科学（science of pattern），其目的是要揭示人们从自然界和数学本身的抽象世界中所观察到的结构和对称性"②。综上所述，"数学研究对象的本质是什么"本身就是一个处于历史语境中的问题，我们应当用变化、动态和历史的眼光来对待这一问题。

第二，数学的严格性也是一个历史概念。数学推理的严格性标准在古希腊欧氏几何的演绎体系中表现为：定义、公理的不证自明和推理的逻辑有效性，其中还暗含着感性直观的依赖性。两千多年来，欧氏几何一直被认为是绝对严格的。直到 19 世纪非欧几何的诞生，才排除了数学证明的感性直观。继欧氏几何之后的 16、17 世纪的微积分的发展表明，当时数学的严格性表现为应用的有效性。不追求逻辑上的严格，只注重计算结果在实际中是否有效。这一标准不仅被 17、18 世纪的微积分发展采用，而且中国古代数学的可靠性也以此为基础。即使在当代应用数学中，成功的有效性也不失为一个重要的数学严格性的标准。

第三，数学真理在一定程度上也表现出某种历史性。这是因为，数学真理属于认识论范畴，随着人类认识能力的不断提高，过去认为不可思议的事情也会变得合理从而被认为是真的。过去人们常常认为整体大于部分，然而通过康托尔的一一对应思想，人们发现偶数和正整数同样多，其对应关系为 $n=2k$（$k=1, 2, 3, \cdots$）。另外，过去认为是真理的数学命题也常常因为数学的发展而不再成为永恒真理。例如，演绎数学的真理依赖于前提和推理的真，如果推理规则为真，则仅依赖于前提，我们知道整个数学大厦不是从逻辑推出来的，除逻辑公理之外，还有数学中的选择公理和无穷公理，然而若以选择公理为前提，则会导致"分球怪论"的出现；若不承认选择公理，许多重要的数学结果便不再成立。因此，只从逻辑上来保证数学命题的真，以此来捍卫数学的绝对真理观不再能够完全令人信服了。我们必须以历史、发展和实践的眼光来看待数学真理。

第四，数学知识的累积具有历史继承性。例如，四元数代数的出现是以实数和复数理论为基础的，不会出现从一维实数直接跳跃到四维四元数的情况。数学

---

① 李文林. 数学史教程. 北京：高等教育出版社，2000：6-8.
② Renewing U.S. Mathematics: A Plan for the 1990s. The National Academy Press，1990；美国国家研究委员会. 振兴美国数学——90 年代的计划. 叶其孝等译. 北京，西安：世界图书出版公司，1993.（中译本）

知识的增长一定是在历史语境中完成的。

总之，数学实践自身具有的逻辑性特征使得对数学进行的哲学说明和解释离不开历史的分析，历史性是数学的本性之一。

3）数学实践的社会性特征

如果说数学实践的历史性特征在纵向上解释了数学发展的动态性，那么，数学知识的产生、证明、交流、传播及评价则由数学实践语境的社会性特征给出横向的剖析。因此，我们不仅要分析数学自身发展的历史进程，而且还要看到处于特定历史时期的数学与社会、文化及其他科学等之间的横向关联。在此，我们主要就数学的发生、发展与从事数学研究的主体数学家之间的关系对数学实践中存在的社会性特征进行探讨。

最早洞见数学具有社会性的哲学家是维特根斯坦（Ludwig Wittgenstein），他首次把数学的主体——人引进了数学研究中。数学不再是纯理性、纯逻辑的知识体系，如果没有人的参与，根本就谈不到数学的创造和数学的发明。随后，英国科学知识社会学家布鲁尔和数学社会建构论的发起者欧内斯特进一步注意到并论证了数学具有的社会性特征。此外，很多数学家也谈到了数学本身就是一项人类的社会文化活动。现在我们将从语言或语境的视角分析数学的社会性。

在现实的数学实践中，数学的证明、意义和交流在某种程度上都依赖于数学共同体的背景语境。具体而言，数学的公理、证明所需的逻辑推理规则都取决于数学共同体的约定及共识，因此，数学命题的意义也建立在这种达成共识的语境基础之上。数学实践语境中的数学证明在某种程度上也带有修辞的社会性特征。1983 年，世界数学最高奖——菲尔兹奖获得者美国数学家瑟斯顿（William P. Thurston）以他个人从事数学研究的亲身体验证实了交流在数学证明产生过程中的重要作用。"哥德尔已表明，证明不能仅作为语形对象就得到说明，瑟斯顿似乎暗示了甚至语义学也不足以说明证明。因为，证明将不再被看作是绝对的描述或（算法），而是看作和一个演讲者与听众相关的语境化了的对象。"[①] 只有当数学共同体中的听众理解了演讲者的证明意向和思想，数学证明才能得到认可，从而有可能公开发表。对于想说服数学共同体理解并认可相关的数学证明，部分要借助于符号语言来完成，而且还依赖于演讲者和听众有一个共同的语境基础。具体的数学证明的交流如图 2.2 所示。

演讲者的证明思想转换成和听众共有的符号化的形式语言或者共有的意识流进入听众的数学语境，由于听众处于与演讲者相同的数学共同体中，因而能接受演讲者的表达，从而理解演讲者的证明思想，达到对数学证明的认可。正是通过二者之间语境的沟通，数学证明才得以公开发表，进一步传播以推进数学的发展。

---

① Thurston W P. On proof and progress in mathematics//Tymoczko T. New Directions in the Philosophy of Mathematics. Princeton: Princeton University Press，1998：338.

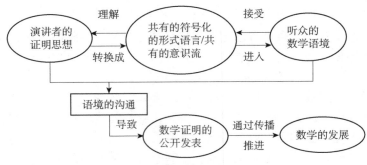

图 2.2　数学证明的交流系统

一般而言，数学知识得以保证的数学证明通常是以期刊等书面文献来支持的，但在瑟斯顿看来，书面文献并不是主要因素。例如，要通过他对叶状结构证明的书面文献中很好地理解他本人实际的思考方式是异常困难的。因此，"当人们从事数学研究时，思想之流和有效的社会标准比形式化的书面文献更为可靠。人们通常不太善于检查证明的形式上的正确性，但是他们却非常善于察觉出证明中潜在的弱点和缺陷"[①]。数学的进步是靠对数学思想的深刻理解而推进的，书面的形式化的数学证明在某种程度上实际上则是演讲者试图使听众信服的结果。数学证明的社会认可不可避免地要依赖语境，这也是最为重要的一点。上述分析已经表明，数学证明的产生是在数学共同体共有的语境中完成的。数学证明依赖语境，而语境的核心则是理解，因此理解是证明的核心。数学家瑟斯顿的亲身经历表明，当一个重要定理产生的时候，同样的证明在本领域的成员内进行面对面交流一个小时就能被理解，但是如果把证明写成 15 页或 20 页的论文，该领域的成员则需要几个小时甚至几天才能看懂。因此，他断言："我们数学家需要投入更大的精力来交流数学思想……我们需要更加重视的不仅仅是交流定义、定理和证明，而且还要交流我们的思考方式。"[②] 此外，数学证明的理解也依赖于听众具有演讲者意谓的数学语境。瑟斯顿曾经说道："我能在 2 分钟之内和拓扑学家对证明的有关部分进行交流，但是分析学家却需要用上 1 个小时的讲座才能开始理解这个定理。"[③] 在这个意义上，数学证明的社会认可必然依赖于主体数学家之间的可交流性，即必须在数学证明的社会认可中为数学家共同体的共有语境留有一席之地。

　　总之，数学实践不可避免地具有某种社会性特征。也正因为如此，"语境论的数学哲学"才能根据语境的不同视角去审视数学。

①　Thurston W P. On proof and progress in mathematics//Tymoczko T. New Directions in the Philosophy of Mathematics. Princeton：Princeton University Press，1998：347.
②　Thurston W P. On proof and progress in mathematics//Tymoczko T. New Directions in the Philosophy of Mathematics. Princeton：Princeton University Press，1998：346.
③　Thurston W P. On proof and progress in mathematics//Tymoczko T. New Directions in the Philosophy of Mathematics. Princeton：Princeton University Press，1998：353.

二、数学知识演进的语境分析

按照语境论世界观的假定：①唯一基本的实在世界是我们的物质世界；②人类的所有认知（包括数学认知）都旨在对这个实在世界进行探索和理解，它们在整体上相互协调和关联；③数学（认知）本质上隐含着一种人类的心理意向性（即指向实在的物质世界）；④对数学本质的理解必须将其置于动态的、整体的历史语境之中。总之，数学知识的演进以及对其进行的语境分析都预设了上述语境论世界观的背景框架。并且，由于数学实践本身具有语境性特征，因而语境论的数学哲学能对数学实践进行语境分析。为此，我们选取数学知识的演进为例进行说明。

（一）数学知识演进的传统解释及语境分析的诉求

自古希腊时代以来，数学知识论问题一直就是哲学家们研究主题的一个重要领域，其中问题的核心包括：第一，关于数学知识本质的争议，即数学知识是先验的理性科学，还是后验的经验科学？第二，数学知识如何可能？涉及两个层面，其一，抽象的数学知识是如何巧妙而成功地应用到物理世界中的？其二，数学家们又是如何认识数学知识的？由于对这些问题的探讨在本质上和当代数学实在论和反实在论的研究密切相关，并且直接关系到了数学家们在"数学是被发现的还是被发明的"这一问题上的根本分歧，从而无形中影响着数学哲学的整个研究取向，因此数学知识论问题凸显出其独特的研究意义。正是在这个基点上，学界分别从不同的途径对数学知识的本质给出了不同的理解。

20 世纪初期，伴随着罗素"集合论悖论"的出现，整个数学哲学界围绕寻求数学的可靠基础做出种种努力，他们都试图从数学的逻辑确定性出发，给出数学一个完美的无懈可击的逻辑图景。然而，随着哥德尔定理的发表，三大基础学派受到史无前例的沉重撞击，这一事件表明只从逻辑的角度对数学知识的本质做出完美说明是不可能的。

至此之后，为了从基础主义的困境中摆脱出来，数学哲学界相继出现了三种不同的研究路线。他们分别从数学史、数学社会学和数学实践的角度对基础主义途径给予了激烈批评，并且对数学知识的本质做出了各自的说明。

从数学史的角度看，20 世纪 50、60 年代，发端于拉卡托斯的《证明与反驳》，一条崭新的"历史主义分析途径"被引入到数学哲学中，他首次将数学史和数学哲学相结合，给出了数学发展的动态的历史图景。他主要从数学的内史出发，即数学自身的发展史来解释数学证明的严格性、数学真理和数学知识的增长等随历史进程而发生的变化。从 80 年代开始，新的一批数学哲学家典型代表有美国的艾斯帕瑞和克莱因，他们跳出数学内史，转而从数学外史，也就是从数学外部的社会因素、文化因素等对数学的发展做出了一系列详细解释。

　　从数学社会学的角度看，由于 20 世纪 70 年代科学知识社会学的产生，相应地出现了对数学的社会学说明，这个阵营以爱丁堡学派的布鲁尔为其先驱。在 1976 年出版的《知识和社会意象》(*Knowledge and Social Imagery*) 一书中，布鲁尔采取经验主义的途径，说明数学的本性实质上是一些社会惯例的产物。此后，英国哲学家欧内斯特在 1998 年出版了著作《作为一种数学哲学的社会建构主义》，由他正式发起了一场社会建构主义的数学哲学革命，提出了数学知识本质上就在于社会建构的观点。

　　从数学实践的角度看，20 世纪 70 年代末，以美籍数理逻辑学家王浩、哥伦比亚大学教授基切尔和斯密斯大学的托玛兹克（Thomas Tymoczko）为代表的一批数学家、逻辑学家、哲学家、计算机科学家、数学史家和社会学家都从各自的角度探讨现实的数学家是如何从事数学研究的。特别是 1979 年在斯密斯大学举行的数学哲学研讨会之后，托玛兹克主编了一本会议论文集，它主要关注数学的现实实践，代表着一种数学哲学新趋向运动的开始。

　　目前，从数学史和社会学角度阐述数学知识的这两种进路似乎呈现出一种弱化规范的数学哲学的倾向，而数学实践这一进路除强调数学的历史性和社会性之外，还同时强调从数学内部挖掘数学发展的内涵。面对这些不同的途径，究竟应该强调数学的外围还是数学本身？托玛兹克曾明确指出："我希望哲学家和数学家都将同意数学的规范评判的需求，否则，数学哲学将会消失在纯粹描述的溪流中。"[①] 但即便如此，托玛兹克本人还是没有给出一个切实可行的方法，从而能使数学自身的逻辑、历史和社会维度的解释协调起来。

　　从上述分析不难看出，无论是从数学知识的内在逻辑发展，还是把数学放在一种更为宽泛的社会-历史语境中来理解，数学知识论问题一直都是数学哲学家们关注的核心问题之一。当前一个很重要的问题就是选择一种合理的方法论途径，把数学知识的内在及外在特征很好地融合起来，给出一幅全面、合理的关于数学知识本质的哲学图景。显然，上述任何一种方法都不可能完成这样的使命。鉴于当前的研究趋势，我们发现从语境论世界观的角度重新审视数学的本质恰好能满足上述要求。语境分析的解释途径以数学文本的逻辑语境为基点，同时将数学知识的起源、证明、交流、发表、传播与评价所依赖的现实的历史-社会语境的外在的合理分析融合进来，进而对数学知识的逻辑、历史及社会层面的合理要素加以吸收并整合，从而对数学知识的本质给出更新颖、全面、详尽的理解。

（二）数学知识演进的语境分析

　　如前所述，语境分析是语境论数学哲学最核心的研究方法。在语境的基底上，

---

① Tymoczko T. New Directions in the Philosophy of Mathematics. Princeton: Princeton University Press，1998：387.

我们能把数学知识作为一个整体，通过对其进行语形、语义和语用的分析及考察，试图给出关于数学知识本质的一幅动态图景。数学的语境分析不仅能说明数学知识的自主性，而且还能使我们理解数学知识产生之初背后隐含的指向实在世界的意向性特征，同时也可以为理解"人类具有数学知识是如何可能的"提供一扇窗口。

当然，数学语境分析中最基本的是语言分析。我们试图通过语言分析的视角重新审视数学知识。实际上，从数学诞生之日起，数学知识就和语言（或符号）紧紧连在一起了，从有形的物理符号一直发展到现在抽象的数学语言。可以说，没有数学语言，数学的意义就无法得到体现，就更无所谓数学甚至科学的进步了。因此，语言在数学的发生、发展及其应用中都具有至关重要的意义。这样，我们要理解数学知识的本质就可以通过对其进行语言分析来加以把握。然而，更重要的是，数学的语言分析自始至终都必须以数学文本背后的语境为根基。

首先，从语境的角度审视数学的思想要追溯到弗雷格（1884 年）为了建立数的概念而首次提出的"语境原则"，即必须在整体的语句中研究语词意义，而不能孤立地研究。为了获得数这个概念，必须把数镶嵌到包含该数词的语句中。这样，通过把握该语句的意义，就能获得数的意义。因此，在弗雷格的意义上，我们完全可以对数学本身进行语境分析。当然，数学概念的起源、数学系统内部的推演、数学系统的解释及其应用的本质都能通过语境分析的方法来加以探索。

其次，从语境的含义来讲，"context"（语境）有上下文、前后关系、处境、条件等含义，语境决定一个特定的文本如何使用，并且确定它的意义。语境实际上就是一个事件发生的边界条件或背景预设，以及在这个背景预设中的各个要素及其结构关联。数学知识作为人类理解自然界的一种方式，当然也有自身存在和应用的条件，它既不可能无条件的真，也不可能无条件的假。数学的整个发生、发展都在语境之中。因此，我们要把握数学知识在人类世界中的位置，就要把其置于语境论世界观的视野下进行审视。

最后，语境是语形、语义和语用的统一。如果从数学的符号学层面来理解，数学语言也同样存在语形、语义和语用这三个维度。一般来讲，语形学探讨符号与符号之间的关系；语义学研究符号的意义或者符号与其指称对象之间的关系；而语用学则是符号和解释者及符号的意义（或符号的指称对象）三者之间的关系。鉴于此，我们选择对数学知识的两种体系（演绎数学和算法数学）进行语境分析，以便于我们把握数学知识的本质及其与实在世界之间的关联。

1. 演绎数学演进的语境模型

从古希腊时代以来，欧几里得的《几何原本》（*Elements*）一直是数学界以及科学界建立理论体系的一种科学范式。数学体系及科学体系的建立都以欧氏几何的演绎体系为其模仿的原本。演绎数学的语境结构及其具体演进过程如图 2.3 所示。

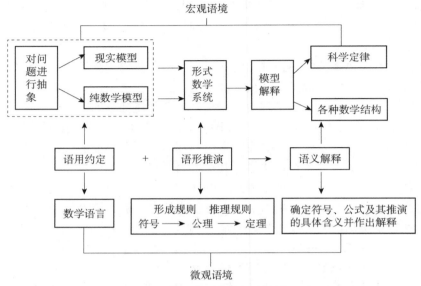

图 2.3　演绎数学的推理式的逻辑语境示意图

　　数学体系是按照严格的演绎程序建立的。首先，就数学的发生而言，数学家们为了对现实问题或数学自身的问题进行求解，在建立合适的数学模型之前，他们预先构造了一套合适的数学语言，把有意义的命题抽象成特定的数学符号，并规定几个相应的初始概念。数学语言的建立及数学符号的确定本质上由包含数学符号的语境决定，是数学家们语用约定的结果。其次，在确定数学语言的基础上，数学家们约定一套形成规则，把初始的数学符号组成合式的数学公式，然后在公式中选取一组作为不证自明的公理，再从一组公理和一组定义出发运用推理规则"（$A \rightarrow B$）$\wedge A \rightarrow B$"推演出定理，进而由公理和前面已证明的定理推出该系统中的所有其他定理。这样由数学语言和演绎推理规则就共同构成了数学系统。这种典型的从前提到结论的演绎模式，即初始符号，形成规则，公理、公设、初始概念，推理规则，定理是构成演绎化的数学体系必不可少的。这种为了便于数学推理和计算，暂时舍去符号的意义，只考虑形式之间的各种逻辑关联的做法，本质上就是语形推演的过程。当然数学符号的逻辑变换也是由语境决定的，而语境本质上和意义相关。数学家们建立数学体系并不是为了进行纯粹抽象的、毫无意义的符号推演，符号游戏并不是数学的本质。数学家们最初建立数学的终极目的是为了更好地理解自然界，揭示世界的深层结构及意义。因此，在形式数学系统确立之后，还需要对其进行解释，这样，数学对人类的价值和意义才能得到体现。具体而言，数学符号、数学公式以及数学公式之间的推演经语义解释后变成命题以及命题之间的推导。一方面，形式数学系统经解释形成各种不同的数学结构，推演出各种不同分支；另一方面，它被直接解释为各种科学定律。总之，"数学语言的确立→数学系统的形成→数学模型的解释"本质上就是一个"语用约定→语形推演→语义解释"的完整的演绎数学的语境结构模型。

当科学和数学本身继续发展又出现新的问题时，数学家们便再次开始构造新的语言，做出新的假设，进行新的数学推演，以求获得新问题的解。这时或者数学的域面得到扩大，或者出现新的数学分支，或者数学和其他学科之间的相互作用发现了数学新的意义。和其他科学研究一样，数学研究也是在不断求解难题的过程中得到进步，因此，数学知识的增长过程实质上就是数学难题再语境化的过程。

我们之所以能从语境角度对演绎数学进行分析，就在于数学和语境之间具有内在关联。事实上，演绎数学的整个发生、发展过程是依赖语境的。

首先，数学家们为了获得问题的解要建立合适的数学系统，而不同的数学领域是用不同的形式系统来表征的。具体的数学领域将确定具体的语言，因此，数学体系的语形表征依赖语境。例如，群论形式系统的形式语言包括个体变元 x_1，x_2，…个体常项 a（单位元），函数符号 f_1^1（逆）、f_1^2（乘），谓词符号 =，技术性符号（，），逻辑符号 $\forall$，:，→；算术形式系统的形式语言包括个体变元 x_1，x_2，…，个体常项 a（代表 0），函数符号 f_1^1（后继）、f_1^2（和）、f_2^2（积），谓词符号 =，技术性符号（，），逻辑符号 $\forall$，:，→[①]。显然，两个系统的个体常项和函数符号的表征不同。其次，数学的整个形式推演过程也在语境之中。数学的形式推演过程包括公理和推理规则。由于所有的数学都遵循同样的推理规则，即从 A 和 $A \to B$ 推出 B，或者由 A 推出 $\forall(x)A$。因此，数学推演依赖语境就体现在公理的语境依赖性上。例如，算子 Φ，公理 Φ（$ax+by$）$= \Phi$（ax）$+ \Phi$（by）在线性算子代数中成立，而在非线性数学中不成立。不同的数学语境规定着不同的公理，以公理作为前提的整个数学证明都在语境之中。总之，在形式数学系统中，语用约定的数学语言和语形推导的数学定理证明都依赖语境，数学语境的整体性刻画着数学系统的整体建构。

除数学系统的建立及形式推演过程依赖语境之外，对形式系统做出的数学解释也同样依赖语境。相同的语形在不同的语境中可以有完全不同的语义解释。例如，公式 $\Phi(x_1)(x_2)(A(x_1, x_2)) \to A(x_2, x_1))$ 在形式算术中解释为对任意的自然数 x_1，x_2，如果 $x_1 = x_2$，则 $x_2 = x_1$，谓词 A 被解释为 "="。在形式群论中，这个公式却被解释为，对集合 A 中的任意元素 x_1，x_2，若 $x_1 x_2 = e$，则 $x_2 x_1 = e$，谓词 A 被解释

① ［英］A. G. 哈密尔顿. 数学家的逻辑. 骆如枫等译. 北京：商务印书馆，1989：144-149.

为"x_1 和 x_2 互为可逆关系"。因此，数学解释的前提依赖于语境的存在，而数学系统和相应的解释理论之间的内在关联又是形成语境的必要条件，只有在语境各要素相互关联的整体中才能找到合适的数学解释。其实，数学解释中隐含着数学和外部实在世界之间的关联。比如，杨振宁的杨-米尔斯方程和陈省身的微分几何中的纤维丛方程的数学结构是一一对应的，其具体公式如下：

规范场论中的公式：$F\mu v = \dfrac{\partial B\mu}{\partial X\mu} - \dfrac{\partial Bv}{\partial X\mu} + i\varepsilon(B\mu B\mu - Bv B\mu)$

黎曼几何中的公式：$R^L_{IKJ} = \dfrac{\partial}{\partial X^j}\left\{\begin{matrix} l \\ ik \end{matrix}\right\} - \dfrac{\partial}{\partial X^k}\left\{\begin{matrix} l \\ ij \end{matrix}\right\} + \left\{\begin{matrix} m \\ ik \end{matrix}\right\}\left\{\begin{matrix} l \\ mj \end{matrix}\right\} - \left\{\begin{matrix} m \\ ij \end{matrix}\right\}\left\{\begin{matrix} l \\ mk \end{matrix}\right\}$ [①]

不仅如此，杨振宁和吴大俊在 1975 年发表的论文《不可积相因子概念和规范场的整体公式》中给出的规范场和纤维丛的术语对照表，也表明两者是对应的。[②]这就是数学理论得以在物理中成功应用的语境相关性的深刻反映。数学语境和物理语境的结构关联使数学解释得以展开，数学解释生成于更大的语境之中。解释依赖语境，没有语境也就不存在解释。

由此可见，演绎数学的发生、发展和应用都是在语境之中的。

2. 算法数学演进的语境模型

在数学的发展模式中，除以古希腊的欧氏几何为源头的演绎体系之外，中国古代的《九章算术》开创了另一支数学模式——算法数学的先河。从问题出发，以计算为核心的算法数学的语境结构及其演进过程如图 2.4 所示。

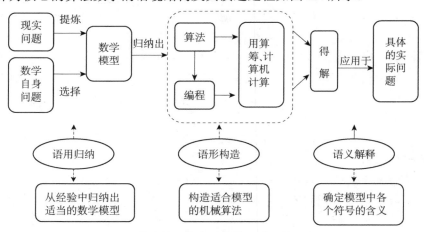

图 2.4　算法数学的归纳式的经验语境示意图

---

① 张奠宙. 20 世纪数学经纬. 上海：华东师范大学出版社，2002：258.
② Wu T T, Yang C N. Concept of nonintegrable phase factors and global formulation of gauge fields. Phys. Rev. D., 1975, 12（12）：3845-3857.

如果说演绎数学着重于理论数学，注重定理的逻辑推理，那么算法数学则偏重于应用数学，强调算法的构造性和合理性，更注重归纳和实验。具体而言，首先，数学家们把遇到的现实问题和数学自身存在的问题进行归类，建立相应的数学模型。数学模型的建立以实际问题为前提，也就是从实际问题的语用出发，抽象出数学模型的语形表征。从语形表征的角度看，以中国古代的筹算为例，算法数学模型的语言用算筹（即一种细长的小棍）表征。最基本的记数就可用算筹表示，共有两种摆法，其中纵式为

$$| \; || \; ||| \; |||| \; ||||| \; \top \; \overline{\top} \; \overline{\overline{\top}}$$

计算也通过算筹来进行位值计算。例如，《九章算术》"方程"章中第一问：

今有上禾三秉、中禾二秉、下禾一秉，实三十九斗；上禾二秉、中禾三秉、下禾一秉，实三十四斗；上禾一秉、中禾二秉、下禾三秉，实二十六斗。问上、中、下禾实一秉各几何？[①]

这道题如果用现在的线性方程组来表示，如下

$$\begin{cases} 3x + 2y + z = 39 \\ 2x + 3y + z = 34 \\ x + 2y + 3z = 26 \end{cases} \tag{1}$$

在中国古代，其数学模型则可用算筹表示，如图 2.5[②]所示。

图 2.5　线性方程组（1）的算筹表示

图 2.5 中的各个系数用算筹表示，采用直排，阅读时从右到左。从符号学角度看，如果说演绎数学的语形表征是用形式语言来刻画的，那么，中国古代的算法数学则是借助于有形的计算工具如算筹来表示的。

其次，在构造完数学模型之后，要试图归纳出一种算法，然后进行计算。算法语言是一种特定的数学符号的变换，这种符号变换在中国古代的筹算中表现为算筹的每一步摆法。算法和程序都适合于一定模型，因而算法体系中数学符号之间的逻辑变换或者算筹之间的位置变换同样依附于相应的数学模型。

①　傅海伦. 传统文化与数学机械化. 北京：科学出版社，2003：39.
②　刘云章. 数学符号学概论. 合肥：安徽教育出版社，1993：41.

最后，对计算结果进行验证。如果对此类问题中的每一个问题，解都满足，则算法有效，否则重新建立算法。把这种一般的、有效的算法当作此类数学模型的解法原理用于具体的实际问题当中，对数学模型的解给出具体解释。由此可见，"数学模型的语用构造→算法/程序的语形变换→计算结果的语义解释"的整个算法数学的活动都是在语境之中的。所以，由数学家、问题、算法、计算工具（算筹、算盘、计算机等）之间的相互作用方式共同构成了算法数学的语境结构，其中内涵了语用、语形和语义的统一。

算法数学的语境依赖性主要体现在以下几方面：首先，算法数学的基点是问题，数学模型的构建一定以问题为出发点。因此，一类问题的数学模型的语用构造由此类问题所在的语境决定。其次，在建立数学模型的基础上寻找合适的算法，算法依赖于具体的计算工具。同一个模型的算法可以有多种，但是，每一种算法中符号之间的变换却都以各自算法所在的算法语境来决定。事实上，一种算法就是一套运算规则，运算规则也就是所谓的"算法语境"，不同的运算规则构成了不同的算法语境。当然，算法语境的建立是以特定问题所在的数学模型来决定的。比如，约分和求最大公约数的算法显然与方程术中的算法不同。如果从筹算的角度看，两者所采用算筹的具体摆法不同；从现代计算机的程序语言看，计算机的每一个计算步骤也不同，它们由特定的运算规则决定。最后，对计算结果进行还原，确定唯一的解释，也就是原有问题的解。解释的唯一性由原有问题的现实语境决定。这是因为在进行数学模型的构建时，每一个数学符号都对应着问题中的特定含义，每一个算筹都代表着特定问题中的意义。因此，数学符号的含义从一开始就是确定的。这样，算法数学的整个发展过程本质上都和语境相关。

总之，从语境的视角理解数学知识的演进，不论是演绎模式还是算法模式，数学都历经"数学模型的语用构造→数学系统的语形变换→数学模型的语义解释"的发展过程。不同之处在于，演绎数学更多地表现为一种推理严密的理性的逻辑语境，而算法数学则表现为一种构造式的、归纳的经验语境。演绎数学的进步表现为从"公理→定理"的推演模式，即演绎式的增长。当所求问题不能获得证明或否证时，也就是在现有的数学语境中难题求解不能继续进行时，数学家们就会试图用新的思路来重新构造语言或建立新的规则，使难题所在的数学语境的域面扩大，即使难题包容到新的数学语境中。算法数学的进步表现为"发现新问题→构造新算法"的归纳模式，即归纳式的增长。当发现有新的问题不能用现有算法进行求解时，数学家们便开始重新构造一套新算法，使难题在新的算法语境中获得意义。因此，在语境的视域下，数学知识的演进就表现为一种使数学难题再语境化的过程。在某种意义上，这也正是库恩所谓的数学革命。但是，库恩意义上的范式之间不可通约，而数学语境的更迭却是渐进、连续和可通约的，这就体现出语境分析对于理解数学本质具有的优势。

三、数学知识本质的语境分析

数学知识的本质是什么？长期以来数学哲学家们一直争论不休。理性主义学派认为，数学知识的确证、演进以及数学陈述的真假独立于经验，数学是一门具有高度自主性的先验科学，并且以其数学推理的严格演绎性而著称。经验主义学派则认为，数学知识的来源具有直接的经验基础，数学能够被有效地应用于科学中，数学知识的本质是用来描述和说明我们的经验世界的，因此，数学是一门经验科学。拉卡托斯为了扭转这两种极端，提出了数学是一门"拟经验科学"的理论。现在的问题是，数学究竟是一门先验科学、经验科学，还是"拟经验科学"？事实上，这个问题与传统的数学柏拉图主义、先验的数学实在论主张，以及数学在科学和外部的经验世界的说明中如何应用等问题密切相关。因此，本节将试图通过语境分析重新审视数学知识的本质，以对上述问题做出回答。

（一）数学知识的语形分析

随着数学公理化和形式化进程的日益加快，数学似乎成为一门只研究抽象形式系统的科学，并且始终处在不断的假设—证明—演绎的形式化推理中。因此，人们认为数学在自然科学和对世界的说明中如此有效地被应用实在是令人不可思议的。特别是，美国数学物理学家维格纳（Eugene Wigner）的著名论文《数学在自然科学中不可思议的有效性》（*The Unreasonable Effectiveness of Mathematics in the Natural Science*）加剧了人们对数学的这一印象。维格纳甚至认为，"数学在自然科学中巨大的有效性是一件近乎神秘的事情，并且我们无法对此进行理性的说明"[①]。然而，从我们前面关于数学知识语境模型的分析来看，数学与科学和物理世界之间存在着紧密的关联。尽管现代数学越来越远离人们的直观，但是在形式化的数学系统中进行形式推演时，数学符号本身的具体含义只是被暂时不予考虑，这样可以大大推进数学的进展。并且只要我们最后对形式化的数学模型做出语义解释，数学就不再被视为一种毫无意义的形式系统了。从根本上来说，数学的有效性完全可以得到理性的说明。我们将具体运用语境分析对数学知识的本质给出说明。

1. 对数学知识进行语形分析的前提

如前所述，数学在很大程度上是一个由形式语言刻画的逻辑系统，数学推演的有效性在于数学论证形式的逻辑有效性，而不在于其内容。数学语言符号化和抽象化的发展避免了自然语言的模糊性和歧义性，这也正是数学知识具备客观性

---

① Wigner E. The Unreasonable Effectiveness of Mathematics in the Natural Science. Communications in Pure and Applied Mathematics, 1960, 13（1）: 1-14.

的前提。因此，在这个意义上，我们能从符号学的角度通过对数学进行语言分析以获得对数学本质的理解。

　　具体而言，符号学研究分为语形学（syntactics/syntax）、语义学（semantics）和语用学（pragmatics）研究三个维度。①如果我们只抽象出符号与符号之间的关系进行研究，而舍弃符号与解释者、符号与指称对象的关系，这种研究就被称为语形学。②对符号的意义以及与其指称对象之间的指称关系进行的研究属于语义学研究。③对符号、指称对象与解释者之间的关系进行的研究属于语用学研究。符号学研究的三维结构如图 2.6 所示。

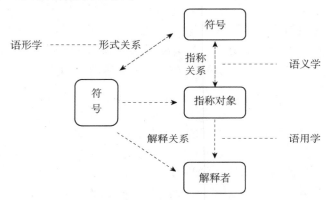

图 2.6　符号学研究的三维结构图

　　我们知道，无论是纯数学还是应用数学，它们最初都是对实际生活中一些特定问题的抽象。问题一经抽象就变成了由特定的数学符号构成的数学结构。此时数学符号的具体意义被抽象掉了，问题中的概念变成了数学符号，命题变成了数学公式，命题的推导则成了数学公式的变形。此时，数学关心的只是各种数学符号之间的关系，暂且舍弃对内容的考虑。这样我们就可以把数学理解为一种完全符号化了的形式系统。比如，希尔伯特的形式几何学不再是物质世界的几何学，而是一种纯粹符号化了的几何学系统。对数学进行这样的形式化处理可以使数学扩充变得比较容易，有时我们仅仅通过考虑逻辑规则似乎就能引起数学根本性的变革。正如克林所言："我们发现了简单的符号记法，使得这些符号可以依照形式规则而处理，这是现代数学能够强有力地前进的办法之一。"① 因此，正因为数学本身能够暂时不考虑符号的具体含义进行逻辑上的推演，那么我们就可以通过分析数学公理、公式以及数学推理所应用的形式规则来探讨数学知识的确证（数学证明）和数学演进的内在逻辑，从而试图给出数学知识自主性的说明。

---

　　① ［美］S.C. 克林. 元数学导论. 上册. 莫绍揆译. 北京：科学出版社，1984：64.

2. 数学知识的语形分析

从表面上看，数学知识的确证依赖于数学证明，数学证明似乎遵循着严格的逻辑推理关系，并且要得到数学共同体认可的数学证明显然不可能通过经验的观察和一种归纳式的推理获得，毕竟它们在规范的数学证明中被认为是不合法的。因此，数学的确证似乎是通过逻辑的演绎性获得的。鉴于此，我们将通过对数学演绎性的语形分析来给出数学知识的自主性的合理说明。

需要指出，我们关注的焦点首先是形式化的数学。数学的形式化过程就像著名哲学家和逻辑史家鲍亨斯基（J. M. Bocheski）所指出的："形式系统几乎按如下顺序形成的：先确定有意义的符号，然后从符号中抽象掉意义，并用形式化方法构成形式系统，最后对这个所构成的系统作一种新的诠释。"[1] 当然，这里我们主要就已经形成的形式数学进行研究，我们只关心数学的确证过程而不考虑数学的起源。由于形式数学是舍弃语义后的公式系统，所以形式系统的演算就不能涉及数学公式的语义。在形式数学中，推理关系表现为各种数学公式之间的关系，从而推理可转换成公式的演算。这样数学就成为一个逻辑演算系统（命题演算系统和谓词演算系统）。

从语形的角度看，数学形式系统的主要特征是在各种形式符号之间进行变换，通过符号演算构成整个系统的推演。一方面，不论是形式数学，还是非形式数学；不论是代数、群、分析，还是几何、拓扑、流形，各种各样的数学结构中都存在着符号变换构成的证明或推理，因此数学具有的演绎性（尤其是现代数学）更加明显。另一方面，数学中的各种演算符号（如＋、－、×、÷、$\sum$、$\prod$、$\int$、$\oint$ 等）都是经过初始符号和形成规则严格定义的，关于这些数学符号的演算实际上也是一个个公式变形的结果，因而数学演算也是一种推演。总之，逻辑意义上的演绎性在数学中随处可见，在某种程度上，数学就是一个形式化的推演系统。由于严格的逻辑性和大量的演绎性在现代数学的发展中表现得尤为明显，所以，对于数学所具有演绎性的理解也变得相对容易。

另一方面，数学形式系统内部的推演遵循严格的逻辑推理。一般而言，数学系统的建立和逻辑演进过程如下：首先，确定初始符号，初始符号经形成规则形成合式公式（即把初始符号用逻辑连接词连接起来构成公式），从中选取公理。其次，从公理运用变形规则（推理规则）推演出定理，定理再经过推理规则推演出其他定理。按照这样的方式，公理、推理规则和定理就一起构成了数学的形式系统。

事实上，整个数学的演进背后也隐含着这样的逻辑演绎性。通过这种演绎性，数学可以由最初一些基本的数学概念经逻辑推演形成丰富的数学知识大厦。我们可以粗略地对数学进行如下分类，如图2.7所示。

---

① ［瑞士］波亨斯基. 当代思维方法. 上海：上海人民出版社，1987：44.

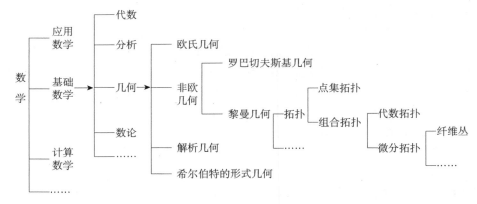

图 2.7　数学分类图

　　诚然，数学理论之所以这么丰富，除了数学家们非凡的创造力和想象力之外，更重要的是，它是由数学自身发展的内在逻辑决定的。在这个意义上，我们可以说每一个数学分支就是一个公理系统。这些分支按照严格的定义，确定最基本的概念，给出公理，在公理的基础上，按照严格的推理规则推演出定理，进而定理再经推理规则推出其他定理。数学的每个分支就按照这样的程序建立起来，因此数学也被视为演绎推理系统的典范。

　　以几何学为例进行分析。正如图 2.7 所示，基础数学中的几何分为欧氏几何、非欧几何、解析几何和希尔伯特的形式几何等。每一个几何体系都是完整的公理系统，如最典型的欧氏几何即是如此。欧几里得先给出 23 个最基本的概念（如点、线和面等），5 个公设和 5 个公理，然后他借助公设和公理推演出了一系列定理，欧氏几何学就由这些概念、公设、公理和定理组成。与此类似，非欧几何学中的黎曼几何基于同欧氏几何不同的第五公设经过严格的推理，获得了另一套与欧氏几何相容的几何学。这种新的几何学完全是在逻辑考虑的基础上形成和发展起来的。随后，在黎曼几何的推演中，数学家们获得了一个新的数学概念：拓扑（topology）。于是，现代数学的一个新的分支——拓扑学在拓扑概念的基础上建立起来。在拓扑学的分支下，数学家们根据不同的公理和推理规则又演绎出点集拓扑和组合拓扑，组合拓扑基于逻辑的推演在微分流形上则发现了纤维丛。从语形分析的角度看，丰富的几何学系统按照逻辑的推演由此形成。

　　总之，在现代数学的进程中，数学的内在逻辑推动了数学进步。正因为数学的演进以数学证明的形式呈现出来，所以，在这个意义上，数学的进步和数学知识的确证独立于经验，数学是自主的。

（二）数学知识的语义分析

　　既然数学是自主的，那么我们必须说明为什么高度自主的数学会在科学和对世界的说明中如此有效。一种合理的回答是：虽然数学的内在逻辑是数学知识确证的判别标准，但是数学的意义并不仅仅是一些先验的逻辑规则，数学的意义和它所具有的经验性正是数学旨在对世界说明的反映。具体的语义分析如下：

1. 对数学知识进行语义分析的必要性

如前所述，在符号学的三维结构中，抽象出符号和指称对象的指称关系以及符号之间的关系，舍弃符号与解释者的关系，这种研究被称为语义学。对一个形式系统进行语义分析，就是试图确定系统（如形式数学）中的各种数学符号、数学公式以及公式序列的意义，这些意义通过语义解释获得。显然，对形式系统进行解释需要一套语言，这通常包括语形语言、表达各种语义关系的语词，诸如"普遍有效""真值""可满足""模型""解释"等。此外，语义与语形之间的关系也在语义学研究领域之内，像"凡永真公式皆可证""凡是可证公式（定理）都永真"都属于语义学定理。

就数学而言，数学家们在数学系统内部完成形式推演之后，人们还要试图对该形式系统赋予各种解释以确定数学和科学以及外部世界之间的语义关联。任何一门数学分支，都是在与现实世界和科学的相互关联中发展起来的，数学的目标不在于只对一些无意义的符号进行机械操作，而在于更好地理解和说明我们的实在世界。因此，数学绝不仅仅是一堆无意义的形式系统，数学语言背后势必隐含着某种语义解释。从语形和语义分析的角度看，数学的发展一般经历三个阶段，如图 2.8 所示。

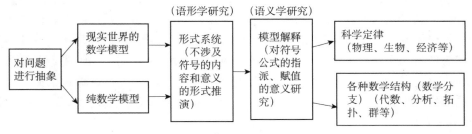

图 2.8　数学发展的语形-语义解释

对数学的语义分析主要在第三个阶段。数学之所以在科学和世界的说明中有效就是因为各种数学系统实际上是对世界的模拟。因此，我们通过对数学模型进行解释，就会发现数学语言背后的意义。一般而言，数学模型的建立分为两类：一类是对现实的经验问题进行直接抽象时得到的现实模型；另一类是数学自身的再度抽象，即纯数学模型。这样，我们在对这两类模型做出语义解释时，也将得到两种不同的结果：数学的科学解释和纯数学解释。

2. 数学知识的语义分析

关于数学知识和经验世界之间的关联，我们分别通过数学模型的两种解释来进行阐述。

首先，就现实世界的数学模型的语义解释来看，无论是应用数学还是纯数学，它们在科学和对世界的说明中的应用与数学模型的公理化发展密切关联。数学的公理化进程历经了实质公理化、抽象公理化和形式公理化三个阶段。比如，在数学的实质公理化阶段，数学家们先于公理假定一个唯一的论域来建立公理系统。数学中欧氏几何被视为实质公理化的典范，它在给出概念、公理之前，就预设了特定的对象域或者论域，即现实的三维空间。其中，欧氏几何的公理符合人们的直观，被认为是不证自明的。因此，这种基于经验和直观的数学公理系统具有明显的经验相关性。当人们试图对欧氏几何作出解释时，其意义就指向它的论域：实际的物理空间。

在数学的抽象公理化阶段，数学家们按照逻辑的规则先构造公理系统，然后才对其进行解释。值得指出的是，这样的系统可以有几种不同的解释。比如，非欧几何（罗巴切夫斯基几何和黎曼几何）便是代表。在创立非欧几何的公理系统之前，数学家们并没有为其指定论域。与此相反，公理系统创建完成之后，它才在爱因斯坦的广义相对论中获得了应用。因此，尽管表面上看，非欧几何学的发展完全是在逻辑考虑的基础上建立起来的，最初与物质世界并无关联，但是非欧几何自身的抽象结构却隐含表征了我们的物质世界。

其次，从纯数学模型来看，数学和科学与物质世界也有本质的关联。一般而言，一个数学形式系统的语义解释分两步：第一步，先为该系统的形式语言指定论域（个体域），并给出形式语言内个体常项、函数符号、谓词符号在该论域中分别代表的特指个体、函数运算以及性质或关系，这些结合在一起组成一个结构。第二步是在此结构的基础上，再指定个体变项所代表的个体，这称为指派。一个结构与结构上的一个指派便构成了一个完整的语义解释（亦称赋值）。[①] 比如公式：$\exists x(Fx \wedge Fa)$。

　　（1）个体域（解释域）$D=$正整数；谓词符号的解释 Fx：x 是正整数。
　　（2）个体变元的解释：$a=7$。

综合起来，$\exists x$（x 是正整数并且 7 是正整数）便得到了 $\exists x(Fx \wedge Fa)$ 的解释。在语义解释下，对形式数学的各种符号、公式赋予不同的解释，便可以得到不同的数学结构，即不同的数学分支：诸如代数、几何、分析、拓扑、群等。形式语言中公式的真假取决于命题变元、命题联结词、个体常项、自由个体变元、谓词

---

① 陈波. 逻辑哲学导论. 北京：中国人民大学出版社，2000：134.

变元、函数符号及解释域的整体赋值（即语义解释）。这些不同的数学结构，无论是应用数学还是纯数学，都可以在科学中找到应用。比如，在现代数学中，极其抽象的纤维丛理论在现代物理学的规范理论中获得了应用，李群（lie group）也在现代粒子物理学中起了至关重要的作用。虽然某些纯数学理论表面看起来与科学似乎并没有任何关联，但是这些理论后来却找到了相应解释。因此，即使是纯数学模型的发展，其中也隐含着与科学和经验世界的关联。

（三）数学知识本质的语境分析

由上述分析可知，数学一方面具有先验自主性的特征，另一方面又具有经验相关性的特征。既然如此，我们是否能够断言数学在本质上就是一门先验科学或经验科学？长期以来，这个问题始终占据着哲学家们论争领域的核心。更重要的是，它背后隐含着关于数学实在性本质的探讨：数学是对柏拉图式的抽象数学世界的说明还是对经验的物质世界的说明。下面我们进行具体分析。

1. 先验论数学观的困难

由于数学具有极高的抽象性和形式化特征，所以人们非常倾向于认为数学是一门先验科学。这种观念随着数学公理化的进程进一步加强，最终在 20 世纪数学家希尔伯特的"形式主义"规划中达到极致。

希尔伯特的研究促使许多人认为，数学就是一门研究形式推理的形式科学，数学符号没有意义。因为，"希尔伯特的形式主义规划的目的就是要把数学转变成不可解释的形式系统"[①]。这样，如果形式主义的解释是正确的，那么数学将失去与经验实在世界之间的关联。既然如此，没有意义的数学符号和纯形式的数学系统又为何能够如此有效地表征我们的实在世界呢？按照我们前述关于数学知识演进的三个阶段的语形、语义和语用的分析，我们发现，希尔伯特所谓的形式主义纲领关注的焦点仅仅是已经形成的数学系统，或者说仅仅关心数学知识的逻辑确证。这样，希尔伯特至多对数学进行了语形分析，而没有考虑数学的整个发展过程，数学知识的发现和应用的有效性被忽略了。因此，对希尔伯特而言，数学的本质自然也就不会涉及它的语义解释。

但是，对数学形式系统的研究至少应该考虑两个方面：语形和语义。数学形式系统的一致性不仅要满足逻辑语形的要求，还应考虑在语义上是否一致。一般而言，在一个数学形式系统的推演中，只有当真的前提推导出真的结论时，这个推演才被认为是有效的。并且，只有有效的逻辑推理才能确保数学的"真"。如果我们只在逻辑上要求数学系统满足语形一致即可，那么数学中就可能会出现像"假

① Ernest P. Social Constructivism as a Philosophy of Mathematics. Albany: State University of New York Press, 1998: 18.

前提→真结论"和"假前提→假结论"这样合法的逻辑推理，进而数学知识的大厦中就会充斥着大量为假的数学陈述。如果这样，我们又如何信赖数学呢，显然这样的解释与实际的数学不符。因此，对数学知识本质的分析离不开语义分析，数学知识也不仅仅是一堆形式系统。

哥德尔 1931 年发表的"不完备性定理"更加确定地表明了"数学真理"与"数学证明"是两个完全不同的概念。因此，我们不能期望仅通过希尔伯特主张的（只要在逻辑上一致的）数学证明就能说明数学的真理性。哥德尔不完备性定理的具体陈述如下：①任何一个包括形式算术系统为子系统的形式系统 S，如果 S 是一致的，则形式系统 S 就是不完备的。即存在一个语义上真的语句 A，A 和 $\neg A$ 在形式系统 S 中都不可证。这被称为第一不完备性定理。这也就是说，不可能建立这样的形式系统，它是相容的，而且所有与算术真命题相对应的合式公式，也都能在这一系统中得到证明（从而是完备的）。②如果这样的形式系统是一致的，则一致性在本系统内不可证。这被称为第二不完备性定理。随后，塔斯基也指出，"对于以形式语言刻画的形式数学来说，真理概念和可证性概念永远不一致。因为所有的可证明语句都可以是真的，但是存在不能被证明的真语句。因此可进一步得出结论，每一个这样的学科是一致的但不完备；也就是说，两个互相矛盾的语句至多有一个是可证的。而且更为糟糕的是，存在一对互相矛盾的语句，两个都不可证"[①]。此外，塔斯基还立足于逻辑语义学在 1933 年证明了：命题的真假等语义学概念在形式算术系统中得不到定义。之后，丘奇（Alonzo Church）和图灵（Alan Mathison Turing）分别于 1936 年和 1937 年证明了：如果形式算术系统是一致的，那么它就是不可判定的。由此可见：不考虑数学的语义解释，希尔伯特的形式主义规划对数学的先验论说明最终不能让人接受。

更重要的是，形式主义关于数学知识的先验解释不能说明为什么数学在科学和经验世界的说明中如此有用。或者说，将数学视为一种无意义的符号游戏无法充分地说明真实的数学实践。正如王浩所言，"数学和物理世界的紧密关联是使它从仅仅是符号游戏中区别出来的一个根本特征"[②]。因此，数学的形式主义解释是不成立的，因此我们不能仅靠逻辑就断言数学的本质就是一门先验科学。

2. 经验论数学观的局限

与先验论的数学观相对照，经验论者认为：数学在本质上是一门经验科学（既然数学在物理科学和关于物理现象的说明中不可或缺），并且数学被视为是对实在的物理世界进行描述，数学知识的确证要面对经验的法庭。近些年来，这种观点

① Tarski A. Semantic conception of truth and the foundations of semantics. Philosophy and Phenomenological Research，1944，4：341-375.

② Wang H. Theory and practice in mathematics//Tymoczko T. New Direction in the Philosophy of Mathematics. Princeton: Princeton University Press，1998：143.

得到了蒯因和普特南的辩护，他们认为经验可以促使我们对数学知识做出修正。

　　但是，我们必须考虑：数学知识的确证真的依赖于经验吗？下面，我们依据真实的数学实践来进行检验。

　　人们熟知，欧氏几何在数学中的统治地位达两千年之久，它被视为完美的、确定的数学知识典范。但是，19世纪当数学家们研究欧氏几何公理的独立性时发现，欧氏几何中的许多证明存在着根本性的缺陷。比如，运用欧氏几何的公理，人们可以证明：任何一个三角形都是等腰三角形。具体证明如下：

　　在△ABC中，∠A的平分线AO与边BC的垂直平分线DO交于点O，通过点O作$OE \perp AB$交AB于E，$OF \perp AC$交AC于E。容易证明标有Ⅰ的两个三角形全等，因而$OE=OF$，$AE=AF$。标有Ⅲ的两个三角形也全等，于是$OB=OC$。因此，我们就能证明标有Ⅱ的两个三角形全等，从而$BE=CF$，最终得到$AB=AC$，所以△ABC是等腰三角形。

　　这个结果令人吃惊！因为在上述证明过程中，我们似乎找不到任何在逻辑上不合理的地方。问题就出在人们的感觉直观上。实际的情形是，我们能够证明图2.9中∠A的平分线和BC边上的垂直平分线的交点O不在三角形内部，而在三角形的外部。然而即使如此，我们同样能够证明任何一个三角形都是等腰的（证明略）。①

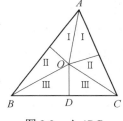

图2.9　△ABC

原因就在于欧氏几何中的证明前提依赖于准确无误的图形。当然，依靠我们的感觉直观，完全精确的图形不可能被画出来，我们的感觉会出错。因此，数学知识的确证不可能依赖于经验，经验事实也不会破坏数学的真理体系，数学是自主的，因此，数学不是一门经验科学。

3. 数学知识的自主性和与经验世界相关性的统一

　　由前述论证可知，先验论的数学观不能很好地解释数学为什么在科学和对世界的说明中如此有效，经验论的数学观则不能合理说明实际数学研究中的数学知识的确证。他们都试图给予数学一种绝对性说明，在这幅数学知识的绝对性图景中，要么数学与实在的物质世界之间的关联被割断，要么数学完全被归于经验事实。因此，这两种说明都不能充分说明数学知识的本质。事实上，真实的数学既是自主的，又与经验的实在世界相关。数学知识内部先验的逻辑确证和数学与外部世界之间的关联都不能替代数学的全景，而且这两者之间也没有相互冲突。因此，我们应该在一个整体的、动态的语境框架中重新审视数学知识的全貌，避免任何绝对的、本质主义的说明。下面我们进行具体分析。

_____

① ［美］莫里斯·克莱因. 古今数学思想. 第四册. 邓东皋，张恭庆等译. 上海：上海科学技术出版社，2002：76.

　　首先，我们考虑数学知识确证的自主性说明。数学知识的确证主要发生在"我们暂时不考虑数学符号的内容和意义，只关注数学证明的逻辑推演"阶段。此时，数学家们关注的核心是数学系统内部的形式推演，对他们来说，这些数学符号、数学命题和数学结构是否对应于经验世界中的某种实在与此刻数学的推演毫无关联。即使某些数学命题的确证并非基于逻辑而得出（如选择公理的确证就是如此），但是这些确证也是在数学系统内部之间的相互关联中得出的，它们没有与经验的物质世界发生关联。因而，通过对数学知识确证的语形分析，我们能够声称：数学知识的确证是自主的。

　　其次，历经先验的逻辑确证的数学知识可以非常有效地表征我们外部的实在世界。虽然数学知识的确证与经验世界不相关，然而只要我们从整体上把握数学，我们就会发现数学模型的最初建构与经验的物质世界有紧密的关联。数学语言的建立最初是涉身的。大卫·高从人类数学认知的发展表明了这一点。在他看来，数学的认知存在三个不同的世界：涉身世界（the embodied world）、过程概念世界（the proceptual world）和形式世界（the formal world），如图 2.10 所示。①

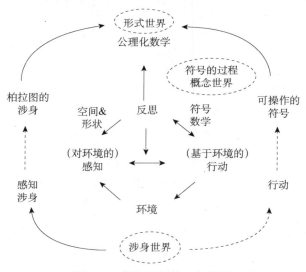

图 2.10　数学认知的三个世界

　　他认为，几何学的发展就经历了这样的过程：可感知的物理对象的形状（实践的几何学）→抽象的柏拉图式的几何对象（欧氏几何学）→从形式上定义的几何对象（形式几何学）。这样，数学模型在本质上与我们所处的经验的实在世界相关联。当我们对数学形式系统给予其语义解释时，数学模型就被翻译成了关于经

　　① Tall D. Three worlds of mathematics. invited lecture at mathematics department，Taiwan Normal University. http://www.davidtall.com/papers/three-worlds-of%20math-taipei.pdf ［2002-10-21］.

验物质世界的模型。因此，通过对数学概念系统进行语义分析，我们就能表明：表面看来先验的数学知识确实能够表征我们经验的实在世界。

总之，从"数学模型的构建→数学形式系统内部的推演→数学系统的模型解释"来看，我们不能够直接断言：数学就是一门先验科学或是一门经验科学。从数学形式系统内部的推演或确证看，数学具有先验自主性的特征；从数学模型的构建和数学系统的模型解释看，数学与物质世界之间有本质的关联，因而具有经验相关性的特征。因此，关于数学知识的本质，合理的说明应该是：数学知识的确证是自主的，同时数学能够成功地表征我们的物质世界，数学知识的自主性和与经验世界的相关性是统一的。

四、语境分析在数学哲学研究中的意义

语境论的数学哲学主张，数学的哲学说明可以选择在语境的基底上从语言的角度审视数学实践。事实上，语境论的科学哲学已经表明在语境框架下语形、语义和语用分析的策略不仅可以用来总结 20 世纪科学哲学的发展，而且还能对科学的本质进行不同层面和视角的说明。语境分析方法同样可以用在数学的哲学说明中。的确，上述对数学知识进行的语境分析为理解和说明数学实践提供了一个新视角，对于理解数学实践有着重要的哲学意义。

首先，在本体论上，我们谈论的数学对象只能是一种处于具体语境中的对象。例如，方程 $x^2+1=0$ 在实数范围内求解，解是不存在的；而若在复数范围内则解是存在的。同时，数学对象的意义也随语境的不同而不同。距离在牛顿力学所依赖的欧氏空间中为 $d=\sqrt{x^2+y^2+z^2}$，x、y、z 为空间中点的坐标，距离是三维空间中的距离；而为广义相对论提供几何学框架的闵科夫斯基空间，它的距离 s 是 $s^2=x^2+y^2+z^2-c^2t^2$，x、y、z 同样为空间中点的坐标，第四维引入了时间，且时间轴是虚的，这样，距离就成了四维时空中的距离了。因此，语境本体论的实在性为理解数学对象及意义提供了一个理解的基础。

其次，在认识论上，数学真理不再是绝对真理。例如，欧几里得的《几何原本》在非欧几何产生之前一直占有绝对真理的地位。而现在，欧氏几何的真理只有在现实的三维空间中才成立。此外，在某种程度上，数学知识的真理性还涉及数学共同体的价值评判标准。因为，数学定理的证明需要数学家共同体的一致认可，"一个数学证明只有在被社会认可为一个证明之后才称其为一个证明"[①]。正是在这个意义上，数学真理不是绝对真理。

最后，在方法论上，数学自身的语境性特征为运用语境分析方法对数学进行

---

① Ernest P. Social Constructivism as a Philosophy of Mathematics. Albany: State University of New York Press，1998：183.

新的解释提供了前提。第一，数学发展的整体性和关联性的语境解释向数学家表明，一个数学难题的解决需要数学各分支的融合。第二，关于数学知识的起源、证明和应用的语境解释，语用主体的引入不仅使哲学家，而且也使数学家们认识到，数学的发展不只是按逻辑必然地发展，它还受到特定的社会因素和历史因素等的影响。正是在这个意义上，数学知识的语境分析对于当代数学研究和数学哲学的研究有着十分重要的意义，它将成为人们理解数学的一种新视角，同时，也将是当代数学哲学研究中一种新的较有前途的方法论趋向。

　　总之，通过对语境分析方法在数学知识说明中的应用，我们已能看出语境和语言分析的视角对于理解和把握当代数学哲学的核心论题、构建未来数学哲学的方法论趋势具有不可替代的重要意义。

第三章　数学本质的语境论说明

"数学是什么"一直是吸引数学家和哲学家们为之思考的核心问题。自 20 世纪 60 年代中期之后，"数学是什么"更是成为当代数学哲学界讨论的两大主导性问题之一。20 世纪之前，人们普遍认为数学研究各种特殊的数学对象及其性质。算术研究自然数，代数研究方程，几何研究空间和图形，分析研究函数等。到 19 世纪末，数学依然按照其研究的对象分为几何、代数和分析三大领域。然而，随着代数数论、微分几何、群论、拓扑学等新学科的出现，数学的研究对象发生了重大转变，传统的数学分类已不能准确刻画现代数学的发展，此时"结构"的概念和思想进入了数学。那么，数学的核心究竟是研究独立的个体对象还是抽象结构？这个问题引起了哲学家们在"数学本体"解释上的激烈争论。我们的目标是从语境论的视角出发，批判地分析数学对象柏拉图主义和数学结构主义的本体论解释及其遇到的困境，在此基础上，尝试提出并阐明"数学本质"的语境论说明。具体而言，本章的讨论要解决的难题集中于以下两个：第一，试图给出关于"数学的研究对象是什么"的一种符合数学实践的哲学说明；第二，努力探索一种符合数学实践和人类经验的关于"数学对象"的本体论或世界观意义上的形而上学本质。

第一节　"数学本质"的内涵与哲学家的目标

数学的本质是什么？准确地说，数学研究独立的个体对象还是数学结构？自贝纳塞拉夫于 1965 年发表《数不能是什么》一文以来，关于数学的这个本体论难题，就一直占据着当代数学哲学论争的核心。但是迄今为止，数学对象柏拉图主义与反柏拉图主义和数学结构主义的解释之间的争论似乎从未休止过。每一种解释都有哲学家为之辩护，这种局面为什么会出现？

按照语境论，要理解"数学本质"就要把其置于适当的语境中进行分析。实际上我们通过仔细观察就可以发现，造成这一困惑的根源与哲学家们对"数学本质"内涵的不同理解有关。人们对"对象"一词的混乱用法直接导致这一难题迟迟得不到解决。因此，说明"数学本质是什么"，关键是要明确"对象"这个语词的含义，即我们究竟在什么意义上谈论和使用"对象"这个语词？

根据《美国传统词典》对"对象"（object）一词的解释，共七种含义："①通过一种或多种感官，特别是通过视觉或触觉可以感觉到的东西；一种物质性的事物；②注意力、感情、思想或行为关注的焦点；③具体行动或者努力的目的、目标……⑦（哲学）能被头脑理解或者感觉得到的事物。"就数学的研究对象而言，主要有两层含义：其一，"对象"被理解为思想的对象。在这个意义上，各种数学概念（如数、集合、无穷、函数、空间、数学模型、数学结构等）都可以成为数学的研究对象。换言之，数学家们日常思考或着手研究的主题就是数学研究的对象，即数学对象。从更宽泛的意义上看，凡是能被人类思考的，都可以称之为"对象"，即万物皆对象。这样，各门科学的研究对象都能纳入人类的意识或思想之中。其二，"对象"被理解为哲学的专业术语。哲学家们探讨的数学对象是指主客体、世界观或本体论意义上的对象。换言之，"对象"的意义等同于"事物"（thing）、"实体"（entity）的意义，也就是说，哲学家们是在把握实在世界的各种不同基本范畴的事物的是（或存在）的意义上谈论"对象"。正如英国哲学家洛（Jonathan Lowe）所言："'事物'，就其最一般的意义而言，可与'实体'或者'是'（being）互换，并且适用于任何其存在由一个本体论系统所承认的项（item），无论那个项是殊相、共相、抽象的还是具体的。在这个意义上，不仅物质有形体，而且性质、关系、事件、数、集合和命题——如果它们被公认为存在的话——都将被认为是'事物'。"①

关于"对象"的探讨，上述两种含义的分析中，前者属于形而下的研究，是数学家们的任务；后者属于形而上的研究，是哲学家们努力探求的目标。有了这种明确的区分，我们就能确定数学哲学家们在讨论"数学对象"时，究竟想要达到什么目标。

首先，就数学家们关注的焦点是作为个体的数学对象还是数学结构来说，这个问题的答案首先应该通过考察数学家们的现实实践或数学的真实历史来获得。因为，只有数学家们或数学史家们才能最为深刻地理解不同时代的数学究竟处理什么样的主题。历史地看，在数学的发展初期，数学家们研究的数学对象往往与现实生活中的问题紧密相关。算术可以用来计数，几何学可以用来测量土地的面积等。直到 19 世纪，数学的研究主题仍然没有突破现实经验的束缚。数学的本质也被恩格斯描述为："纯数学的对象是现实世界的空间形式和数量关系。"② 20 世纪以后，随着数学公理化和形式化的发展，数学家们开始关注抽象的结构。比如，在希尔伯特的几何学中，人们可以用桌子、椅子和啤酒杯代替点、线和面的讨论。现代数学已经不再把像数、点和线这样单个的数学对象及其性质看作它的核心，而是关心不同的数学结构，只要满足公理条件的都是数学的对象。总之，关于数学对象的讨论，"当我们在数学层次考虑问题，或是我们只涉及数学理论表述体系

① Honderich T. 2005. The Oxford Companion to Philosophy. 2nd ed. New York: Oxford University Press, 2005: 915.

② 恩格斯. 反杜林论. 中共中央马克思恩格斯列宁斯大林著作编译局译. 北京: 人民出版社, 1970: 35.

时，通常就理解为数学概念、数学中基本的思维形式这一意义。"①

其次，与数学家们的探讨目标不同，哲学家们不仅要关心数学或数学家们的研究主题究竟是作为个体的数学对象还是数学结构，而且，他们还要进一步追问：这些作为个体的数学对象或数学结构的本质是什么，是我们实在世界的基本范畴抑或仅仅是对实在的一种描述，还是数学家们的虚构？这样，他们的最终目标是要对数学研究的主题做出本体论的断言。因此，就当代数学本体论本质的哲学争论而言，数学家或哲学家们谈论的"对象"不仅包括数学意义上的研究对象，而且还涉及数学对象的形而上学本质。

综上所述，数学的研究对象包含数学和哲学两个层面的讨论。正如我国数学家丁石孙认为的那样，"数学的研究对象是客观世界的和逻辑可能的数量关系和结构。……数学对象有两重性：作为科学理论，数学的研究对象是各种各样的逻辑可能的关系；而作为一门科学，数学的研究对象则是客观世界。"② 需要指出的是，哲学家们肩负着双重使命。一方面，哲学家们对"数学对象"的关注和说明首先一定要符合现实的数学实践，给出数学实践的一种合理说明和解释。另一方面，哲学家们对"数学对象"的认识还要高于现实的数学，即探求数学对象在整个实在世界中的位置。就此而言，哲学家们更是在一种世界观的意义上把握和理解数学对象，这也恰是哲学家们区别于数学家们的关键所在。因为，就数学层面的研究对象而言，不仅仅是哲学家们可以给出符合数学实践的说明和解释，数学家们同样有能力独立地给出他们所从事的研究主题的一种概括性说明。但是，关于数学对象的形而上学本质，大多数数学家们似乎并不感兴趣，相反，这种形而上学的探索是哲学家们的天职，他们要在最根本的意义上探求数学对象的本质。这样一来，数学哲学就不仅仅是一项尾随于数学之后的描述的、说明的事业，它还一定是一种有着自己特定主题和特定目标的规范的学科。

下面我们将在数学实践的基础上，对数学中的对象柏拉图主义和数学结构主义的解释进行批判性分析，以最终形成对"数学本质"的一种较为合理的解释。

第二节 "数学本质是对象"的解释及困难

"探讨一个基础哲学问题的好办法就是考察一个伟大的哲学家是怎样论述它的"③，这样，如果我们想充分理解数学中的对象柏拉图主义为何把数学理论中的定理看作是对各种作为个体的数学对象的描述，最好的办法就是考察最著名的对象柏拉图主义者是如何阐述这个问题的。在历史进程中，弗雷格、蒯因、哥德尔、

---

① 王鸿钧，孙宏安. 数学思想方法引论. 北京：人民教育出版社，1992：401.
② 孙小礼，楼格. 人·自然·社会. 北京：北京大学出版社，1988：16.
③ ［美］布鲁斯·昂. 形而上学. 田园，陈高华译. 北京：中国人民大学出版社，2006：17.

赖特、黑尔一直到麦蒂，这些哲学家们都曾在不同程度上对数学中的对象柏拉图主义进行过辩护。但是，无论如何，弗雷格作为数学中对象柏拉图主义的奠基性人物的地位始终无法动摇。弗雷格的哲学立场及其论证对当代哲学而言，有重要且持久的影响力。由弗雷格引出的论题及方法几乎奠定了 20 世纪这 100 多年来数学哲学的主流论域和发展方向。特别值得一提的是，弗雷格把数作为一种个体对象的论证成为后来哲学家们探索数学本体论本质论证的核心例证，由此可见，它在这一辉煌的历史中扮演了极为重要的角色。

一、数学对象柏拉图主义的解释

关于"数学对象"本质的哲学论述最初起源于数学家和哲学家弗雷格的《算术基础》一书。由于"弗雷格第一次把对象的概念引入哲学中"①，从而关于数学对象本体论的哲学探索才正式进入当代哲学家们的视野。而弗雷格把数视为抽象的、作为个体的对象而不是概念的观点，使他成为一个名副其实的数学柏拉图主义者。在此，为了对数学本质进行更为精细的讨论，我们需要对"什么是数学柏拉图主义"作出界定。

在哲学中，柏拉图主义有许多不同版本。按照《斯坦福哲学百科全书》，普遍的柏拉图主义被视为一种形而上学观点，即主张"存在像抽象对象这样的事物——此处，一个抽象对象是一个完全非空间和非时间（也就是，不在空间或时间中存在），因此，是一个完全非物理和非心理的对象"②。不言而喻，数学柏拉图主义也是一种形而上学观点，它主张：数学对象是抽象对象，并且数学对象存在。在这里，特别需要注意的是，"数学对象"指的是数学的研究对象。当然，无论是作为个体的数学对象，还是作为系统的数学结构，都可以成为数学的研究对象。这样，面对"究竟什么是数学对象"的不同意见，数学柏拉图主义内部又有对象柏拉图主义和结构柏拉图主义之分。具体而言，如果主张数学理论是对个体的数学对象及其性质的描述，并且这些数学对象客观地存在，是抽象的，那么这种观点就称为"数学中的对象柏拉图主义"。相反，如果认为数学理论不是对个体的数学对象及其性质的描述，而是对不同的数学结构的刻画，并且这些数学结构作为抽象对象存在，那么这种观点被称为"数学中的结构柏拉图主义"。

如前所述，弗雷格是数学中的对象柏拉图主义的首要辩护者，他第一次论证了数是个别的对象。他认为，数学中像"3 是素数""2+5=7"和"存在无穷多个集合"这样的数学陈述之所以为真，是因为这些陈述是对抽象数学对象：3、2、5、7 和集合的一种真实描述。具体而言，在"3 是素数"这一句子中，专名或主词"3"

---

① Hale B. Abstract Objects：Oxford：Basil Blackwell Ltd，1987：3.
② Balaguer M. Platonism in Metaphysics. http://plato.stanford.edu/entries/platonism［2016-4-18］.

指称个体的抽象数学对象 3，谓词"是素数"指称 3 这个数学对象的性质，即是素数。既然弗雷格断定抽象数学对象存在，那么对他而言关键的问题就在于——在数学语言中，我们是怎么知道数字"3"就一定指称了某个对象，且该对象就是 3 呢？换言之，数学语词是如何指称数学对象的，为什么数字"3"指称的就一定是对象，而不是其他，如性质？这个问题成为弗雷格整个论证的核心。对弗雷格而言，为了论证数是对象，其首要的前提就是给出"数是对象"的一个判别标准。由于弗雷格坚称数是抽象对象，这样，一方面，数既不是物质对象，因而不能通过人的感知来获得对它的认识；另一方面，数也不是心理表象，因而不能通过人的直觉或大脑直接认识。因此，"数是对象"的识别标准只能通过第三条途径来解决，在弗雷格看来，这条途径的最佳候选者就是语言。通过对数学进行语言分析，我们能清楚地知道我们谈论的究竟是"对象"还是"概念"或者还是其他什么。

弗雷格认为，"要是一个对象……就是要成为能通过一个单称词项（singular term）指称的事物；要是一个一阶概念（对象的性质），就仅仅是某种能由一个一元一阶谓词代表的事物"[①]。简言之，对象就是单称词项的指称物。典型的单称词项有：日常意义上的专名、限定摹状词、人称代词和指示代词。[②] 根据该思想，数（number）要是一种对象，就必须能够被某种单称词项所指称，即数字（numeral）或表示数词的某种限定摹状词。比如，2 这个数要成为一个对象，就意味着它一定能被像数字"2"或"最小的素数"这样的限定摹状词指称。

不过，上述要求只是弗雷格论证"数是对象"的第一步。因为，虽然"一个单称词项的功能就是把指称传递于某个特殊对象"[③]，但是，在弗雷格的思想中，这种功能的实现还必须满足一个前提条件：单称词项只有在特定的语境中才有指称，孤立的单称词项无指称对象。特别需要指出的是，这个前提正是对 20 世纪以来的当代哲学产生深远影响的著名的"语境原则"——"必须在命题的语境中研究语词的意义（meaning），而不是孤立地研究语词的意义"[④]。这里的意义不仅仅是指称，而是大于指称。从另一个角度看，词的意思和语境共同决定词的指称，从而确定词的意义。这样，要确证 2 是对象就是要表明 2 这个数就是被"2 是素数"这个句子语境中的单称词项"2"指称的对象。

但是，事情远没有这么简单。因为，正像我们不能通过"圣诞老人是慈祥的"就断然确定"圣诞老人"指称真实存在着圣诞老人一样，我们也不能仅仅通过"2 是素数"就直接推断出"2"指称某个真实的对象，且这个对象就是 2。看来，似乎还需要进一步的条件。让我们重新比较"圣诞老人是慈祥的"和"2 是素数"

① Hale B. Abstract Objects. Oxford：Basil Blackwell Ltd，1987：4.
② Wright C. Frege's Conception of Numbers as Objects. Great Britain：Aberdeen University Press，1983：7.
③ Hale B. Abstract Objects. Oxford：Basil Blackwell Ltd，1987：25.
④ Frege G. The Foundations of Arithmetic. 2nd ed. revised. Austin J L. Harper，Brothers（trans.）. New York：Harper Torchbooks The Science Library，1953：x.

这两个句子，对柏拉图主义者来说，关键的问题是：上述陈述是否真实地描述了圣诞老人和 2 这两个对象呢？弗雷格认为，至于第一个陈述是否真实地描述了圣诞老人，我们是不知道的。用逻辑的术语来表述，就是"圣诞老人是慈祥的"这个陈述的真值是无法确定的。因而，我们无法确定该陈述是否为真，我们也就不能断定该陈述中的单称词项"圣诞老人"是否指称了一个真实对象。但是，对于"2 是素数"这个陈述，情况迥然不同，因为"2 是素数"这个陈述在数学中是一个真理。

对弗雷格而言，"2 是素数"为真，仅当该数学陈述中的谓词"是素数"真实地描述了单称词项"2"所指称的对象。这意味着：如果我们知道"2 是素数"为真，且该数学陈述中的"2"是作为单称词项出现的；那么就一定存在着由"2"指称的对象，即 2。这是因为，单称词项的功能就是把指称传递于某个特殊对象。近来，新弗雷格主义者黑尔把这种论证称为"弗雷格论证"[①]，即：

（1）如果一个域中的表达式在真陈述中的功能是作为单称词项，那么就存在属于那个域的表达式所指称的对象。

（2）数字，还有许多其他的数字表达式，在许多真陈述（纯数学和应用数学的）中确实有这样的功能。

因此：

（3）存在由那些数字表达式所指称的对象。（即数存在）

而在另一位新弗雷格主义者赖特那里，弗雷格的这种思想则被灌之以"语形优先论题"（syntactic priority thesis）作为其解释。该论题明确主张："特别是对象的范畴，被解释为由那些可以被一个单称词项指称的一切事物构成。这一点可以这样加以理解，指称的获得被强加于一个单称词项，通过其出现在一个适当类型的真陈述中。"[②] 赖特认为，"语形优先论题"是弗雷格的柏拉图主义最核心的论证策略。因为，"对弗雷格而言，语形范畴是首要的，本体论范畴则是导出的。就是因为弗雷格主张语形范畴的这种优先性，他才相信他能够合法地论证数字表达式的语形行为能立即确定：数如果是某种事物的话，就是一种对象"[③]。值得注意的是，弗雷格这种论证策略的影响不仅仅限于数学哲学，它甚至被推广到了探讨有关"抽象对象存在"的更为普遍的"单称词项论证"[④]，该论证如下：

（1）如果一个简单句（也就是，形式为"a 是 F"，或者"a 与 b 之间有 R 关系"，或者……的一个句子）字面上为真，那么该句子中单称词项所指称的

---

① Hale B. Abstract Objects. Oxford：Basil Blackwell Ltd，1987：11.
② Wright C. Frege's Conception of Numbers as Objects. Great Britain：Aberdeen University Press，1983：53.
③ Wright C. Frege's Conception of Numbers as Objects. Great Britain：Aberdeen University Press，1983：13.
④ Balaguer M. Platonism in metaphysics. http：//plato.stanford.edu/entries/platonism [2016-4-18]．

对象存在。［如果一个存在语句（也就是，形式为"存在一个 *F*"，或者"存在一个和 *b* 有 *R* 关系的对象"，或者……的一个句子）字面上为真，那么就存在该句子的存在量词所涉及的那些对象。］

（2）存在着包含有指称物且只能是抽象对象的单称词项的字面为真的简单句（并且存在着字面上为真的存在陈述，其存在量词涉及的只能是抽象对象）。因此：

（3）抽象对象存在。

截至目前，似乎有人认为弗雷格论证"数是对象"的任务已全部完成。然而，事实并非如此。因为，在弗雷格看来，单称词项在"数是对象"的论证中起的关键作用无论如何都不能被忽略，但是，单称词项的识别又绝不是一件简单的事情。比如，表面上看，在"天空的颜色是蓝的"这一真陈述中，"天空的颜色"似乎是一个单称词项。因此，根据弗雷格论证或语形优先论题，"天空的颜色"必定指称了一个抽象对象，即天空的颜色。不过，令人遗憾的是，天空的颜色这一抽象对象并非弗雷格意义上的对象。对弗雷格来说，他只承认作为个体的抽象对象。显然，如果天空的颜色是一种对象，它也更像是一种共相，而不是某种独立的、个体的对象。这样看来，"并不是每一个名词短语都能满足弗雷格所设定的要成为一个单称词项的标准"①。那么，这就要求必须有某种识别标准来判定哪些名词短语才是弗雷格意义上的真正的单称词项。在弗雷格看来，这个标准就是同一性标准（criterion of identity）。即"任何真正的单称词项必定附带着一个同一性标准"②。当然，单称词项的同一性标准是从对象的同一性要求衍推而来的。既然弗雷格认为由单称词项指称的抽象对象只能是作为个体的对象，那么它一定是某种确定的对象，而不是那些不符合同一性要求的不同（种类）的对象。弗雷格关于"数是对象"的同一性要求的论证后来得到蒯因的赞成，蒯因甚至认为："没有同一性就没有实体。"③这句口号相当于明确地宣称："如果我们没有一个同一性关系，那么我们就没有真正的对象。"④

关于"数是对象"的同一性要求，弗雷格论证道：

很明显，由算术研究的数一定不能被认为是一个附属的属性，而是一种独立存在的实体。这样，数作为一种对象出现，能被再一次地识别，尽管它不是作为一种物质的或者甚至仅仅是空间的对象，但也不是作为一种通过我们的想象就能形成的一种图像而出现的。下面，我们制定了基本的原则，即

① Wright C. Frege's Conception of Numbers as Objects. Great Britain: Aberdeen University Press, 1983: 26.
② Hale B. Abstract Objects. Oxford: Basil Blackwell Ltd, 1987: 36.
③ Quine W V. Speaking of Objects//Quine W V. Ontological Relativity and Other Essays. New York: Columbia, 1969: 23.
④ Shapiro S. Philosophy of Mathematics: Structure and Ontology. New York: Oxford University Press, 2000: 78.

我们一定不要试图孤立地定义一个词的意义，而只能在当它被用于一个命题的语境中时才能定义：我相信，只有坚持这一点，我们才能够避免把数视为物质对象的观点，同时又不用滑向数的心理学观点。如今，对于每一个对象，都存在其一定具有一种含义或者意思（sense）的一类命题，也就是，识别陈述，在数的情形中，这种识别陈述被称为等式（identity）。我们看到，数的陈述也被认为是等式。[①]

因此，如果数是对象，那么它必须既要满足"语形优先论题"，又要满足同一性要求。这样一来，"数是对象"，当且仅当，包含数词或数字表达式的等式为真。这样的等式陈述具有以下三种形式[②]：

（1）Fs 的数=Gs 的数（the number of Fs=the number of Gs）

（2）Fs 的数=7（the number of Fs=7）

这里，7 能够用任何能用来指称一个数的其他这样的表达式替换。

（3）Fs 的数=…（the number of Fs=…）

这里，"…"代表一种不同类型的一个名称，像"月亮""苏格拉底"或"素数这个概念的外延"。

通过分析可知，第一，"数是对象"的本体论论证最终转向了确定上述三种形式的具体等式的真值条件。这意味着，如果弗雷格能表明具有上述三种形式的等式为真，那么该等式中包含的数字词项就具有指称，从而得出数是对象。到目前为止，关键的问题是如何能确定这些等式的真值而又不用诉诸数或可用来指称数的单称词项。这一点至关重要，因为我们无法通过实指或经验观察的方式判定它们的真值。因此，这就要求寻求其他途径。为此，弗雷格创造性地引入了"等价关系"这一技术性工具。比如，要判定 a 的方向是否与 b 的方向等同，只要看 a 这条线是否与 b 这条线平行。用符号表示为：a 的方向=b 的方向 $\Leftrightarrow$ a//b。同样，对于（1）而言，Fs 的数与 Gs 的数相等同，当且仅当，落在概念 F 中的对象与落在概念 G 中的对象存在一一对应关系，简单地说，就是 Fs 与 Gs 之间存在一一对应关系。如果我们用"N_xfx"来代表 Fs 的数，那么这个等价关系就可以表示为：$N_xFx=N_xGx \Leftrightarrow F{\sim}G$，这正是弗雷格著名的"休谟原则"（Hume's principle）。这样，我们要判定 $N_xFx=N_xGx$ 是否为真，就转变为判定 $F{\sim}G$ 是否成立。

第二，对于像形式为（2）这样的等式陈述，由于"弗雷格把个体的数定义为属于特定的特殊概念的数，这样，这些陈述事实上被同化为了形式为(1)的等式"[③]。比如，0="与自身不等同"这个概念的数，同时，0=任何"没有对象落入其中"这个概念的数。因此，确定上述等式的真值实际上就相当于确定"与自身不等同"

---

①　Frege G. The Foundations of Arithmetic. Second Revised Edition. Austin J T（trans.）. Oxford: Blackwell，1953: 116.

②③　Parsons C. Frege's Theory of Number//Demopoulos W. Frege's Philosophy of Mathematics. Massachusetts: Harvard University Press，1995: 190.

这个概念的数=任何"没有对象落入其中"这个概念的数的真值。

第三，对于形式为（3）的等式陈述而言，正如弗雷格注意到的，休谟原则并不能告诉我们凯撒是不是一个数。更一般地，它不能确定"属于概念 F 的数=q"这个句子的真值。因此，弗雷格转而借助概念的外延来定义数。事实上，由外延理论的不一致导致的罗素悖论使弗雷格的整个规划都坍塌了。换个角度看，就数学实体的同一性而言，"不同范畴的抽象实体的概念，甚至在高度发展的数学理论中，都不能确定一个范畴中的实体与另一个范畴中的实体是否具有同一的真值"①。这样，形式为（3）的等式陈述的真值得不到确定，"数是对象"的论证也就不充分。

不过，即使如此，"弗雷格似乎认为，对形式为（1）的等式陈述的分析自身就能充分地建立起数是对象这个论题"②。当然，虽然弗雷格把数作为概念的外延进行定义的方案并没有取得成功，但这也只能说明把数视为一种逻辑对象的观点站不住脚，不能由此得出"数根本不是对象"的结论。

总之，可以肯定的是，弗雷格努力辩护的观点"数是对象"以及所采用的一系列技术性语言和方法（包括逻辑分析和语言分析），为当代数学哲学的本体论、认识论和语义学探讨开辟了空间。至于数的本质究竟是不是对象，"数是对象"的本体论观点是否能够说明现实实践中的数学，这些问题的解决还需要数学家们和哲学家们携起手来一起努力。对这些答案的追问需要在数学的发展和哲学的不断探索中逐步向真理的方向靠近。

二、数学对象柏拉图主义的困难

随着弗雷格关于"数是个体对象"的论证以来，数学被看成是研究像数这样的数学对象及其性质的一门科学，数学的对象柏拉图主义解释由此盛行。直到1965 年，贝纳塞拉夫发表论文《数不能是什么》直接向这种数学的对象柏拉图主义解释发出挑战。贝纳塞拉夫依据数学实践，认为如果自然数是集合，那么自然数就既可以是冯·诺伊曼数，也可以是策梅洛数。比如，我们既可以把 2 写作 $\{\varnothing, \{\varnothing\}\}$，也可以把 2 写作 $\{\{\varnothing\}\}$。但是依据集合的同一性判别标准，$\{\varnothing, \{\varnothing\}\}$ 和 $\{\{\varnothing\}\}$ 并不是同一个集合，由此可见，2 根本不可能是集合。

贝纳塞拉夫对数学对象柏拉图主义批判的全部焦点集中在对象的同一性这个问题上。前述讨论的关于数究竟是哪个集合的问题，用形式语言阐述，其形式为

$$n=s \qquad\qquad\qquad\qquad (*)$$

① Parsons C. Frege's Theory of Number//Demopoulos W. Frege's Philosophy of Mathematics. Cambridge: Harvard University Press，1995：194.

② Parsons C. Frege's Theory of Number//Demopoulos W. Frege's Philosophy of Mathematics. Cambridge: Harvard University Press，1995：191.

式中，n 是一个数表达式，s 是一个集合表达式。^①事实上，弗雷格不仅考虑了集合是否是数的问题，他甚至考虑了任何一个对象是否等同于一个特定的数的问题。从语义学的角度看，弗雷格"希望确定用任何不管是名称或摹状词来替换 s（与此同时，通常被认为可以命名一个数的表达式占据 n 的位置）所得结果的含义"^②。根据上述条件，等式（*）转变为以下三种情况：

（1）等式右边和左边都是某个算术表达式（比如，$2^{17}=4892$，等等）；

（2）等式右边是不以标准的算术方式指谓一个数的表达式，像"罐中的苹果数"或"F's 的数"（比如，7=矮人的数）；

（3）等式右边是一个不属于上述两种任何一个类型的指称表达式，像"凯撒"，"[[∅]]"（比如，17= [[[∅]]]）。^③

对弗雷格而言，确定上述三种等式的真值条件就成为他论证"数是对象"的关键。当然前提条件必须是，"问任何两个名称（或摹状词）指的是同一个对象还是不同的对象是有意义的"^④。虽然由于弗雷格逻辑的不一致性，像"凯撒是不是一个数"得不到回答，即等式（3）的真值得不到确定，或许有人声称这已经驳倒了弗雷格关于"数是对象"的论证，但是在贝纳塞拉夫看来，这几乎算不上是一种驳斥。他另辟蹊径，不仅沉重打击了弗雷格关于数的本体论立场，而且还直接引发了哲学结构主义在数学哲学中的兴起。

贝纳塞拉夫直指弗雷格的"指称同一性或对象同一性"的前提展开反驳。与弗雷格不同，在他看来，并非所有的同一性（identity）陈述都是有意义的。特别是，像"凯撒是不是一个数"这样的问题就应该被视为无意义的或"非语义的"（unsemantical）予以抛弃。因为凯撒和数分属两个不同范畴，这就像问"喜马拉雅山是不是一个人"无意义或为假一样。换言之，同一性陈述要有意义一定有其限定条件。用贝纳塞拉夫的话来说，"同一性陈述只有在具备可能的个体化条件的语境中才是有意义的。如果形式为'$x=y$'的一个表达式要有意义，它只能在这样的语境中：很清楚，x 和 y 都具有某个种类或某个范畴 C，并且就是那些把事物个体化为同一个 C 的条件起作用并确定它的真值"^⑤。更确切地讲，要判定两个实体是否同一，需要借助于谓词的同一性，即考察两个实体是否适合于同一个谓词。这样，"如果对于两个谓词 F 和 G 而言，不存在第三个谓词 C，它包含 F 和 G 并且附带有一些统一的条件可以识别两个假定的元素是否是同一个（或不同的）C's，越过边界 F 和 G 的同一性陈述将是没有意义的。比如，问某物 x（它实际上是一把椅子）是否与 y（它实际上是一张桌子）一样是……，是有意义的。因为我们能够用一个谓词'一件家具'来填空，而且我们知道 a 和 b 是相同的或不同的家具的意思是什么。换句话说，同一性问题包含这样的预设：所探究的这两种'实

①②③　Benacerraf P. What numbers could not be. The Philosophical Review，1965，74（1）：63.

④⑤　Benacerraf P. What numbers could not be. The Philosophical Review，1965，74（1）：64.

体'都属于某个一般范畴"①。

根据上述分析，贝纳塞拉夫得出结论："同一性（identity）是实体的标识符（id entity），但这只在范围狭窄的语境内才成立。作为选择，构成实体的东西或者依赖于范畴，或者依赖于理论。……不同的理论和不同的范畴关于对象的概念是不同的（这与弗雷格的观点相反），因此弗雷格的错误就在于他没有认识到这一事实。"②

这样一来，不加限制地想要确定一个特定的数究竟是哪个集合就是毫无意义的。重要的不在于数本身，而在于刻画数的范畴或系统。因此，贝纳塞拉夫断言："数根本不是对象，因为在给出数的性质（即充分必要条件）时，你仅仅刻画了一种抽象结构，其特性就在于这一事实——结构中的'元素'除了将它们与同一结构中的其他'元素'相联系的性质之外，不具有其他性质。……所以算术是一门阐述所有序列仅仅由于是级数而共有的抽象结构的科学。它不是关注特殊对象——数——的科学。探究数事实上是那些可独立识别的特定对象（集合？凯撒？），是误入歧途。"③ 具体地看，如果我们按照 ZFC 系统来定义自然数，并把自然数集合称为 ω，ω 用形式语言刻画为

$$\omega = \{x \mid \forall y(0 \in y \wedge \forall z(z \in y \rightarrow z^+ \in y)) \rightarrow x \in y\} \ (z^+ = z \bigcup \{z\}),$$

进一步，该 ω-序列或自然数序列还可以更简洁地表示为

$$\omega = \{0,\ 1,\ 2,\ 3,\ \cdots\}$$

那么，按照结构主义的观点看，"算术关注的并不是这些 ω-序列中的某个特殊对象，而是关注这些对象共有的结构或模式。这样，在结构主义者们看来，不存在数 3 这样的对象，只存在自然数模式中的第 4 个位置"④。毫无疑问，贝纳塞拉夫坚持主张数学的核心就是数学结构，数学是研究结构的科学。

到此为止，情形已经变得非常明朗，贝纳塞拉夫对传统的对象柏拉图主义提出的挑战已然引起了关于数学对象本质的两种截然不同的说明，即对象柏拉图主义和结构主义说明。然而，随着现代数学的迅猛发展，像群、环、域、射影几何、拓扑等这些领域的发展体现出越发普遍的公理化和日益抽象化的倾向。作为个体的对象及其特征变得不再像以往那么明显，由公理刻画的抽象结构在数学中趋于一种主要位置。在这种情形下，数学的对象柏拉图主义似乎很难适应这种发展的要求，代之而起的趋势是，结构主义越来越赢得了哲学家和数学家们的青睐。

① Benacerraf P. What numbers could not be. The Philosophical Review, 1965, 74 (1): 65.
② Benacerraf P. What numbers could not be. The Philosophical Review, 1965, 74 (1): 66.
③ Benacerraf P. What numbers could not be. The Philosophical Review, 1965, 74 (1): 70.
④ Balaguer M. Platonism and Anti-Platonism in Mathematics. New York: Oxford University Press, 1998: 9.

第三节　"数学本质是结构"的解释及困难

从哲学的立场看，许多哲学家投向了结构主义的怀抱，并为其积极辩护。其中包括帕森斯（Charles Parsons）、雷斯尼克、夏皮罗、希哈拉和赫尔曼等。不过遗憾的是，他们的策略主要仍然是先验的哲学论证，即他们的目标是以哲学为基点试图给数学提供一种说明，这种思路是哲学→数学式的。与此相对照，却很少有哲学家首先从数学本身出发自然引导出数学结构主义的形而上学本质，这种解释似乎比前一种具有更强有力的说服力，其思路的指向是数学→哲学式的。不可否认，只有当结构主义的哲学说明符合数学实践时，它才是令人满意的。事实上，数学哲学中，结构主义的兴起有着现实的数学背景。

一、产生结构主义解释的数学背景

数学中的"结构主义"一词最初来源于 20 世纪 30 年代的一群法国数学家，即布尔巴基学派。要探讨数学中结构主义的思想，首要的任务就是要追溯数学的历史并与人们对"数学是什么"的总体看法紧密结合起来。其实，这个问题自数学科学诞生以来就一直是吸引无数的数学家和哲学家为之贡献其毕生精力深入思索的核心问题。数学史表明，人们对"数学本质"的认识随其历史进程发生了根本性的改变，特别是从 19 世纪末到 20 世纪初尤为明显。鉴于此，我们将依次分析结构主义观念兴起的数学背景、数学中布尔巴基学派的结构主义运动和"数学结构"观念的当代发展：范畴论。

（一）结构主义观念兴起的数学背景

从历史上看，按照苏联著名数学家亚历山大洛夫（A. D. Aleksandrov）的划分，数学的演进分为四个时期。第一个时期：数学的萌芽期；第二个时期：初等数学即常量数学的时期；第三个时期：近代数学即变量数学的时期；第四个时期：现代数学时期。与此相对应，数学经历了从算术、几何→几何和代数→分析→抽象结构的发展历程。

20 世纪以前，人们普遍认为数学研究的是各种特殊的数学对象及其性质，并且按照研究的对象对数学进行了分类。比如，算术研究自然数、代数研究方程、几何研究空间和图形、分析研究函数。到 19 世纪末，经典数学仍然是几何、代数和分析三大领域。数学家们处理的对象与人们的实际生活密切相关。自然数通常被用来对特定的物体集合进行计数；几何是在人们测定物体的长度或两个物体之间的距离、测量土地的面积，以及计算容器的体积的现实需要中产生的；自然科学研究的运动中所涉及的各种变化着的量之间的依赖关系，则激发了数学中变量和函数概念的诞生。事实上，"数学家关注的对象同实际演算中所用的东西具有相同的名称：数、几何图形、量。但从柏拉图时代起，数学家已意识到，在这些名称下，他们是在对完全不同的实体即非物质的实体进行推理，这种非物质实体是从人们的感官所能感知的对象'通过抽象'得到的，而后者只是前者的'形象'"①。不过即使这样，数学对象仍然是非常"具体"的，数学家们可以通过定义对其进行刻画。数学研究的就是这些作为个体的数学对象、它们的性质以及这些对象之间的相互关系。

　　与经典数学时期不同，"19 世纪是数学的一个分水岭。斯坦（Howard Stein）声称，在这个时期，数学经历了'如此深刻的变革以至于称它为数学的第二次诞生都不为过'，第一次诞生是在古希腊"②。这时候，许多新的数学学科出现：代数数论、代数几何、微分几何、群论、拓扑学、函数空间等。它们研究的对象与经典的数学对象截然不同，因为"它们不再能用人们感官所能感知的'形象'来表示"③。

　　最为典型的例子就是几何学，经典数学时期的几何学被认为研究的是空间和各种具体图形，比如，欧几里得几何学定理要借助于人们的"几何直观"和图形来加以证明；与此不同，19 世纪的几何学研究的是更为抽象的结构，比如，希尔伯特的几何学只靠公理就可以完成欧几里得全部定理的证明。在希尔伯特那里，重要的不再是像点、线、面这样的具体对象以及它们的性质，换言之，就是具体元素的意义不再成为核心；相反，真正的关键在于这些元素之间的关系（关系满足的条件被称为公理），这些元素可以不是点、线和面，只要满足公理的都可以成为几何学的对象。这也就是为什么希尔伯特说我们可以把"点""线"和"面"分别看成"桌子""椅子"和"啤酒杯"的真正原因。另外，经典数学时期的代数研究的是具体的数与数之间的运算关系，如加法、乘法等；19 世纪的抽象代数研究的对象不仅仅局限于具体的数，而是把它的对象推广为一般的、更为抽象的元素，它既可以是向量、函数，又可以是矩阵、变换等。这些元素之间的运算关系也被推广为类似"加法"的"合成"关系，于是，抽象代数真正的核心就成为研究这些由公理刻画的结构系统，而不再是任意具体的对象。

　　由上述分析可知，研究结构的思维方式正在取代研究具体对象的思维方式。可见，对于这个时期而言，"在一种数学理论中，起着根本作用的是所涉及的数学对象之间的关系，而不是这些对象的本性；因此在两个很不相同的理论中，却可

　　① ［法］让·迪厄多内. 当代数学：为了人类心智的荣耀. 沈永欢译. 上海：上海教育出版社，2001：34.
　　② Shapiro S. Space, number and structure, a tale of two debates. Philosophia Mathematica，1996，（4）：3, 148.
　　③ ［法］让·迪厄多内. 当代数学：为了人类心智的荣耀. 沈永欢译. 上海：上海教育出版社，2001：121.

能用相同的方式表述两者各自的关系。这些关系及其推论的系统形成一个隐藏在这两种理论深处的同一结构"①。

于是，很自然的一种想法就是："我们不去宣称我们要研究什么对象，而只是列出在研究过程中要用到的对象的那些性质。于是把这些性质用公理表示出来放在显著地位上，这样一来，证明我们要研究的对象是什么样的就不再是重要的事了。而重要的就是我们可以这样来构造证明，使得凡是适合公理的任何对象都成立。系统应用这样一种简单的想法对数学的震动是那么彻底，这简直是极为惊人的。"② 因为，表面看起来孤立的数学对象在公理化概念的引导下却显示出它们相同的真正本性。

另外，"正是由于这种方法（数学结构），才把理论的深入分析和重组理论的公理化综合起来，把表面上完全不同的问题联系起来，从而明白地显示出数学在本质上的统一性，而以前把数学表面上分成代数、几何或分析到今天已经过时"③。也就是说，传统的数学分类已经不能准确地刻画 19 世纪，特别是 20 世纪以来纯粹数学的根本特性。在这种情形下，用"公理化方法"和"结构"的概念对数学进行重新分类就成为数学发展的一种迫切要求。正如数学结构主义（布尔巴基学派）的奠基人、法国数学家狄奥多涅所言："对数学老的过时的分类与基于结构的新分类的差别可以比做博物学家对动物分类的观点改变。他们开始只是考虑表面上的相似性（例如，海豚和金枪鱼具有相似的体型，对它们的环境有同样的反应）；后来他们发现合理的分类必须依赖于更深刻的解剖上和生理上的特征。也正像在这个过程中他们逐步发现所有生物之间令人惊异的统一性一样，数学家也认识到在各式各样部门之间差别极大的外表后面的数学的根本的统一性。"④

总之，结构主义的观念在 20 世纪已经成为数学家们一种非常时髦和实用的思考方式。它对数学进展的影响是如此深刻，以至于在这种总的趋势要求下，以布尔巴基为代表的数学结构主义最终出现了。

（二）布尔巴基的结构主义

基于上述思想，法国的数学家们发起了一场数学结构主义的运动，旨在用"结构"的观念来统一数学。布尔巴基学派这一数学家集体于 1935 年正式确立，它的奠基性人物包括韦伊（Andre Weil）、薛华荔（Claude Chevally）、狄奥多涅、嘉当（Henre Cartan）、孟德尔布洛衣（Benoit Mandelbrojt）、德尔萨特（Jean Delsarte）和德·波塞尔（de Possel）7 人。在布尔巴基看来，数学的研究对象是"数学结构"，

---

① ［法］让·迪厄多内. 当代数学：为了人类心智的荣耀. 沈永欢译. 上海：上海教育出版社，2001：121.
② ［法］H. 嘉当. 布尔巴基与当代数学//胡作玄等编译. 数学的建筑. 南京：江苏教育出版社，1999：142.
③ ［法］狄奥多涅. 数学家与数学发展//胡作玄等编译. 数学的建筑. 南京：江苏教育出版社，1999：100.
④ ［法］狄奥多涅. 近三十年来布尔巴基的工作//胡作玄等编译. 数学的建筑. 南京：江苏教育出版社，1999：175.

而不是表面上显示出的各种具体对象，如数、集合、函数等。他们宣称：

> 这里，我们采用一种"朴素"的观点，不再讨论由数学的"存在"（beings）或"对象"（objects）的"本质"问题而引起的处于哲学和数学问题之间的那些棘手问题。集合的概念……长期以来被认为是"初始的"或者"不定义的"，由于其极端普遍性的特性……，结果就成为无休止争论的主题；根据关于逻辑形式主义的最近的研究，只有当集合自身的概念（以及那些关于数学"存在"的所有形而上学的伪问题）消失了，这个困难才能消失；在这个新的概念中，适当地说，数学结构就成为数学唯一的"对象"①。

布尔巴基把数学中的结构分为三大类：代数结构（群、环、域）、序结构（偏序、全序）和拓扑结构（极限、连续性、连通、邻域）。这三种结构又被称为"母结构"。为了更好地理解数学中的"结构"这一概念，让我们具体来看几个典型的数学结构的例子。

1. 群（代数结构）

群就是具有一个二元运算*的一个集合 G，并且该运算*满足三个条件，或者说该运算*具有三条性质（即群公理）：

（1）结合律成立：若 a，b，c 是 G 中任意三个元素，则 $(a×b)×c=a×(b×c)$；

（2）单位元存在：$\exists e \in G$，使得，对 $\forall a \in G$，都有 $e×a=a×e=a$；

（3）逆元存在：对 $\forall a \in G$，都 $\exists a^{-1} \in G$，使得 $a×a^{-1}=a^{-1}×a=e$。

这里，二元运算*实际上是一个映射：$G×G \rightarrow G$。也就是说，$\forall x \in G, y \in G$，都有 $x×y \in G$。通俗地讲，这个二元运算是一种关系，即所谓的"合成律"：三个元素之间的关系，它把第三个元素作为前面两个元素的函数唯一地确定下来。

群的实例非常多，比如，全体整数的集合对于通常的加法"＋"就构成一个群；全体非零的有理数、实数、复数，对于通常的乘法"×"分别构成一个群等。就群的本质而言，范畴论的创始人麦克莱恩（Saunders MacLane）曾做出如此评价，"群的概念，虽然定义非常简单，但揭示了运动（旋转群和变换群）、对称性（结晶群）、代数运算（伽罗瓦群、关于微分方程的李群）的共同性质"②。不可否认的是，"当然，在这个抽象定义下，丝毫没有确定群的具体的'物质'性质。群的元素可以是数、几何体的旋转、空间的形变（这样的形变可由坐标的线性变换

① Bourbaki N. L'Architecture des mathémathiques//Francois Le Lionnais. Les grands courants de la pensée mathematique. Paris：Blanchard，1997：35-47.

② ［美］S. 麦克莱恩. 数学模型——对数学哲学的一个概述//邓东皋，孙小礼，张祖贵. 数学与文化. 北京：北京大学出版社，1990：108.

或其他变换来定义）或者……，是 n 个对象的置换"①。

2. 度量空间（拓扑结构）

度量空间是由某种称为"点"的对象构成的集合 G，G 中的点之间有一种关系 d，我们称之为距离，即对于集合 G 中的任意两点 x，y，都有一个非负实数 $d(x, y)$ 与之对应。并且，距离 d 满足下述三条公理：

（1）$d(x, y) = 0$，当且仅当，$x = y$；

（2）$d(x, y) = d(y, x)$；

（3）$d(x, z) \leqslant d(x, y) + d(y, z)$。

显然，3 维欧几里得空间就是一个度量空间。此外，还有许多函数空间也是度量空间。比如，"考虑在区间（0，1）上定义的连续函数全体所形成的集合，定义函数 f 与 g 之间的距离 $\rho(f, g)$ 为式子 $|f(x) - g(x)|$ 当 x 遍及整个区间（0，1）时所取的最大值。这个'距离'满足空间中两点之间距离的一切基本性质：两个函数 f 与 g 之间的距离 $\rho(f, g)$ 等于零，当且仅当这两个函数重合，也就是说，当 $f(x) = g(x)$ 对于一切 x 成立；其次，距离显然是对称的，也就是说，$\rho(f, g) = \rho(g, f)$；最后，它满足所谓三角形公理，即对于任意三个函数 f_1，f_2，f_3，我们有 $\rho(f_1, f_2) + \rho(f_2, f_3) \geqslant \rho(f_1, f_3)$"②。

通过上述两个例子，我们能清楚地看到，刻画一个特定的数学结构由相应的公理确定。这充分说明"'结构'这一概念无疑是数学中公理化方法广泛使用的一个结果。……'结构'指的是由公理所描述的一类数学对象"③。并且，对于布尔巴基来说，明显的事实是他们把结构赋予一个特定的集合。因此，集合论成为布尔巴基"结构"概念的基础。随着抽象化程度的提高和数学领域的扩展，"结构"概念甚至可以不依赖于集合被刻画。这种令人欣喜的成就要归功于把结构自身作为其研究对象的"范畴论"这一崭新的数学学科，在此语境中，人们对"结构"这一概念又有了新的理解。

（三）"数学结构"的当代发展：范畴论

我们注意到，在前述布尔巴基结构主义运动倡导的统一数学的精神下，结构概念的提出不可避免地使数学家们极为期待寻求一种保持结构不变的映射，并且按照这种映射对数学加以重新分类。事实上，不可否认，"不同类型的数学结构的

---

① 理查德·库朗. 现代世界的数学//中国科学院自然科学史研究所数学史组和数学所数学史组. 数学史译文集续集. 上海：上海科学技术出版社，1985：87.

② 亚历山大洛夫等. 数学——它的内容、方法和意义. 第三卷. 王元等译. 北京：科学出版社，1962：215.

③ MacLane S. Structure in mathematics. Philosophia Mathematica, 1996, 4 (3): 176, 179.

概念确实提供了组织并理解数学的一种有效手段"[①]。比如,两个群之间保持结构的映射就有"同态"和"同构"。现有两个群:$G_1=(G_1,*)$,$G_2=(G_2,\circ)$。一个映射 h: $G_1 \rightarrow G_2$ 被称为一个群同态,如果对于所有的 a,$b \in G_1$,$h(a*b)=h(a) \circ h(b)$("积的象=象的积")是有效的。如果一个群同态 h 还是一个双射,那么 h 就被称为一个群同构,我们就说 G_1 和 G_2 彼此同构。这样,同构的群就有相同的结构,只是结构中的元素概念不同而已。[②]

事实上,正如数学家麦克莱恩所说的一样,公理化方法不仅可以用来描述各种数学结构中的对象之间的关系,而且,我们完全可以用它来刻画那些本身就是结构的数学对象。比如,我们考虑实数的加法群 $(R,+)$ 和正实数的乘法群 $(R^+,\times)$,这两个群同构,$(R^+,\times)$ 到 $(R,+)$ 上的同构映射为 $x \mapsto \log_a x (a>1)$,因为 $\log_a(xy)=\log_a x + \log_a y$。鉴于数学本身的抽象性,数学家们自然有一种想把 $(R,+)$ 和 $(R^+,\times)$ 也进一步作为对象进行研究的急切渴望。即我们可以研究由所有群构成的类,并且用群同态考察这些不同的群之间的关系。这样,同态概念被数学家们在新的范畴中进行了推广,结果得到了"态射"(morphism)这一概念。简单地说,一个态射是两个数学结构之间保持结构的一种更加抽象的关系(注意:这个关系可以不是映射),或更准确地说,一个态射是拥有同一结构的一个模型到另一个模型之间的关系。而这个新的范畴就是由美国数学家艾伦伯格(Samuel Eilenberg)和麦克莱恩于 1945 年所创立的数学的一门新学科——范畴论(category theory)。

通俗地说,"一个范畴可以被认为是由对象和这些对象之间的映射一起构成的,这些对象具有一个特定类型的结构,并且它们之间的映射保持这种结构。比如,拓扑空间和这些拓扑空间之间的连续映射就形成一个范畴,我们称为 top。类似地,群范畴(groups)是由群和群同态构成的范畴,集合范畴(sets)是由集合和集合之间的函数构成的范畴"[③]。而按照麦克莱恩本人的看法,"一个范畴是由一个特定类型 T 的结构的所有模型和这些模型之间的态射一起形成的。一个范畴由对象(模型)和箭矢(态射)构成"[④]。如果我们用公理化的方法来刻画范畴,那么范畴可以定义如下:

定义　一个范畴由下列成分组成:

（1）对象: A,B,C,…

（2）箭矢: f,g,h,…

① MacLane S. Structure in mathematics. Philosophia Mathematica,1996,4(3):180.
② Bronshtein I N,Semendyayev K A,Musiol G,et al. Handbook of Mathematics. 5th ed. Berlin: Springer,2007:302.
③ Awodey S. Structure in mathematics and logic: a categorical perspective. Philosophia Mathematica,1996,4(3):212.
④ MacLane S. Structure in Mathematics. Philosophia Mathematica,1996,4(3):181.

（3）对于每一个箭矢 f，存在特定的对象：dom（f），cod（f），称为 f 的定义域（domain）和陪域（codomain）。我们写为：$f: A \rightarrow B$ 来表明 $A=$dom（f）和 $B=$cod（f）。

（4）给定箭矢 $f: A \rightarrow B$ 和 $g: B \rightarrow C$，也就是，cod（f）=dom（g），那么就存在一个箭矢：$g \circ f: A \rightarrow B$，称为 f 和 g 的复合箭矢。

（5）对于每一个对象 A，存在一个箭矢：$1_A: A \rightarrow A$，称为 A 的恒等箭矢。

这些成分需要满足下述定律：

（1）结合律：$h \circ (g \circ f) = (h \circ g) \circ f$，对于所有的 $f: A \rightarrow B$，$g: B \rightarrow C$，$h: C \rightarrow D$。

（2）单位元：$f \circ 1_A = f = 1_B \circ f$，对于所有的 $f: A \rightarrow B$。

一个范畴就是满足这些公理的任意东西。①

根据范畴的定义，"麦克拉蒂……近来主张范畴论为结构主义提供了适当的或至少是一种尤其富有洞见的、引人注目的框架。他指出范畴中的对象（和箭矢）仅仅是关系性质，它们恰好是结构主义者在作为自然数结构的例子的系统中关注的"②。这样看来，某种特定的数学结构确实能成为范畴论研究和处理的对象。也就是，范畴论这一数学学科本身研究的对象就是一些数学结构，在这个意义上，结构当然就是数学对象。由此可见，"范畴论是戴德金（Richard Dedekind）－希尔伯特－诺特－布尔巴基这一传统的合法继承者，它强调的是公理化方法和代数结构"③。这样，在当代普遍重视数学结构的趋势下，当人们问道：范畴论是一种数学结构的理论吗？人们会毫不迟疑地回答说：是的，的确如此。正如佩鲁济（Alberto Peruzzi）所言："事实上，范畴论是关于结构和变换的最普遍和最灵活的理论。对象的结构通过这些对象之间的映射加以研究，并且，对象（和结构）只能在同构的范围内被刻画。"④

总之，数学史非常清楚地告诉我们，范畴论在 20 世纪后半叶为数学家们提供了理解数学的一种新框架。在这种新工具的指导下，现代数学的面貌已经完全不同于经典数学的旧图景。数学家们的注意力从研究特定的具体对象及其性质转移到了关注这些对象背后所隐藏的更深刻的一致性，即它们共有的结构。当然，数学本身的变革无疑会使数学家们重新思考数学的真正本质究竟是什么；同时，这也从根本上激发了哲学家们试图从结构的观点来重新探索数学的本体论、认识论和方法论等问题的动机和信心。在这种背景下，作为一种数学哲学的结构主义的出现似乎已经成为一件不可避免的事情了。

① Awodey S. Category Theory. New York: Oxford University Press，2006：5-6.
② Shapiro S. Categories, structures, and the frege-hilbert controversy: the status of meta-mathematics. Philosophia Mathematica，2005，13（3）：61.
③ Marquis J-P. Category theory. http://plato.stanford.edu/entries/category-theory［2016-4-18］.
④ Peruzzi A. The meaning of category theory for 21st century philosophy. Axiomathes，2006，16：455-456.

二、先物结构主义的解释及困难

毫无疑问，20 世纪数学中的布尔巴基结构主义和范畴论的发展为数学哲学家们从结构的视角重新审视数学的本质提供了坚实的数学基础。当然，数学结构主义者们都一致赞成数学的真正核心是各种各样的数学结构，或者说，数学是研究结构的科学。比如，"结构主义者们不关注像自然数这样的个体的数学对象的本质，他们主张，算术的主题是任意对象集的结构，该结构有一个指定的初始对象和一个满足归纳原则的后继关系"①。但是，对数学哲学家们而言，只作出这样的断言似乎还不是他们最根本的目标。因为从事实际研究的专业数学家们同样注意到了数学核心的转变，或者更确切地说，是数学家而不是哲学家们首先声称数学的深刻本性在于结构，而非个体的数学对象。因此，哲学家们需要对真实的数学实践给出一种更加细致和充分的说明。基于这样的要求，不同版本的数学哲学中的结构主义应运而生。

从实际的数学情形来说，可以自然衍推出对数学结构的两种理解。比如：①前述的群的例子中，我们有实数的加法群（R, +）、正实数的乘法群（R^+, ×）和复数的加法群（C, +）等；同样，这些具体的群还有一个共同的抽象结构：（G, *）。②对于自然数结构而言，冯·诺伊曼序数（$\omega_1 = \{\varnothing, \{\varnothing\}, \{\varnothing, \{\varnothing\}\}, \{\varnothing, \{\varnothing\}, \{\varnothing, \{\varnothing\}\}\}, \cdots\}$）、策梅洛数（$\omega_2 = \{\varnothing, \{\varnothing\}, \{\{\varnothing\}\}, \{\{\{\varnothing\}\}\}, \cdots\}$）或还有其他满足自然数条件的集合论结构都是具体的、用集合论语言加以刻画的自然数；同时，它们都共有一个由自然数结构的公理刻画的抽象结构（记为 ω：$\omega = \{0, 1, 2, 3, \cdots\}$）。这样，数学家和哲学家们自然就会追问：数学中群论研究的真正核心究竟是那些一个个不同的、具体的群结构，还是它们共有的所谓抽象的"群"结构？算术研究的是像冯·诺伊曼序数和策梅洛数这样的具体的自然数，还是它们共有的由抽象公理刻画的自然数？如果我们把上述这些具体的例子都称为系统或模型②，而把它们所共有的由抽象公理刻画的称为结构，那么对上述问题的回答就有两种答案。

第一，认为数学研究的核心是抽象结构，持这种理解的数学家和哲学家有布尔巴基、夏皮罗和雷斯尼克；第二，主张数学研究的核心是一类具体的数学结构，或者说，是具有抽象结构形式的模型和系统。给出这种说明的数学家和哲学家有贝纳塞拉夫、麦克莱恩、阿沃迪（Steve Awodey）、帕森斯和赫尔曼等。

粗略来看，这形成了哲学上两种结构主义的不同版本，按照夏皮罗的说法，前一种被称为"先物结构主义"（ante rem structuralism）；后一种被称为"在物结

---

① Shapiro S. Categories, structures, and the frege-hilbert controversy: the status of meta-mathematics. Philosophia Mathematica, 2005, 13（3）: 61.

② 比如，夏皮罗称这些具体的例子结构为系统，他把一个系统定义为具有特定关系的对象的聚集，结构则是这些系统的抽象形式；麦克莱恩则称这些具体的例子为模型。

构主义"（In re structuralism）或消除式结构主义（eliminative structuralism）。在夏皮罗看来，这两种结构主义的划分思想直接渊源于柏拉图和亚里士多德关于"共相"的传统争论：

> 　　按照柏拉图，共相先于或者独立于任何可以作为其实例的物体或对象而存在。即使没有红的对象，红的形式（form）将仍然存在。这种观点有时被称为"先物实在论"（ante rem realism），这样，共相就被解释为"先物共相"（ante rem universals）。与此相对照，亚里士多德认为，共相在本体论上依赖于它们的实例。……所有红的事物消除了，红色就随之而去了。销毁了所有好的人、好的物、好的行动，你就销毁了好本身。……经过这种解释的形式被称为"在物共相"（in re universals），并且这种观点有时被称为"在物实在论"（in re realism）。这种观点的倡导者可能勉强承认共相存在，但是他们否认共相独立于其实例而存在。①

我们将依次考察这两种不同的结构主义对数学本质的形而上学说明，并结合数学实践分别对其做出评价。

第一种结构主义解释是由夏皮罗提出的"先物结构主义"。随着数学中结构主义运动的影响，夏皮罗一方面希望他的哲学解释能符合数学实践，因而宣称数学是结构的科学；另一方面他更希望对数学本质给出一种形而上学的断言，即说明在形而上学的意义上，数学是实在的。为此，夏皮罗形成了自己独特的"先物结构主义"的解释。

（一）先物结构主义的动机

自贝纳塞拉夫以数学实践为基础，从结构的视角对传统的数学柏拉图主义说明提出批判以来，夏皮罗也深刻地意识到数学实践本身在哲学说明中起的重要作用。在这种思想的驱动下，夏皮罗详细地考察了数学中几何学的发展历程，以期表明几何学从研究现实的物理空间到研究抽象结构的转变如何为结构主义的哲学解释提供数学上的支持。他在弗雷格和希尔伯特关于几何学本性、数学公理、数学定义等的争议中认识到：一方面，数学研究抽象结构，所谓的数学对象是相对于结构而言的；另一方面，数学必定有所断言，即数学是有主题和内容的。

首先，几何学的历史印证了数学是研究结构的科学。在夏皮罗看来，当数学家和物理学家们在探索现实的物理空间究竟是欧几里得空间还是非欧几里得空间时，非欧几何的真实性推动了人们关于"几何学是对独立的先物结构进行研究"②的崭新观念。具体而言，在欧氏几何盛行的时代，几何学家们认为他们的研究主

---

① Shapiro S. Philosophy of Mathematics：Structure and Ontology. New York：Oxford University Press，2000：84.
② Shapiro S. Philosophy of Mathematics：Structure and Ontology. New York：Oxford University Press，2000：150.

题是现实的物理空间或可感知空间，他们关注的是物体的几何形状。因此，传统的几何学被看作是研究空间的科学。与此相应的哲学解释认为，"（几何学）公理应该表达真理，定义应该给出特定术语的意义，并固定这些术语的指谓"①。比如，在欧几里得的《几何原本》中，"点""线""面"和"圆"等都通过定义被赋予了意义。像"点被定义为没有部分的东西""线是没有宽度的长度""一线的两端是点""面是只有长度和宽度的那种东西"等都是这样被赋予特定意义的。因此，人们能在直观上理解并把握这些概念或对象。

直到 19 世纪非欧几何的出现，这种经典解释才受到质疑。希尔伯特公理化的《几何基础》（*Foundations of Geometry*，1899 年）向人们表明，"几何学越来越不是空间或时空的科学，而更多的是关于特定结构的形式研究"②。与欧氏几何不同，语词"点""线"和"面"的意义在《几何基础》中并没有被预先给定，而是通过"隐定义"的方式加以确定，即通过公理来定义。希尔伯特认为，"一个概念仅通过它与其他概念之间的关系就可以在逻辑上被确定。这些关系，在特定的陈述中被阐述，我称之为公理，这样就可以得到一种观点，即公理……就是这些概念的定义"③。因此，在希尔伯特看来，"欧几里得关于点、直线和平面的定义，在数学上其实并不重要。它们成为讨论的中心，仅仅是由于它们同所选择的诸公理的关系。换句话说，不论是管它们叫点、线、面还是桌子、椅子、啤酒杯，它们都能成为这样一种对象：对它们而言，公理所表述的关系都成立"④。

历史最终证明，希尔伯特的几何学赢得了胜利。现代数学家们于是就可以宣称：几何学是研究没有具体实例的抽象结构的学科。

其次，数学一定有所断言，即数学有其特定的主题。这里需要特别明确，虽然夏皮罗同意希尔伯特关于几何学的形式化纲领，以支持"数学是研究结构的科学"这一哲学说明，但是夏皮罗坚决抵制希尔伯特提倡的数学基础的"形式主义"规划。因为"形式主义"的核心思想在于主张：数学处理的是一堆无意义的符号，以致数学根本就没有自己的主题。正是在这个意义上，夏皮罗追随的是弗雷格，而不是希尔伯特。

鉴于上述理由，夏皮罗形成了他所谓的"先物结构主义"。这种解释既能说明数学是结构的科学，又能保证数学是实在的，数学有其特定的主题，这个主题就是独立存在的数学结构。一方面，夏皮罗继续秉承弗雷格-哥德尔-蒯因的数学柏拉图主义传统，认为像算术这样的数学理论是关于对象的——数——独立于物质

① Shapiro S. Philosophy of Mathematics: Structure and Ontology. New York: Oxford University Press, 2000: 161.
② Shapiro S. Categories, structures, and the frege-hilbert controversy: the status of meta-mathematics. Philosophia Mathematica, 2005, 13 (3): 63.
③ Shapiro S. Space, number and structure: a tale of two debates. Philosophia Mathematica, 1996, 4 (3): 164.
④ ［美］康斯坦斯·瑞德. 希尔伯特——数学世界的亚历山大. 袁向东, 李文林译. 上海: 上海科学技术出版社, 2006: 69.

世界和数学家们存在，数字是指称数的抽象单称词项。另一方面，夏皮罗又想避免传统数学柏拉图主义的本体论和认识论困境，因而试图努力给出数学对象的新解释。这个解释的核心把数学对象视为依附于特定的数学结构，这样，数学结构就成为数学的核心，同时又不至于把数学对象抛弃掉。上述要领构成了"先物结构主义"的核心主张，即声称："结构作为合法的研究对象独立地存在。按照这个观点，一个特定的结构独立于任何作为其例子的系统而存在。让我们称这种观点为先物结构主义，它寻求的是对于共相的一种类似观点。像自然数这样的数学对象是这些结构中的位置。因此，比如，数字就是指称真实对象的真正的单称词项，这些对象就是一个结构中的位置。"①

（二）先物结构主义的"位置即对象"的解释

如前所述，弗雷格和希尔伯特的争议可以归结为数学家们关于数学本质的两种不同认识。首先，一种观点认为，像"群论""环论""域论"和"算术"这样的数学理论研究的是满足各自公理的系统。比如，一个群就是满足群论公理的任何东西；一个环就是满足环公理的任何东西；一个自然数结构就是满足算术公理的任何东西。不存在诸如"群""环"或"自然数"这样的事物。从"点""直线""平面"和"桌子""椅子""啤酒杯"的论述中，可以看出，希尔伯特是这种观点的典型支持者。与此相反，弗雷格坚决否认这种解释的合法性。在他看来，"算术和几何有自己特定的主题，几何研究空间，算术研究自然数。并且公理表达（大概是不证自明的）有关该主题的真理"②。我们能够推断，在弗雷格的意识中，"群""环""自然数"和"空间"等是既定存在的，即使他不承认"结构"的观念。

这样，弗雷格和希尔伯特之争就代表了两种对立。正如赫尔曼认为的那样，"对弗雷格而言，算术和几何学公理是断言的（assertory）；对希尔伯特而言，算术和几何学公理是代数的（algebraic）。断言的语句是要表达具有固定真值的命题。代数语句是示意性的，适用于满足特定的给定条件的任何一个对象系统"③。在此背景下，夏皮罗试图使先物结构主义在数学理论的代数解释和断言解释之间架起桥梁。

为此，夏皮罗首先提出"位置即对象"（places-are-objects）的解释策略来说明数学是断言的，即数学有自己的主题、数学是实在的。他声称："如果一个数学分支的公理是可满足和范畴的，那么公理就刻画了一个（单一的）结构，并且公理对于该结构为真，或者真实地描述了这个结构。我把这称为'位置即对象'观

---

①　Shapiro S. Space，number and structure: a tale of two debates. Philosophia Mathematica，1996，4（3）：149-150.
②③　Shapiro S. Categories，structures，and the frege-hilbert controversy: the status of meta-mathematics. Philosophia Mathematica，2005，13（3）：67.

点。"① 按照这种观点，数是真正的对象，自然数的本质在于它是自然数结构中的位置。比如，3 这个数就是自然数结构中的第 3 个位置。"3"是单称词项，其指称对象是 3。这样，"位置即对象"的观点支持弗雷格数学柏拉图主义的论题：数是对象。不过，与弗雷格不同的是，夏皮罗认为"算术是关于自然数结构的，它的论域由这个结构中的位置构成"②。由此可知，结构先于对象而存在。比如，"结构先于它所包含的数学对象，就像任何机构先于构成机构的办公室一样。自然数结构先于 2，就像棒球运动的防守先于游击手和美国政府先于副总统一样"③。因此，对夏皮罗而言，自然数结构是算术的核心。"一个自然数的本质在于它和其他自然数的关系。……比如，2 这个数恰好是自然数结构中的第 2 个位置。2 不能独立于结构而存在，也不能独立于结构中的其他位置而存在。这样，2 的本质就是 0 的后继的后继，3 的前导，第一个素数等。"④

总之，"位置即对象"的观点既能坚持数学对象的实在性，又能避免数学对象的孤立性，还能坚持数学是结构的科学。总体而言，夏皮罗的数学实在论思想其实是一种数学中的结构柏拉图主义，它较弗雷格的数学对象柏拉图主义更灵活。因为，弗雷格坚持认为存在一个确定的、永恒的数学领域等待人们去发现，而在夏皮罗看来，数学对象只是相对于结构的。这样，夏皮罗结构主义的解释就具有本体论的相对性，而弗雷格的解释在本体论意义上是绝对的。并且，从数学实践的观点看，夏皮罗的思想似乎更接近真实的数学情形。

但是，当夏皮罗声称：作为数学主题的抽象结构独立于数学家们存在时，他显然陷入了与弗雷格一样的本体论和认识论的困境。并且，所谓的"抽象结构独立于其实例系统而存在"的哲学说明也存在困难。从数学实践的角度看，对自然数结构而言，自然数的历史早于其实例系统（冯·诺伊曼序数和策梅洛数）的历史。在这个意义上，自然数结构独立于冯·诺伊曼序数和策梅洛数。对群论系统而言，我们却很难说存在一个独立于具体实例系统的抽象的群。显然，这样的"群"是很难想象的，历史地看，它只不过是各种群系统的抽象形式而已。当我们声称"群独立于具体的群系统而存在"时，就像在说"树独立于橡树、杨树、柳树、松树……而存在"一样不合理。这样，"位置即对象"的数学实在论的结构主义解释依然是不充分的。这就要求夏皮罗继续寻求一种符合数学实践的结构主义说明。

①　Shapiro S. Categories, structures, and the frege-hilbert controversy: the status of meta-mathematics. Philosophia Mathematica，2005，13（3）：67.
②　Shapiro S. Philosophy of Mathematics: Structure and Ontology. New York: Oxford University Press，2000：83.
③　Shapiro S. Philosophy of Mathematics: Structure and Ontology. New York: Oxford University Press，2000：78.
④　Shapiro S. Philosophy of Mathematics: Structure and Ontology. New York: Oxford University Press，2000：72.

（三）先物结构主义的"位置即办公室"的解释

当夏皮罗声称"数学是研究抽象结构的科学"时，他并没有彻底抛弃以下信念：一些真实的数学理论同样也是关于具有结构的各种不同系统的。这时，他采取一种"位置即办公室"（places-are-offices）的策略来对此进行说明。比如，当我们同时谈到冯·诺伊曼的集合论系统、策梅洛的集合论系统和自然数结构时，该结构中的第 2 个位置，即 2 这个数就充当一种办公室的作用，而冯·诺伊曼的 2 和策梅洛的 2 就相当于在此办公室工作过或正在工作的职员。

按照"位置即办公室"观点，"群论研究的不是一个单一的结构，而是一类结构，是那些具有一个二元运算，一个恒等元和每一元的逆元的对象集共有的模式。欧几里得几何学研究欧几里得空间的结构，拓扑学研究拓扑结构等"[①]。如果我们用共相的观点做类比，这就相当于当我们在研究"国家"时，并非研究一个纯粹的、抽象的"国家"，而是研究像中国、美国、英国、俄罗斯等这些具有国家的共同特征的非常具体的、作为个体的国家。从"位置即办公室"的观点看，作为办公室的"位置"与作为填充办公室位置的"对象"截然不同。作为办公室的"位置"只是作为填充办公室位置的那些具体系统中的"对象"的一种抽象或概括。比如，关于自然数结构的算术陈述"3+9=12"就被视为一种抽象的概括，"在任何一个自然数系统 S 中，S 中第 3 个位置上的对象 S 加上 S 中第 9 个位置上的对象就导致了 S 中第 12 个位置上的对象"[②]。这里的 3、9 和 12 是自然数结构中特定的位置，而冯·诺伊曼系统中的对象{∅，{∅}，{∅，{∅}}}和策梅洛系统中的对象{{{∅}}}则是分别占据自然数结构中的第 3 个位置的两个不同对象。同样，群定义中的运算和公理都是各种不同的群系统所共有的特征的一种抽象形式。这样，在"位置即办公室"的结构主义视角下，"一个结构中的位置更像是性质而不是对象"[③]。

这样，按照夏皮罗提出"位置即办公室"和"位置即对象"的观点，他认为这两种视角能解决著名的弗雷格的"凯撒难题"（"凯撒是否等同于一个特定的数"的同一性难题）。具体来看，3 是自然数结构中的第 3 个位置，{∅，{∅}，{∅，{∅}}}和{{{∅}}}是占据自然数结构中第 3 个位置的两个不同对象；但是，凯撒既不是自然数结构中的位置，也不是填充该结构中特定位置的对象。因此，像"凯撒是否等于 2 或任何其他自然数"的问题就是无意义的，或者说，这样的同一性陈述为假。显然，夏皮罗所谓的"同一性"标准有其成立的条件，该条件正是同一性依赖的结构，因而只有结构才是数学的核心。

① Shapiro S. Philosophy of Mathematics: Structure and Ontology. New York: Oxford University Press，2000：73.
② Shapiro S. Philosophy of Mathematics: Structure and Ontology. New York: Oxford University Press，2000：85.
③ Shapiro S. Thinking about Mathematics: The Philosophy of Mathematics. New York: Oxford University Press，2000：268.

　　另外，"位置即办公室"的策略还解决了由贝纳塞拉夫向传统的数学柏拉图主义提出的本体论困惑，并且给出了数学中有关自然数、冯·诺伊曼序数以及策梅洛数之本质的一种新颖的哲学解释。具体而言，贝纳塞拉夫通过对象的同一性标准，论证了数不是集合，从而根本不是对象。不过，数学实践表明自然数确实是集合，而且还是有限冯·诺伊曼序数。基于这样的数学事实，一方面，夏皮罗并不否认自然数是有限冯·诺伊曼序数。在他看来，"2 是{∅，{∅}}"中的"是"并非"同一性"的象征，它只是一个谓词。他认为，同一性的"是"（is）和谓词的"是"是不同的。从"位置即对象"的观点看，"是"具有同一性的功能；从"位置即办公室"的观点看，"是"充当谓词。比如，在"7 是小于 10 的最大素数"的陈述中，这里的 7 是对象，"是"的含义为"等同于"；而在"{{∅}}是 2"和"{∅，{∅}}是 2"的陈述中，这里的 2 是办公室，"是"的功能为谓词。因此，夏皮罗认为，当数学家们宣称"自然数是有限冯·诺伊曼序数"时，他们只是出于方便，选取众多系统中的冯·诺伊曼的集合论系统作为自然数结构的范例。事实上，策梅洛系统中的{{∅}}同样能起到自然数 2 的作用。根据这种解释，在"自然数是有限冯·诺伊曼序数"的陈述中，自然数是抽象结构中的位置，而有限冯·诺伊曼序数则是作为该结构的例子的系统中的对象，它们是两个不同层次上的概念，因而不具有同一性。另一方面，如上所述，夏皮罗能运用"位置即对象"和"位置即办公室"的策略，巧妙地对自然数、冯·诺伊曼序数和策梅洛数的本质做出解释。在他看来，自然数是位置，冯·诺伊曼序数和策梅洛数是对象；前者充当办公室的功能，后者是填充办公室位置的具体对象。因此，在同一性的意义上，我们就不能宣称："2 是{{∅}}"或"2 是{∅，{∅}}"，但是，在"是"作为谓词的意义上，我们完全能毫无疑虑地断定"2 就是{∅，{∅}}"。

（四）先物结构主义的困难

　　通过上述分析，夏皮罗提出的"位置即对象"和"位置即办公室"的解释策略似乎既能符合真实的数学实践，又能克服传统数学柏拉图主义和贝纳塞拉夫本体论解释的自身局限，难怪他非常自豪地宣称："先物结构主义是当代数学的最明晰的说明。"[①]

　　但是，当夏皮罗对数学的形而上学本质给出一种实在论的结构主义解释时，他无疑承诺了存在着一些独立的数学结构和作为其例子的系统的对象（即各种不同系统的背景本体论）。比如，夏皮罗虽然赞成 2 可以被定义为冯·诺伊曼的{∅，{∅}}，但是，这并不是在同一性的意义上被言说的，"2 是{∅，{∅}}"中的"是"只是一个谓词。这实际上表明，在夏皮罗的意识中，2 和{∅，{∅}}在本体论意

①　Shapiro S. Philosophy of Mathematics：Structure and Ontology. New York：Oxford University Press，2000：11.

义上是两种不同的数学对象，并且这两种对象都存在。虽然数学对象在本质上依赖于数学结构，但最终夏皮罗还是断言了数学对象存在。所以，我们不得不说，夏皮罗关于数学对象的这种结构主义解释依然无法避免传统数学柏拉图主义的认识论劫难。

其实，数学家们在其真实的数学研究中并不关心"数学对象究竟是什么"这种形而上学的本体论问题。在他们看来，不是数学对象，而是数学对象的性质、它们之间的关系和一些模型才是最重要的。因此，像夏皮罗这样的结构主义者们在本体论意义上明确断言"存在着独立的数学结构和数学对象"，并且在形而上学的框架中探讨诸如"2 是否等同于 $\{\varnothing，\{\varnothing\}\}$"这样的问题显然给了真实数学一个明确的哲学定位。但是，这种定位与真实的数学实践并不完全一致。英国剑桥大学的鲍尔（Rouse Ball）数学教授和菲尔兹奖获得者高尔斯（W. T. Gowers）表明，数学家给出的说明与夏皮罗的解释互不相容。高尔斯举例说，对于有序对的定义（$(x，y)=\{\{x\}，\{x，y\}\}$）而言，"假定，有序对能被还原为集合论，但这与人们说一个有序对'实际上'是一种有趣的集合有所不同（那个观点明显是错的，既然存在许多不同的集合论构造能对该项工作做得同样好。）"[①]。因此，对于把复数定义为实数的有序对、把自然数定义为有限冯·诺伊曼序数这些数学概念的拓展或数学概念的还原来说，重要的不是承诺了一个新的数学本体论，而是探讨它们具有什么样的性质或满足什么样的公理规则。由此可知，"自然数是有限冯·诺伊曼序数"这个数学事实或许根本没有承诺两种不同的本体论，而仅仅是构造了自然数的一种集合论模型。

因此，就数学研究的是抽象结构而言，先物结构主义的解释是有缺陷的，数学实践自身并没有在形而上学的意义上断言夏皮罗所谓的"独立的抽象结构"存在。这样，如果有哲学家希望继续坚持"数学是结构的科学"，那么，他们就必须在本体论的意义上消除谈论"抽象结构"，这种解释途径随之形成了关于数学的"消除式结构主义"的哲学说明。

三、消除式结构主义的解释及困难

如前所述，与"先物结构主义"相对立的立场是"在物结构主义"，它的另一个名称为"消除式结构主义"，"既然在物结构主义者们消除了谈论'结构'，而是赞成谈论具有一个结构的系统"[②]。

现在，让我们以算术结构为例进行说明。考虑戴德金-皮亚诺的算术公理，用

① Gowers W T. Does mathematics need a philosophy? //Hersh R. 18 Unconventional Essays on the Nature of Mathematics. New York: Springer Science & Business Media Inc, 2006: 192.

② Landry E, Marquis J-P. Categories in context: historical, foundational, and philosophical. Philosophia Mathematica, 2005, 13 (3): 22.

形式语言刻画如下：①

　　（A1）N（1）；

　　（A2）$\forall x[N(x) \rightarrow N(s(x))]$；

　　（A3）$\forall x[N(x) \rightarrow (1 \neq s(x))]$；

　　（A4）$\forall x \forall y[((N(x)N(y)) \wedge (x \neq y)) \rightarrow (s(x) \neq s(y))]$；

　　（A5）$\forall X[X(X(1) \wedge \forall x((N(x) \wedge X(x)) \rightarrow X(s(x)))) \rightarrow \forall x(N(x) \rightarrow X(x))]$。

这里，N 和 X 表示一元谓词，其中 N（x）表示"x 是一个自然数"；s 为后继函数，s（x）表示"x 的后继"。现在，我们把由上述 5 条公理刻画的自然数结构写为：PA_2（1，s，N）。接下来，我们考虑自然数结构的模型或系统（即它们满足上述 5 条公理），该系统由一个集合 S，S 中的一个特异元 e（相当于"1"），一个 S 上的一元函数 f（相当于"s"）和一个 S 的子集 S'（相当于"N"）构成，我们记为：PA_2（e，f，S'）。如果让 p（1，s，N）为任意一个算术语句（比如，1+2=3，等等），那么我们从戴德金-皮亚诺公理就能推出该语句成立，用公式表示为

　　（1）PA_2（1，s，N）$\rightarrow p$（1，s，N）

　　进一步，如果我们把上述公式进行量化，则变为

　　（2）$\forall x \forall f \forall X[PA_2(x, f, X) \rightarrow p(x, f, X)]$

这里，用 q 表示上述的全称陈述（2）。因此，"我们用一个算术陈述 p 断言的就是关于所有对象，所有的一元函数和所有的一元谓词或集合的；既然 q 中的主要的逻辑算子是不受限制的全称量词。……跟随这个路线，甚至用一个像 '2+3=5' 这样的语句表示的都不是一个特称陈述，而是一个全称陈述"②。

　　这样看来，一个算术陈述 p 能被理解为是关于满足戴德金-皮亚诺公理的所有算术系统或算术模型的。因此，像"2+3=5"这样的算术语句就不能被字面地理解，事实上，它仅仅是一种概括，是关于有限冯·诺伊曼序数 $(\varnothing, x \cup \{x\}, \omega)$、策梅洛数 $(\varnothing, \{x\}, \omega)$ 等算术结构的集合论模型的。通过这种分析，我们就不难理解"消除式结构主义"的意义了。就算术而言，事实上，它不仅消去了谈论普遍的、抽象的算术结构的存在，而且，它也反对把任何一个具体的集合论系统或模型等同于算术结构本身。难怪贝纳塞拉夫声称：数既不是冯·诺伊曼的数，也不是策梅洛的数，进而，它根本就不是集合，从而不是对象，数的本质在于其结构。因此，贝纳塞拉夫是一个名副其实的消除式结构主义者。

　　一般而言，消除式结构主义者相信："一个算术陈述并不能被字面地认为是关于一个特殊的对象集的陈述。相反，一个算术陈述是关于具有一个特定类型的所有系统的一种概括。……这样，消除式结构主义并不认为，数学对象或就此而言

　　①　Reck E H, Price M P. Structures and structuralism in contemporary philosophy of mathematics. Synthese, 2000, 125：355.

　　②　Reck E H, Price M P. Structures and structuralism in contemporary philosophy of mathematics. Synthese, 2000, 125：356.

的结构是真正的对象。谈论数是谈论那些作为该结构的例子的所有系统的一种方便而简单的方法。谈论结构一般来说是谈论对象系统的一种方便而简单的方法。这样，消除式结构主义就是一种无结构的结构主义。"① 因此，根据消除式结构主义的解释，对数学结构而言，存在的仅仅是作为该结构的例子的那些对象系统。并且，关于数学结构的断言只是对作为其例子的各种系统的概括。如果我们能从共相的观点做一个类比，比如，我们说"中国人是人""人是动物"，那么这实际上相当于说"每一个中国人是人""每一个人是动物"。因此，前面两个陈述分别是对后面两个陈述的一种概括。作为共相的"人"和"动物"是不存在的，存在的只有具体的人和动物。类似的，对数学而言，作为抽象形式的"数学结构"也不存在，存在的只有具体的具有特定数学结构的系统。这样，数学中就根本不存在诸如"群""环""域""向量空间"和"自然数"这样的事物，它们只是各种群系统、环系统、域系统和自然数系统等的抽象和概括。

从数学实践的角度看，消除式结构主义的解释有其现实的数学根源，它的思想直接来源于布尔巴基学派关于"数学结构"的集合论观念。消除式结构主义自身内出现两种版本的解释：一是以帕森斯为代表的"集合论结构主义"（set-theoretic structuralism）；二是以赫尔曼为代表的"模态结构主义"（modal structuralism）。

（一）集合论结构主义的解释及困难

作为消除式结构主义解释的第一种选择版本，"集合论结构主义"得名于数学中的结构主义运动。如前所述，数学史表明，数学中的结构主义思潮起源于 20 世纪 30 年代布尔巴基学派对"数学结构"的关注以及为此掀起的一系列革新运动。正像赫尔曼所说，"在数学中，尽管结构主义非正式地孕育于布尔巴基有影响的工作中，但是现如今毫无疑问的是，对于有关'结构'和'结构之间的映射'这两个确定、准确的概念来说，主流的数学家们会诉诸集合论或作为集合论一部分的模型论"②。事实上，布尔巴基的"结构"概念主要是用集合论来定义和刻画的。比如，一个"群结构"被定义为一个具有二元运算的集合 G，该二元运算满足群公理；一个"度量空间"被定义为一个在其上具有"距离"函数 d 的集合 M，该"距离"函数满足给定的"距离"公理等。这种集合论的"结构"概念影响之深，以至随后把数学结构拓展了的范畴论创始人麦克莱恩也认为，"通常的'结构'一词指的是由公理描述的一类数学对象"③，这里的数学对象就是那些具有给定数学结构的系统或模型。因此，这正是赫尔曼把"使用模型论以熟悉的方式描述数学

①　Shapiro S. Space，number and structure: a tale of two debates. Philosophia Mathematica，1996，4（3）：150.
②　Hellman G. Three varieties of mathematical structuralism. Philosophia Mathematica，2001，9（3）：185.
③　MacLane S. Structure in mathematics. Philosophia Mathematica，1996，4（3）：179.

结构和它们之间的相互关系”的这种解释称为“集合论结构主义”的真正原因所在。①

事实上，早在 1888 年，德国数学家戴德金就在其出版的著作《数是什么且应该是什么？》（*Was sind und was sollen die Zahlen*？）中用集合论的“结构”概念刻画了作为数学对象的自然数。他首先给出了一个简单无穷系统（simply infinite system）的定义，戴德金所指的“系统”正是我们所说的“集合”。然后，他从关于简单无穷系统的陈述中抽象概括出关于自然数的陈述。正是鉴于这一点，帕森斯把戴德金对自然数的分析解释为“消除式结构主义”说明。具体而言，首先，一个简单无穷系统被定义为一个系统 N（也就是，集合），使得存在 N 的一个元素 0，一个一一映射且为满射的映射 S：$N \rightarrow N-\{0\}$，并且该系统使得归纳原则成立，即

（1）$(\forall M)\{[0 \in M \wedge (\forall x)(x \in M \rightarrow Sx \in M)] \rightarrow N \subset M\}$

把条件（1）简写为 Ω（N，0，S），同时把“简单无穷系统”写作结构 $\langle N, 0, S \rangle$。②其次，一个关于自然数的陈述 A（N，0，S）（其初始术语为 N，0 和 S）能被看作是关于任何一个简单无穷系统的隐含概括，即

（2）对于任何 N，0 和 S，如果 Ω（N，0，S），则 A（N，0，S）。

范畴性定理（即任何两个简单无穷系统是同构的）暗含了（2）成立，如果对于一个简单无穷系统 $\langle N, 0, S \rangle$，有 A（N，0，S）成立。③这样，关于自然数的陈述就被视为关于一种特定类型的集合论结构（比如，冯·诺伊曼的、策梅洛的，还有其他集合论结构）的陈述。通过这种分析，数学家们可以避免谈论单个的自然数，或谈论数字和其他单称词项的指称，取而代之的是，数学家们只需研究那些同构的集合论结构以及结构的等价类即可。

因此，帕森斯认为，“把关于一种数学对象的陈述看作关于一种特定类型的结构的概括陈述，并且通过这样的思想寻找一种方法以消除对正在讨论的那种数学对象的指称”④，这种纲领显然就是一种“消除式结构主义”。因此，“消除式结构主义”消除了谈论作为结构中位置的数学对象，不仅如此，它还消除了谈论抽象的数学结构本身。事实上，我们知道迄今为止，不仅仅是帕森斯，甚至夏皮罗也承认：

> 结构主义依赖于一个概念，即作为“同一个”结构的范例的两个系统，这才是要点。……一个系统就是一个有序对，由一个定义域和该定义域上的关系和函数的一个集合组成。模型论专家有时候使用像“结构”“模型”和“解

① Hellman G. Three varieties of mathematical structuralism. Philosophia Mathematica，2001，9（3）：185.
② Parsons C. Mathematical Thought and Its Objects. New York：Cambridge University Press，2008：45.
③ Parsons C. Mathematical Thought and Its Objects. New York：Cambridge University Press，2008：46.
④ Parsons C. Mathematical Thought and Its Objects. New York：Cambridge University Press，2008：46-47.

释"这样的词语来代表我所谓的"系统"。……换言之，使用通常的模型论技术，集合论者就能谈论享有一个共同结构的系统。注意，在本体论中，我们找不到我所称的"结构"那样的东西。我们有的就是系统之间的同构和结构等价。消除式结构主义的口号就是"没有结构的结构主义"①。

　　很清楚，消除式结构主义的解释需要一个非常大的背景本体论，即例示数学结构的各种系统的对象域。比如，戴德金对自然数的说明就要求简单无穷系统存在，即依赖于无穷集合的存在。类似的，"关于实分析和欧几里得几何学的消除式结构主义的说明需要一个背景本体论，其势至少是连续统的势，并且集合论需要一个其具有一个真类大小（或至少是一个不可达基数）的背景本体论"②。更宽泛地说，消除式结构主义者认为的结构由集合、集合上的函数和关系构成。"结构本身实际上就是一个元组（tuple）、一个集合论对象。比如，我们的群 G 就是对偶 $\langle G, \circ \rangle$ 或三元组 $\langle G, \circ, e \rangle$。这种谈论结构的方式把数学是关于结构的信条纳入到把集合论作为所有数学的规范语言的概念中，以便所有的数学都能被解释为集合。"③ 这样，消除式结构主义要对数学结构作出实例说明，他们就必须预先假定存在足够多的对象可以作为这些结构的例子。就自然数结构而言，如果简单无穷系统（集合）不存在，也就是，不存在该结构的例子，那么对于（2）来讲，算术陈述就空洞为真，A 和 $\neg A$ 都成立。当然，这是不可能的。

　　因此，无穷多个集合存在成为消除式结构主义的先决条件。为此，"一些逻辑学家和哲学家把集合论的谱系作为所有数学的本体论。全域是 V。如果人们假定谱系中的每一个集合存在，那么就必定存在足够多的对象可以例示人们可能考虑到的任何一个结构。因为，历史地看，集合论的一个目的就是提供尽可能多的同构类，对消除式结构主义而言，集合论就是丰富的原料"④。然而，正因为如此，消除式结构主义遇到了最致命的打击，作为背景本体论的集合不能以消除式结构主义的方式加以说明。因为，如果背景本体论是 V，那么集合论本身就不是一个关于结构的理论，它只有集合作为其对象。即使"集合论可以被认为是对一个特殊的结构 U 的研究，但是这将要求另一个背景本体论来填充 U 的位置。这个新的背景本体论将不被理解为另一个结构中的位置，或者如果它是的话，我们仍然需要另一个背景本体论来填充它的位置。按照本体论的选择，我们不得不在某处停止系统和结构的这种无穷回归。最终的本体论不能用结构来理解，即使数学中的其他一切都可以"⑤。

---

① Shapiro S. Philosophy of Mathematics：Structure and Ontology. New York：Oxford University Press，2000：90-92.
② Shapiro S. Philosophy of Mathematics：Structure and Ontology. New York：Oxford University Press，2000：86.
③ Parsons C. Mathematical Thought and Its Objects. New York：Cambridge University Press，2008：44.
④ Shapiro S. Philosophy of Mathematics：Structure and Ontology. New York：Oxford University Press，2000：87.
⑤ Shapiro S. Philosophy of Mathematics：Structure and Ontology. New York：Oxford University Press，2000：87.

总之，集合论结构主义者面临着"要么放弃承认存在无穷集合，要么拒绝其结构主义解释"的两难境地。为了克服这种致命的弱点，赫尔曼在保持对数学进行结构主义说明的前提下，拒绝了谈论现实的无穷集合。取而代之的是，他主张数学家们谈论的"数学结构"只是一些逻辑上可能的结构，而并非现实存在着的结构。由赫尔曼提议的这种解决方案由此形成了关于数学的模态结构主义解释。

（二）模态结构主义的解释及困难

如前所述，集合论式的消除式结构主义并不能对作为最终背景本体论的集合进行结构主义的说明。换言之，消除式结构主义者们不得不承认，"某些抽象实体根本没有被消除，即集合和最低类型的对象的函数"[①]。不仅如此，消除式结构主义还必须预先假定存在无穷多个集合，否则算术结构就找不到能满足其公理的实例系统。但是，这种假定有本质困难。因为，如果我们假定数学中的无穷公理成立，那么从哲学上的认识论来讲，我们如何确证该公理的正确性呢？寻找这样的哲学说明是一个极为困难的问题。因此，为了从根本上避免谈论抽象结构和作为个体的抽象数学对象或系统，一种选择就是，不说一个任意的算术陈述关于所有的自然数系统或模型成立；而说一个任意的算术陈述是关于所有逻辑上可能的自然数系统或模型的。这样，消除式结构主义者们就能真正地把抽象的数学结构和系统或模型本身消去。

然而，这种模态选择似乎又带来了新的困难，即它在消除抽象结构和具体的数学系统或模型的同时，它又做出了新的本体论承诺：可能世界的本体论或承诺了可能存在物（possibilia）的存在。比如，以算术为例，至少存在一个满足戴德金-皮亚诺算术公理的系统或模型在逻辑上是可能的。用形式语言刻画如下

$$\Diamond \exists x \exists f \exists X PA_2(x, f, X)$$

其实，它不比集合论式的消除式结构主义假定存在现实的无穷多个对象更为优越。不过，即使这种假设不成问题，根据其思路，一个算术陈述为真就成为必然的，或者，算术真理就成为一种必然真理。我们重新考虑前述被量化了的全称的条件算术陈述：

$$\forall x \forall f \forall X[PA_2(x, f, x) \rightarrow p(x, f, X)]$$

上式经过模态解释之后，变为以下形式

$$\Box[\forall x \forall f \forall X(PA_2(x, f, x) \rightarrow p(x, f, X))]$$

现在的问题是，至今为止，算术理论的这种模态化的消除式结构主义解释是否合理还需要把其放到真实的数学实践中去检验。事实上，"注意到跟随模态结构主义的路线，数学真理变成一种模态真理：p 为真，当且仅当，$\Box q$ 为真，也就是，

① Reck E H, Price M P. Structures and structuralism in contemporary philosophy of mathematics. Synthese, 2000, 125: 358.

如果 q 是必然的。但是，这真的是一种关于数学真理的有吸引力的观点吗？……
至少当代的数学实践，尤其是由结构主义方法论所引导的数学实践似乎并没有以
任何直接的方式涉及模态"①。

因此，模态结构主义最终也不能对真实的数学作出合适的解释，以致对于包
括集合论结构主义在内的整个消除式结构主义来说，想要对全部数学作出一个一
致而完备的哲学说明就成为一种无法实现（尽管十分美好）的愿望。

综上所述，无论是主张数学研究的是抽象结构的"先物结构主义"，还是认为
数学研究的是一类具体的数学系统或模型的"消除式结构主义"，它们都成功地捕
获了现代数学的"结构"特征，这正是结构主义数学哲学的合理性所在。然而，
它们仍然无法对全部数学作出一个连贯、整体和有说服力的解释。由此可见，想
要对数学作出一种统一、绝对普遍的单一的哲学说明似乎并不能完整地描述或概
括出数学的全部特征，因而，这种努力注定在哲学研究中无法获得成功。

第四节　数学本质的语境论说明

纵观以上关于"数学本质"的哲学解释，无论是数学中的对象柏拉图主义者，
还是结构主义者，他们都是在"本体论""形而上学"或"存在"的意义上探讨此
问题的。然而，我们要解决的问题是理解并说明现实的数学实践的研究对象是什
么，即要理解和说明现行数学的本质。该问题的核心在于提醒我们要时刻避免"第
一哲学"的思维方式。这就要求必须以真实的数学实践为基础，并且关于数学的
哲学说明还需与科学的世界观相一致。鉴于此，按照语境论数学哲学的核心原则，
我们对传统和现有观点解释的特征和不足给予评价，并提出自己的解释：第一，
数学的研究对象，无论是作为个体的数学对象还是数学结构，其本体论的本质实
则为由我们人类创造出的概念。第二，根据数学实践，作为个体的数学对象和结
构都是数学家们研究的对象，二者不能互相还原、互相取代，并且"数学的研究
对象是什么"依然是一个处于历史进程中的、开放式的问题。

毫无疑问，数学家和哲学家们都会一致承认，无论我们试图在求解何种具体
的数学哲学难题，都应该以数学哲学的根本任务为出发点和最后归宿。如前所述，
数学哲学的根本任务在于，"它试图寻求提出一种对数学本质的连贯的、整体的、
普遍的说明（这里的数学，我指的是由当前数学家们实践和发展的实际的数学），
这种说明不仅与我们关于世界的当今的理论观点和科学观点相一致，而且也与我
们作为具有这类感觉器官的生物有机体在世界中的位置相一致，这种位置由我们
最佳的科学理论所刻画，而且它还与我们知道的关于我们对数学的掌握是如何获

---

① Reck E H, Price M P. Structures and structuralism in contemporary philosophy of mathematics. Synthese, 2000,
125：360.

得和检验的相一致"①。事实上，关于数学哲学根本任务的上述刻画已经蕴含了一种方法论。我们在对数学本质进行说明时，始终要以此任务和方法论宗旨为核心。因此，依据该准则，我们将分析传统观点的局限和对语境论说明的诉求。

首先，传统观点的解释在本体论层面不符合现行的数学实践，尽管这些解释在方法论层面或多或少地考虑到了现实数学实践的实际运用。就本体论层面而言，传统观点的解释在本体论上都预设了数学对象作为"事物"（thing）或"存在"（being）的形而上学地位。具体而言，①以弗雷格为代表的数学对象柏拉图主义者主张：数学研究的是那些作为个体的对象，这些对象作为抽象存在物而存在。②以夏皮罗为代表的先物结构主义同时预设了两种本体论：数学对象和结构。他们认为在陈述"2+3=5"中，数学对象2、3和5作为结构中的位置存在，同时由2、3和5等刻画的整体的抽象数学结构也存在，这样，抽象的数学结构自身和数学对象就都存在。③以帕森斯为代表的集合论版本的消除式结构主义预设了作为数学本体论的现实的无穷集合存在。④以赫尔曼为代表的模态版本的消除式结构主义预设了无穷集合作为一种可能存在物而存在。然而，历史地看，数学家们研究的数学对象一直以来都是以概念的形式出现的。最初的数学概念产生于表征现实自然世界的过程中。随着数学抽象化的发展，更为形式化的数学概念则直接从各种比较直观的数学概念中抽象出来。因此，传统观点的解释不符合真实的数学演进。一方面，哲学家们希望理解数学实践并给予说明；另一方面，它们又先验地预设了各种数学对象作为"事物"或"存在"之本质的本体论地位。当然，这种努力注定要受挫于由哲学家们预先设定的"形而上学"框架。

其次，语境论的数学哲学完全以数学实践为基础，并在世界观的意义上对数学实践进行语境分析以此形成对数学本质的合理说明。这样，"数学实践"不仅包括基本的数学理论。除此之外，当我们把整个数学作为一个整体，考察它在整个人类历史进程中的演变、数学与其他各学科之间的相容关系时，这其间产生的关于数学的所有认识和涉及的一切活动都属于数学实践的语境。而在数学实践语境中形成的对数学的最终理解（它与我们人类关于世界的其他科学认识相容）就是"数学的本质"所在。因此，"'数学是什么？'这个问题，不能通过哲学概括、语义学定义或者新闻工作所特有的迂回说法，来做出令人满意的回答。为了正确理解数学，实际接触数学的内容甚至更加必要了"②。因此，数学理论、数学史、数学与其他科学的关系都是我们对"数学本质"进行哲学说明时依赖的重要基础。

因此，鉴于上述分析，放弃传统的具有哲学主导倾向的、对数学实践考虑不完全的数学对象柏拉图主义和各种数学结构主义对数学本质的解释，转而选择语

---

① Chihara C S. A Structural Account of Mathematics. New York: Oxford University Press，2004：6.
② 理查德·库朗. 现代世界的数学//中国科学院自然科学史研究所数学史组，数学所数学史组. 数学史译文集续集. 上海：上海科学技术出版社，1985：83.

境论对数学本质的说明是一种必然的要求。

一、"数学本质"的形而上学说明：概念

到目前为止，我们已经论证了如果数学哲学家们想真正理解并说明数学的本质，那么他们首先必须抛弃"第一哲学"的传统思路，转而以数学实践为基础。更重要的是，我们需要在作为世界观的语境论的引导下重新认识和理解数学，因为这种世界观不仅能满足数学哲学的根本任务，而且它还与我们业已建立起来的关于世界的其他科学认识相容。因此，语境的说明是我们的必然选择，其核心观点主张数学家们研究和处理的各种数学对象的本质为概念。其次，在数学层面，按照语境论的说明，"数学的研究对象是什么"始终是一个处于历程进程中、依然保持开放的问题。

首先，从数学实践的角度看，各种数学对象本质上都是概念。按照数学实践，不仅作为个体的数学对象和抽象的数学结构是数学家们研究的对象，而且一些过程本质上也是数学对象。最典型的例子就是数学中的"无穷"，正如数学家柯朗（Richard Courant）和罗宾（Herbert Robbins）所言："无穷只意味着无穷尽的过程，而不是一个实际的量。"[①] 事实上，没有人会否认无穷确实是数学对象。又如，考虑"在两个函数空间之间定义一个映射，该映射的定义域和值域中的元素在认知意义上一定能被视为对象，与此相反，映射本身却可以被视为一个具有输入和输出的过程"[②]。除此之外，数学家们考虑的数学运算和函数也是过程。比如，"你可以把函数想象成从某个数学对象——通常是数——出发，以特定方式把它与另一个对象相关联的数学规则"[③]，显然，这里的函数并非"事物"意义上的对象，而是过程。数学运算加、减、乘、除等，以及函数的极限运算（$\lim_{x \to a} f(x) = f(a)$）表征的都是过程而非对象。因此，数学家们处理的数学对象就包括三类：作为个体的对象、结构和过程。并且，究其根本，数学中作为个体的对象、结构和过程都是一些抽象概念，因为概念的本质正是人类对一个复杂的过程或事物的理解。[④]

实际上，从数学的演进历程来看，数学的发展反映了数学概念的逐渐抽象化和形式化的趋势。最初，人类对现实世界的感知形成了他们对世界的理解，并且人类心灵中出现了与现实世界相对应的概念。比如，当人们不断地感知到太阳、月亮、眼睛的瞳孔和硬币时，他们能抽象出这些事物共有的特征：圆。于是，人

---

① ［美］R. 柯朗，H. 罗宾. 什么是数学. I. 斯图尔特修订. 左平，张饴慈译. 上海：复旦大学出版社，2005：77.
② Tall D. Advanced Mathematical Thinking. London：Kluwer Academic Publishers，2002：82.
③ ［英］斯图尔特. 自然之数：数学想象的虚幻实境. 潘涛译. 上海：上海科学技术出版社，1996：26.
④ 概念的具体解释请参看维基百科"概念"词条。

们的心灵中出现了所谓"圆"的概念，当然，这里的"圆"概念本质上还是人们心灵中的一种观念（idea），它直接对应于现实世界中圆形的东西。后来，数学家们把人们心灵中的"圆"的观念逐步抽象成具有严格定义、理想化的圆概念。类似的，理想化的点、线、面等也都是以这种方式形成的抽象概念，这些概念被视为数学的研究对象。到了19世纪，随着数学公理化运动的展开，原本抽象的概念经过形式化处理，成了更高一级的抽象概念。它们在现实世界中并没有具体原型，尽管如此，这些概念依旧是数学家们研究的对象，如拓扑空间、群、环、范畴等各种结构。因此，从数学的发展过程来看，无论是具有形象的现实原型的欧几里得几何学，还是由形式化公理定义的希尔伯特的形式几何学，它们研究的对象都是一些抽象概念。同样，从计数、测量等现实生活中抽象出的自然数、分数、无理数、实数，在此基础上抽象概括出的代数式、方程、函数空间等，所有这些都是抽象概念。简言之，数学对象是一些经过人类抽象出来的概念，作为数学实践的一个侧面的数学的历史正是我们关于这种数学本体论主张的有力证据。

其次，从语境论的角度看，数学的研究对象源于现实世界中抽象出的概念，而并非柏拉图王国中的抽象对象。要回答"数学的本质是什么？"这个问题，语境论的数学哲学运用语境论作为视角。实际上，从世界观的角度看，我们可以将论证数学视为一种世界观，作为理解世界的一种方式，数学家们处理的数学对象是人们表征现实世界时抽象出的数学概念。

毋庸置疑，数学是一种知识。由于所有知识都是人类对现实世界的理解和说明，因此，在这个意义上，数学就是人类长期以来在对世界的认识和理解过程中形成的知识体系。从更宽泛的哲学认识论来讲，数学就是一种认识论。而且我们可以从更普遍的世界观的层面来理解数学的本质。众所周知，世界观是具体的个人或集体对整个世界的根本看法和观点，是人类认识和理解世界的一种特有框架。数学作为一种世界观，一开始就把理解世界作为其根本的出发点和归宿。另外，语境论的世界观把所有的现象都看作语境中的历史事件，所以数学必然依赖语境，数学的产生正是世界这个语境各要素相互作用的结果。从这个角度看，数学对象是人类为表征世界所创造的概念。

具体而言，数概念的产生来源于人类实践生活中计数的需求。"原始时期，人类对数的认识往往是和实物联系在一起的。例如，有些民族用……'鸟的翅膀'表示'2'……因为鸟有两只翅膀；用手表示'5'，因为手有五指……罗马人用手指作为他们的计数工具。当他们表示1、2、3、4个物体，就分别伸出1、2、3、4个手指头；5个物体就伸出一只手；10个物体就伸出两只手。"① 随后，数学符

① 王永建. 数学的起源与发展. 南京：江苏人民出版社，1981：5.

号的出现正是对这些数学概念的表征，而数学概念又是对现实世界的表征。又如，数学中的向量（$\overrightarrow{OM}$）和复数（$a+bi$）概念可以用来表征客观世界中的力、位移、速度、电场强度等这些不仅有大小，而且有方向的物理量。因为，复数（$a+bi$）与平面中的点 $M(a,b)$ 对应，点 $M(a,b)$ 又与向量（$\overrightarrow{OM}$）对应，因此复数就可以表征现实世界中的各种矢量。[①] 实际上，真实的数学情形正如数学家麦克莱恩所言，"数学起源于人类各种不同的实践活动，这些活动提供了对象和运算（加法、乘法、比较大小），同时导致了后来嵌入形式公理系统（皮亚诺算术、欧几里得几何、实数系统、域论等）的各种概念（素数、变换）。这些系统被证明是整理了人类各种起源活动的更深奥而隐蔽的特性。例如，群的概念，虽然定义非常简单，但揭示了运动（旋转群和变换群）、对称性（结晶群）、代数运算（伽罗瓦群、关于微分方程的李群）的共同性质"[②]。

　　总之，从语境论的角度看，"数学必须从具体的和特定的材料取得动力，并且重新以某个'实际'层次为目标。……最纯粹数学行动的素材，常常可能是由可以触知的物质实际供给的。数学作为人类理智的产物，竟会如此有效地适用于描绘和了解物质世界，这是一个挑战性的事实，它理所当然地引起了哲学家的关切"[③]。事实上，无论是纯数学还是应用数学，都是对人类所生活的实在世界不断认识和理解长期积累形成的结晶。语境论反对把数学看作是对那种独立于人类和现实的物质世界的柏拉图王国中抽象对象的探究，相反，数学研究的是从现实世界中抽象和概括出来的概念。

　　最后，从科学世界观的角度看，数学的研究对象依然是概念，并不存在独立于人类认知之外的抽象数学世界。我们前面已经提出，对数学本质的连贯的、普遍的、整体的哲学说明必定要与我们关于世界的整个认识协调一致，其中最重要的就是科学认识。因此，我们可以通过考察相关的科学进展以获得对数学本质的更加深刻的理解。

　　首先，根据当前最新的科学研究，所谓非时空、独立于人类心灵和物质世界的柏拉图式的抽象数学世界的存在得不到任何科学证据的支持。有穷的物质世界、有穷的人类心灵和大脑无论如何都无法获知那个遥远无穷的数学世界。不仅人类的感官知觉，甚至就连最先进、最高级的精密仪器都探测不到一些最基本的数学实体。比如，"欧几里得几何学中最简单的实体——点——就不能被现实地感知到。由欧几里得定义的点是没有维度的实体，一种只有位置但是没有广延的实体。没

　　① 王永建. 数学的起源与发展. 南京：江苏人民出版社，1981：78.
　　② [美] S. 麦克莱恩. 数学模型——对数学哲学的一个概述//邓东皋，孙小礼，张祖贵. 数学与文化. 北京：北京大学出版社，1990：108.
　　③ 理查德·库朗. 现代世界的数学//中国科学院自然科学史研究所数学史组，数学所数学史组. 数学史译文集续集. 上海：上海科学技术出版社，1985：91.

有超级的显微镜能允许我们现实地感知到一个点"①。因此，得不到科学理论的支持但又相信"柏拉图式的抽象数学世界的确存在"，这种观点看来只能是一种潜藏于人类心灵深处的类似于对上帝的"信仰"。

其次，从认知科学的观点看，数学并不存在于人类的认知之外。目前，人类的认知机制已经成为现代科学的一个研究课题（确切地说，属于跨学科的认知科学的研究领域），因此，试图从认知语义学的视角考察数学语言（包括数学概念和陈述）本质的探索，能为我们进一步理解数学的本质提供最新的科学洞见。正是基于这样的认识，美国认知科学家纽尼兹分析了数学实践中一些重要的数学陈述和概念。比如，现在考虑数学中常见的"无穷序列的极限"，按照数学家柯朗和罗宾对这一概念的刻画②：

> 我们这样来描述 s_n 的行为，当 n 趋于无穷时，s_n 趋于极限 1，并且记作：
> $$1 = \frac{1}{2} + \frac{1}{2^2} + \frac{1}{2^3} + \frac{1}{2^4} + \cdots$$
> 在等式右边我们有一个无穷序列。

在纽尼兹看来，上述的描述实际上刻画了一些离散的、不动的数（$1, \frac{1}{2}, \frac{1}{2^2}, \cdots \frac{1}{2^n}, s_n$）之间的关系。当数学家们说 n 趋于无穷，s_n 趋于极限 1 时，根本没有实际的数学实体趋于任何事物，换句话说，抽象的数学实体是不会运动的。既然如此，数学家们做出这样的数学陈述又意味着什么呢？实际上，这里描述的数学过程只能是概念意义上的过程，假定非时空的、柏拉图式的抽象数学世界中包含涉及运动的过程显然与此矛盾。因此，数学柏拉图主义者们设想的那个独立于人类的抽象世界不存在。上述数学陈述的真正本质在于，"在像一个部分和代表了整个无穷和这样的例子中出现了概念转喻（conceptual metonymies）……当我们把无穷设想为空间中一个单一的位置，使得转喻的 n（代表整个值序列）能够'趋于'这个无穷时，存在概念隐喻（conceptual metaphors）"③。因此，像这样的数学陈述就不能字面地理解，它们在本质上是隐喻的。

总之，认知科学的研究表明，"数学，是我们能想到的最抽象的概念系统，它

①　Núñez R. Do real numbers really move? language, thought, and gesture: the embodied cognitive foundations of mathematics.//Hersh R. 18 Unconventional Essays on the Nature of Mathematics. New York: Springer Science & Business Media Inc, 2006: 160.

②　Courant R, Robbins H. Revised by Ian Stewart. What is Mathematics? 2nd ed. Oxford: Oxford University Press, 1996: 64.

③　Núñez R. Do real numbers really move? language, thought, and gesture: the embodied cognitive foundations of mathematics//Hersh R. 18 Unconventional Essays on the Nature of Mathematics. New York: Springer Science & Business Media Inc, 2006: 169.

最终体现于我们的身体、语言和认知的本质之中"①。现在假设如果存在一个柏拉图式的抽象世界，并且数学概念是对该世界中对象的表征，那么认知科学关于"数学的认知机制本质上是涉身的"并没有指明在人类通往抽象柏拉图世界中还存在一条通道。因此，我们在坚持科学世界观的同时，就必须彻底抛弃数学柏拉图主义的世界图景。最终，我们也必须承认：数学对象的本质确实是概念。

二、数学实践的语境论说明："数学本质"是开放的

从语境论数学哲学的观点看，对数学而言，"重要的是数学对象还是数学结构"这个问题本身并没有绝对的、唯一的答案，它依赖于我们在什么样的具体语境中探寻数学的本质。当我们在谈论数学是如何适用于物理世界，或数学与外部世界有什么样的关系时，我们采取一种结构主义的观点：把数学视为现实世界的抽象模型。另外，从人类抽象能力的角度来看，数学不必要必须与现实世界呈现一一对应的关系。数学最大的特性在于其抽象性和普遍性，比如，数学家们可以从人们容易理解的、和现实世界有某种对应关系的——零维的点、一维的线、二维的面和三维的空间——一直抽象出 n 维空间，甚至无穷维空间。通过这样的抽象，数学就可以超越有限的现实的物理经验进入纯数学领域。因此，在这个意义上，从数学本身的层次考虑数学的本质时，个别的数学对象和抽象结构或其他都可以成为数学家们关注的核心。因此，"数学本质是什么？"这个问题本身依语境而定。

首先，就数学与外部世界的关系而言，结构主义比数学对象柏拉图主义能更好地做出解释。从结构主义的视角看，"对物理世界和数学系统而言，存在着一种也许是二者共同享有的潜在结构。……这样就容易明白为什么数学会适用于非数学的领域：数学描述结构或模式（pattern），并且该结构就呈现于物理系统本身之中"②。用数学结构的专业术语来说，也就是，存在从物理世界到数学系统的同态。加拿大哲学家布朗用数学结构的观点对数学为何在现实世界中如此有用作了清晰的论证。在他看来，"当一个关系系统 P 和一个数学系统 M 之间存在一个同态时，一个非数学领域的数学表征就发生了。P 由一个定义域 D 和在 D 上定义的关系 R_1，R_2，…构成；类似地，M 由一个定义域 D^* 和在 D^* 上定义的关系 R^*_1，R^*_2，…构成。一个同态就是从 D 到 D^* 以适当的方式保持结构的一个映射"③。随后，他

① Núñez R. Do real numbers really move? language, thought, and gesture: the embodied cognitive foundations of mathematics//Hersh R. 18 Unconventional Essays on the Nature of Mathematics. New York: Springer Science & Business Media Inc, 2006: 178.
② Brown J R. Philosophy of Mathematics: A Contemporary Introduction to the World of Proofs and Pictures. 2nd ed. New York: Routledge, 2008: 62.
③ Brown J R. Philosophy of Mathematics: A Contemporary Introduction to the World of Proofs and Pictures. 2nd ed. New York: Routledge, 2008: 52.

用具体的例子说明了这种解释。比如：[①]

> 让 D 是一个由具有重量的物体构成的集合，让 $D^* = \mathbb{R}$，实数的集合；进一步，让 $\circ$ 和 $\oplus$ 分别是物体重量的小于等于关系和加法关系。关系 $\leqslant$ 和 $+$ 是通常的实数的小于等于关系和加法关系。于是，这两个系统就是 $P = \langle D, \circ, \oplus \rangle$ 和 $M = \langle \mathbb{R}, \leqslant, + \rangle$。数和物体（$D$ 中的 a，b，$\cdots$）就通过同态 $\phi : D \to \mathbb{R}$ 联合在了一起，它满足两个条件：
> （1）$a \preceq b \to \phi(a) \leqslant \phi(b)$
> （2）$\phi(a \oplus b) = \phi(a) + \phi(b)$。
> 其中，（1）说的是：如果 a 的重量小于等于 b，那么与 a 相关联的数就小于等于与 b 相关联的数。（2）说的是：与两个组合在一起的对象的重量 $a \oplus b$ 相关联的数等于与各自对象的重量相关联的数的和。换句话说，物质实体之间所持有的关系被编码成了数学领域之间的关系，并且由实数之间的关系所表征。

因此，就这种解释而言，结构主义更能把握数学和现实世界之间的相互关联。从语境论的角度看，我们具有的数学知识和我们生活的世界是一个统一的整体，数学是我们为了更好地理解和说明世界产生的知识体系，因而数学能担当表征现实世界的责任，并且数学正是对从现实世界中抽象出的各种理想化的形式模型进行的研究。

其次，从数学自身的实践层面来讲，对数学而言，"重要的究竟是作为个体的数学对象还是抽象的数学结构"这个问题似乎并不需要一个绝对、僵硬和单一的回答。毕竟，数学的内容极为丰富，无论是孤立的数学领域（不能用结构加以刻画）还是那些可以用结构的观念来统一的相互联系的数学分支，它们都是促进整个数学进步不可缺少的动力，任何一个都不能捕获数学的全貌。

正如我们前面已经论证的，数学中的集合并不能够用结构的观念来理解。因为"在群论中，群的概念比群的特殊实例具有某种优先性。群非常适合于结构主义的说明，但是集合看起来似乎根本不是这样。成员（对象）比由它们构成的集合（结构）具有一种优先性。如果集合正好是一个结构，那么改变集合的成员就不会影响集合本身，就像改变一垒手并不会改变内场的结构一样。但是集合的同一性完全依赖于它的成员——改变了成员，你就改变了集合。结构主义不能恰当地处理集合论的这个基本事实"[②]。如果有数学家反对说：集合论充其量只能算作逻辑学家感兴趣的学科，它根本不影响现行的数学实践；那么我们实际上还有明

---

① Brown J R. Philosophy of Mathematics: A Contemporary Introduction to the World of Proofs and Pictures. 2nd ed. New York: Routledge，2008：52.

② Brown J R. Philosophy of Mathematics: A Contemporary Introduction to the World of Proofs and Pictures. 2nd ed. New York: Routledge，2008：66.

确的理由宣称：结构的观念并非适合于全部数学。甚至连倡导结构主义的数学家麦克莱恩也承认这个事实，"那些关于一个复变量的解析函数的重要的经典问题仍然是非常具体的，也就是，特殊的，而关于数的标准问题（为什么 π 和 e 是超越的；素数是如何分布的？）几乎很难是结构的。大量的关于偏微分方程和它们的解（如对流体力学而言）的实际研究并不能自然地用公理化的'结构'术语来描述。数论仍然是非常具体的。由于这些及其相关的理由，我们不能声称数学正好就是对由公理化定义的结构进行的研究，但是我们能观察到这样的结构被广泛而有效地使用着"①。由此可见，"结构"的观念在某种程度上只是对形式数学的一种刻画，实际的数学研究不仅包括形式数学（数学的确证），它还包括非形式数学（数学的发现）。因此，"'结构'似乎充其量只是充分的数学哲学的一个可能的方面。这样一种充分的数学哲学现在还没有达到"②。

总之，数学哲学的根本任务是为实际的数学研究提供一种普遍、一致和整体的说明，它并没有预设数学哲学家们必须提出一种对全部数学来说只能是唯一的、绝对的解释。如果按照这种形而上学预设，那么数学只能要么是关于个别数学对象的，要么是关于抽象结构的，二者不能同时成立。事实上，正如我们前面已经论证的，专业数学家们不仅处理各种各样的对象和结构，他们还处理一些本质上是过程的数学概念。对数学的内部发展而言，数学的核心是作为个体的对象、结构还是过程完全取决于各分支的数学家们处理和解决问题的关键；另外，从数学与外部世界之间的关系看，无论数学家们处理的是作为个体的对象、结构还是过程，作为整体的数学研究对象始终是从现实世界中抽象出来的形式模型。此外，对数学陈述来说，我们究竟应该字面地理解还是隐喻地理解，这也要依赖于实际的语境。因此，"数学本质是什么？"本身就是一个依赖语境的问题。按照语境论的数学哲学，我们关于数学本质的哲学说明并不需要一个先验、绝对的形而上学预设。相反，"数学的本质"只是在一种相对的意义上被言说，它存在于人们实际探索问题的语境之中。更重要的是，"数学本质究竟是什么？"本身就是一个处于历史进程中一直被人们不断追寻、依然保持开放的问题。

① MacLane S. Structure in mathematics. Philosophia Mathematica, 1996, 4（3）: 177.
② MacLane S. Structure in mathematics. Philosophia Mathematica, 1996, 4（3）: 183.

第四章　数学实在性的语境论说明

数学的发展模式中充满了大量的公理、定义、定理、证明。这些几乎被视为必然真理的数学公理和定理究竟断言了什么？被断言的那些数学实体是实在世界的一部分吗？在形而上学的哲学追问中，"数学是否为我们描述了一个实在的抽象世界？"或"抽象的数学世界存在吗？"和上一章讨论的"数学本质是什么？"一起成为当代数学本体论领域持久争论的两大核心问题，也是当代数学实在论和反实在论争论的关键问题。有观点认为，数学就像其他科学一样，是对一种不同于物质世界的抽象数学世界进行不断理解和认识的结果。与此相对立的解释则认为这种抽象的数学世界不存在，数学仅仅是一种有用的虚构和方便的工具而已。我们的目标是从语境论的视角出发，试图对"抽象数学世界的实在性问题"和"数学与物质世界之间的关系"给出新的说明。

第一节　数学实在性问题的传统解释、困境及出路

对大多数人而言，数学往往以绝对真理或必然真理的面貌展示于公众。通常，我们被教给的数学知识是经由公理、定义和定理确定下来的不容怀疑的真理体系。因此，数学中有大量的真陈述，比如"2+2=4""直角边边长为 1 的等腰直角三角形的斜边长是 $\sqrt{2}$""$e^{\pi i}+1=0$"等。如果我们不用数学术语（如数学中的形式证明、定义和公理）来说明，而是通过日常语言或经验科学的语言进行解释，那么上述的这些陈述究竟意味着什么？是什么使得这些陈述为真的？这样的真陈述是否为我们提供了一幅关于实在世界的图像？这些问题看起来异常困难，正如达米特所言："甚至数学的从业者们可能发现都难以回答这样的问题。"[1] 因此，我们似乎只有在数学内部才能深刻理解这些陈述究竟说了些什么，即使我们还不能非常清晰地说明这样的数学陈述（至少有一些）究竟陈述了哪些事实。但是与此不同，我们却可以不用系统地接受物理学、生物学等学科的专业训练就能大致了解这些学科旨在揭示实在世界中哪些方面的真理。

然而，似乎更加令人困惑的问题在于那些出现在数学中的大量的存在陈述。比如，我们在数学中经常能看到类似于下述这样的数学语句或定理：

（1）存在处处不可微的连续函数，如魏尔特拉斯函数：$f(x)=$

---

① Dummett M. What is mathematics about? //George A. Mathematics and Mind. New York: Oxford University Press，1994: 11.

$\sum_{n=0}^{\infty} a^n \cos(b^n \pi x)$ ，其中，$0<a<1$，$b>0$ 且 b 是一个奇数，并且 $ab>1+\dfrac{3}{2}\pi$；

（2）让 f 在开区间（a，b）上可微，在闭区间［a，b］上连续，那么就存在一个实数 c，$a<c<b$，使得 $f'(c)=\dfrac{f(b)-f(a)}{b-a}$（微分中值定理）；

（3）存在一个没有元素的集合 $\varnothing$：$\exists a \forall x(\neg(x \in a))$（ZF 集合论的空集公理）；

（4）存在一个无穷集合，即 $\exists \omega(\varnothing \in \omega \wedge \forall x(x \in \omega \rightarrow x \cup \{x\} \in \omega))$，这就意味着 ω 的成员有无穷多个：$\varnothing$，$\{\varnothing\}$，$\{\varnothing$，$\{\varnothing\}\}$，$\{\varnothing$，$\{\varnothing\}$，$\{\varnothing$，$\{\varnothing\}\}\}$，…（ZF 集合论的无穷公理）；

……

这些陈述究竟描述了什么呢？数学陈述中的"存在"与日常语言或者经验科学语言中的"存在"是否意味着相同的东西？这些为真的数学陈述背后是否隐含着一幅实在世界的图像？数学陈述中的抽象单称词项（如"处处不可微的连续函数""$\varnothing$""ω""$\sqrt{2}$"等）指称了真实存在的对象：处处不可微的连续函数、$\varnothing$、ω、$\sqrt{2}$ 吗？

显然，如果数学确实是对客观存在着的数学对象或数学结构的研究，那么这样的数学对象在本质上就不是一种物质对象，它们是一种非物质性的实在。因为物质对象的根本特性就在于它们处于一个封闭的时空因果体系之中，而我们要用自身的感官机能或高端仪器无论如何也找不到魏尔斯特拉斯函数究竟位于时空因果体系中的哪个位置，并且我们同样无法用现有的测量工具精确地测量到一个等腰直角三角形的斜边长就是 $\sqrt{2}$。由此可见，数学对象本身并不是一种物质对象，这个结论似乎是不可避免的。在这种情况下，数学对象就只能是一种非时空的抽象对象。不过，另外一种情形似乎也是可能的，即数学陈述中的抽象单称词项仅仅是一种符号，它们根本没有任何的指称对象，从而所谓的实在的数学世界不存在。现实的数学也不用关心数学家们处理的数学对象究竟是一种什么样的实体，只要数学系统在逻辑上是一致的，由公理刻画的数学对象和结构就是有意义的，重要的是形式化的公理系统，而不是其他。

这样，关于数学陈述中"存在"的说明就出现了两种相互对立的哲学解释。一种是哥德尔的数学实在论解释，这种观点主张数学是实在的，数学真理真实地描述了抽象的数学世界；另一种是希尔伯特的形式主义解释，认为"数学仅仅是一种游戏；数学对象就像棋子，数学规则就像游戏的任意规则"[①]。正如游戏中的棋子并不指称任何事物一样，数学中的抽象单称词项也不指称数学对象，数学中

---

① Brown J R. Philosophy of Mathematics：A Contemporary Introduction to the World of Proofs and Pictures. second edition. New York：Routledge，2008：68.

只存在数字符号"2"，并不存在 2 这个数。这样，数学就被看成是对未经解释的形式系统的研究，除此之外，数学什么也不是。在这个意义上，数学与实在世界没有任何关联，数学不是实在的。关键的问题在于，数学究竟是否实在呢？在做出最后的回答之前，我们有必要对传统的解释进行详细分析。

一、传统实在论的解释及困境

作为一个坚定的数学柏拉图主义者，哥德尔主张：数学陈述中所假定的各种数学实体存在；数学陈述有确定的真值；数学实体的存在和数学陈述的真值独立于我们对它们的认识。使哥德尔持有这种信念的是他于 1931 年在一份德国期刊上发表的一篇论文——《论〈数学原理〉及相关系统的形式不可判定命题》（*Über Formal Unentscheidbare Sätze der Principia Mathematica und Verwandter Systeme I*）。在这篇论文中，哥德尔证明了：任何一个包括形式算术系统为子系统的形式系统 S，如果 S 是一致的，则形式系统 S 就是不完备的，也就是存在一个语义上为真的语句 A，A 和 $\neg A$ 在形式系统 S 中都不可证。这被称为第一不完备性定理。这个定理的证明第一次向人们揭示出数学真理与数学证明并不等同。更重要的是，数学上的这一成果被哲学家们（或许还有一部分数学家）看作是支持数学实在论的有力证据。甚至它对于一般的哲学也具有重要意义，哲学家塞尔（John R. Searle）就曾评述道："哥德尔的证明对于传统的将本体论（何物存在）与认识论（我们如何认知）分开的理性主义观念来说，是一种支持。真理是一个与事实相符合的问题。如果一个陈述是真的，那么必定有某种事实使之据以为真。事实属于何物存在的问题，是本体论的问题。证明和证实属于寻找真理的问题，因而是认识的概念，但不能把它们与我们所要寻找的事实混淆起来。哥德尔无可争辩地表明数学真理不能与可证明性相等同。"[①]

正是在上述意义上，数学被认为是实在的。哥德尔曾在《罗素的数理逻辑》（*Russell's Mathematical Logic*，1944 年）一文中说道："类（classes）和概念（concepts）也可以……被认为是真实的对象……独立于我们的定义和构造而存在。"[②] 随后，他又在《数学基础的一些基本定理及其意义》（*Some Basic Theorems on the Foundations of Mathematics and Their Implication*，1951 年）一文中坦言："我相信，真理就是数学概念形成了一种独立的客观实在，我们不能创造或者改变它，而只能感知和描述。"[③] 追随哥德尔的数学家和哲学家们持有数学实在性信念的理由到

① ［美］约翰·塞尔. 心灵、语言和社会. 李步楼译. 上海：上海译文出版社，2006：5.
② Gödel K. Russell's mathematical logic//Benacerraf P，Putnam H. Philosophy of Mathematics. 2nd ed. Cambridge: Cambridge University Press，1983：456.
③ Gödel K. Some basic theorems on the foundations of mathematics and their implications//Gödel K. Collected Works. vol. 3. New York：Oxford University Press，1995：320.

了 1963 年变得更加充分，原因是美国数学家科恩（Paul Joseph Cohen）证明了 CH 相对于 ZF 系统的独立性。这样，结合哥德尔以前的工作，人们得知策梅洛-弗兰克尔的集合论公理系统既不能证明 CH，也不能对 CH 加以否证。对哥德尔来说，这进一步支持了他的数学实在论信念。

哥德尔主张，存在着独立于我们的认识能力和数学理论的数学实体以及有关这些实体的数学真理。根据哥德尔第一不完备性定理，虽然我们并不能认识所有的数学真理，但我们还是可以认识到相当多的数学真理。现在的问题是，我们如何获得关于这些抽象数学实体的知识呢？既然数学实体独立于一切物质对象和人类的心灵，那么对这些数学实体的认识机制显然不能和对通常的物质对象的认识机制——感官知觉相等同。不过，在哥德尔看来，"尽管它们远离感官经验，但是我们确实具有像是一种知觉的某种东西，我们也能感知到集合论对象，这一点可以从公理迫使我们相信其为真的事实看出来。我看不到任何理由，即为什么我们对感官知觉的信任应该小于对这类知觉（也就是数学直觉）的信任……"①因此，数学家们可以通过这种"数学直觉"的能力来把握数学实体的实在性和数学真理。另外，既然我们同时相信数学真理和经验的自然科学真理，那么我们就没有理由只相信物质对象的实在性，而否认数学实体的实在性。因此，哥德尔认为："假定这样的对象与假定物理实体同样地合法，并且有同样多的理由相信它们存在。正如物理实体对于获得一个令人满意的关于我们的感官知觉的理论是必要的一样，数学对象在同样的意义上对于获得一个令人满意的数学系统也是必要的……"②正是基于对数学和物理科学之间的类比，哥德尔始终坚持数学的实在论立场，即"数学是对客观存在着的数学实体的科学研究，正如物理学是关于物理实体的研究一样。数学陈述为真或为假依赖于那些实体的性质，独立于我们的能力"③。

不可否认，哥德尔试图通过在抽象数学实体和其认知者之间搭筑一条认识的通道，以至能为数学实在论提供合理的认识论说明。但是，这种诉诸神秘的"数学直觉"能力的说明并不能令人信服。因为哥德尔没有进一步说明这种数学直觉究竟是什么，数学直觉是如何有效的，所以数学直觉的认识论说明依然带给哥德尔数学实在论一层神秘的面纱，以致哥德尔对"数学实在性"的辩护是不充分的。

二、传统反实在论的解释及困境

与数学柏拉图主义对数学实在性的说明相反，希尔伯特的形式主义在根本上

---

① Gödel K. What is Cantor's continuum problem//Benacerraf P，Putnam H. Philosophy of Mathematics. 2nd ed. Cambridge：Cambridge University Press，1983：483.

② Gödel K. Russell's mathematical logic//Benacerraf P，Putnam H. Philosophy of Mathematics. 2nd ed. Cambridge：Cambridge University Press，1983：456.

③ Maddy P. Realism in Mathematics. Oxford：Oxford University Press，1990：21.

否认数学的实在性。他既反对把数学看作是对柏拉图式的抽象世界的描述，也否认数学是对物质世界的刻画，数学在本质上是独立自主的，它仅仅是一堆形式系统。

希尔伯特之所以做出上述断言，其根源在于数学中"无穷"概念的出现和公理化方法的高度发展。让我们先来考察"无穷"概念的实在性本质。在数学分析中，当数学家们涉及无穷大和无穷小时，他们往往是在极限的意义上讨论的，比如

$$\lim_{n\to\infty}\left(1+\frac{1}{n}\right)^n$$

这里的"∞"或"$n\to\infty$"言外之意是要表达无穷多个表达式，即

$$\left(1+\frac{1}{1}\right)^1,\left(1+\frac{1}{2}\right)^2,\left(1+\frac{1}{3}\right)^3,\cdots,\left(1+\frac{1}{n}\right)^n,\cdots$$

因而，这里的无穷主要指的是过程，是一种潜在的无穷，称之为"潜无穷"（potential infinity）；然而，当我们讨论由所有自然数构成的集合 $\omega=\{0,1,2,3,\cdots\}$时，我们关注的是一个完成了的、已然存在的无穷整体，这样的无穷是一个真正的无穷，被称为"实无穷"（actual infinity）。关于这两种无穷在数学中的合法性问题引起了争论，对柏拉图主义者而言，这两种无穷都是真实的；但是，在直觉主义者那里，只有潜无穷才合法，实无穷由于不能被数学家们现实地构造出来因而是不合法的，应该被放弃。如果遵循直觉主义者的建议，大量的经典数学就得不到承认。这样的做法显然违背了真实的数学实践，希尔伯特明确宣称："没有人能将我们从康托尔为我们创造的乐园中驱逐出去。"[1] 因此，对希尔伯特而言，我们必须从直觉主义那里挽救整个经典数学，承认实无穷的合法性。

关键的问题在于：实无穷的本质究竟是什么呢？显然，希尔伯特认为它不是直觉主义意义上的心灵构造的产物。那么，它是否是为表征实在的物质世界而由数学家引入的概念？或者说数学中的无穷是否能在实在的物质世界中找到对应物呢？希尔伯特通过考察世界的科学认识，得出物质世界中并不存在无穷（包括无穷小和无穷大）。具体而言，"希尔伯特承认由当代物理学呈现出的世界图景。原子理论告诉我们物质不是无限可分的。量子理论告诉我们能量同样不是无限可分的。并且相对论告诉我们空间和时间无界但可能不是无限的"[2]。因此，数学家们谈论的无穷在现实的世界中找不到，在这个意义上，数学中的无穷不是实在的。

既然如此，无穷的本质又是什么呢？在希尔伯特看来，其实，"无穷"概念的引入是为了使普通的逻辑规律或以往的数学规则能普遍成立，可以使数学变得更

①　Hilbert D. On the infinite//Benacerraf P, Putnam H. Philosophy of Mathematics. 2nd ed. Cambridge: Cambridge University Press，1983：191.

②　Simpson S G. Partial realizations of hilbert's program. Journal of Symbolic Logic，1988，53：351.

简单明了、能统一处理。这样，"无穷"就仅仅是一种工具而已，"无穷"本身没有任何意义。类似地，像射影几何中的"无穷远点"、虚数等也都只是符号而已，没有任何实际内容。希尔伯特把这些数学实体称为"理想元素"（ideal elements）。比如，"在射影几何中，存在大量的几乎定理（almost-theorems）：几乎每两条直线相交于一点，但平行线例外。然而，随着引入了无穷远点（a point at infinity），甚至平行线也能相交。对这些定理来说，包括了无穷远点这样的理想元素就能消除陈述这些例外情形的必要。一般地，它在这样的程度上简化了定理和证明，以至于理想元素也成了标准射影几何的一部分。无穷远点被认为仅仅是虚构，由它们巨大的力量和效用而被认为是合理的"①。同样，"作为数学家，我们常常陷于不稳定的情形中，然而，我们可以通过理想元素这种创造性的方法得以获救。……正如引入 $i = \sqrt{-1}$ 以保持代数定律（比如，关于一个方程的根的存在和数量的定律）的最简单形式；引入理想因子以保持代数整数的可除性的简单定律（比如，引入 2 和 $1+\sqrt{-5}$ 的一个公共理想因子，尽管这样的因子并不真实地存在）一样；类似地，为了保持通常的亚里士多德逻辑的简单形式规则，我们必须用理想陈述对有限性陈述进行补充"②。这样，在希尔伯特那里，"数学就被视为两种公式的堆积：首先是有限性陈述的有意义的信息对应的那些公式；其次是什么也不指称且是我们理论的理想结构的其他公式"③。正如哲学家布朗所概括的，希尔伯特主张"经典数学（classical mathematics）=有穷数学（finite mathematics）+理想元素（ideal elements）"④。

正是由于理想元素被引入了经典数学，没有任何实质内容的理想元素使得通常的数学规则和逻辑运算也必须把其意义舍弃掉，进行形式化处理。这样，数学陈述就转换成了纯粹的公式，这些公式仅仅是一串串没有意义的符号，数学处理的就是这样的符号，人们也很难看到这些形式化了的抽象公式和理想陈述会隐含着实在。当然，在这个意义上，数学陈述中的抽象单称词项也不会有指称。希尔伯特的《几何基础》表明，数学理论可以不用指称数学之外的实在就能完全发展起来。随着经典数学到现代数学的转变，原本先有固定指称或意义的数学词项现在仅仅表现为一些抽象结构中的形式关系，它们的指称和意义消失了；另外，经典数学中的公理往往被认为表达了真理，而现代数学中的公理则只是一些结构关系的抽象，它们并不是关于特定主题的真理。鉴于此，希尔伯特认为，数学真正的核心在于由公理刻画的形式关系，而不是作为个体的数学对象。希尔伯特倡导

①④　Brown J R. Philosophy of Mathematics: A Contemporary Introduction to the World of Proofs and Pictures. 2nd ed. New York: Routledge, 2008: 71.

②　Hilbert D. On the infinite//Benacerraf P, Putnam H. Philosophy of Mathematics. 2nd ed. Cambridge: Cambridge University Press, 1983: 195.

③　Hilbert D. On the infinite//Benacerraf P, Putnam H. Philosophy of Mathematics. 2nd ed. Cambridge: Cambridge University Press, 1983: 196.

的消除式结构主义的数学主张与他的形式主义规划的理念在本质上是一致的。因此，既然现代数学已经取代经典数学成为数学本质的核心，那么与现代数学相对应的形式系统表明数学仅仅是一些形式符号，在本质上既没有表征柏拉图式的抽象数学世界，也没有表征现实的物质世界。

总之，对希尔伯特而言，无论是理想元素的引入还是数学中形式化的发展，都没有蕴含数学的实在特征。相反，数学的真正本质在于：

> 公理仅仅表示从公式得到公式的法则，所有的记号和运算符号在内容上都与它们的意义无关。这样，所有的含义都从数学符号上消除了。……数学思维的对象就是符号本身，符号就是本质；它们并不代表理想的物理对象。公式可能蕴含着直观上有意义的叙述，但是这些含义并不属于数学。
>
> ……
>
> 对于形式主义者来说，数学本身就是一堆形式系统……数学就不成为关于什么东西的一门学科，而是一堆形式系统，在每一个系统中，形式表达式都是用形式变换从另一些表达式得到的。①

现在的问题是，希尔伯特的解释合理吗？根据希尔伯特的观点，在数学中引入理想元素的一个必要条件是一致性证明，因为"通过加入理想元素对一个域进行扩充是合法的，只要该扩充不会导致那个旧的、较小的域中出现矛盾，或者换句话说，只要旧结构之间获得的关系在理想结构被消除时在旧的域中一直有效"②。这样，如果我们能说明一致性证明实质上并不能获得，那么理想元素就不应该被引入数学，得不到扩充的数学也就无法前行。以致最后，数学又得回到其符号具有意义的实质公理阶段。这时，即使在一种最低限度的意义上，我们也不能得出"数学符号没有意义，数学仅仅是一堆形式上一致的系统"这样的断言。最终，希尔伯特对"数学实在性问题"的解释就会被彻底击垮。

事实上，不仅哥德尔的第一不完备性定理表明数学不能等同于形式系统，而且对希尔伯特而言，更惨烈的事情莫过于哥德尔的第二不完备性定理摧毁了形式系统"一致性证明"的希望。具体而言，第二不完备性定理是指：任何一个包括形式算术系统为子系统的形式系统 S，如果 S 是一致的，则一致性在本系统内不可证。换句话说，即使形式系统是一致的，我们也无法获知它的一致性。既然我们不知道系统是否一致，那么理想元素的引入就有可能导致矛盾。显然，"希尔伯特试图给出经典数学的一致性一个（有限可接受的）证明的希望完全破灭了"③。

①　[美]莫里斯·克莱因. 古今数学思想. 第四册. 邓东皋，张恭庆等译. 上海：上海科学技术出版社，2002：317-318.

②　Hilbert D. On the infinite//Benacerraf P, Putnam H. Philosophy of Mathematics. 2nd ed. Cambridge: Cambridge University Press，1983：199.

③　Brown J R. Philosophy of Mathematics: A Contemporary Introduction to the World of Proofs and Pictures. 2nd ed. New York: Routledge，2008：82.

另外，大多数数学家都愿意承认数学对象不仅仅是公式或无意义的定理，它们一定包含着更深刻的内容。但是希尔伯特挽救经典数学的整个目标却是为数学提供一个一劳永逸的基础：一致性，而不是真理。甚至希尔伯特的学生外尔也认为："希尔伯特的数学或许是一种美妙的公式游戏，甚至比下棋更好玩；但是它与认识毫无关系，因为那是公认的，它的公式并不具有可借以表示直观真理的那种实在意义。"① 综上所述，希尔伯特关于"数学本质"的反实在论解释也是不可接受的。

三、数学实在性问题的出路

到目前为止，我们说明了哥德尔和希尔伯特对数学本质的解释都有内在的缺陷。一方面，哥德尔主张数学是关于数学对象的科学，数学公理和定理描述了这个数学世界的基本真理，真理对应于事实，属于本体论范畴；数学知识是数学家们认识的结果，属于认识论范畴。由于哥德尔诉诸了一种神秘的"数学直觉"来说明数学家们的认知活动，这种解释对于刻画哥德尔的主张是不充分的。另一方面，希尔伯特根据数学中的特有对象（即他所谓的"理想元素"）：无穷、虚数、无穷远点等和现代数学的公理化发展主张数学的本质是一堆形式系统，数学的主题就是数学符号本身（比如，如果数论有主题，也只能是数字而不是数）。由于希尔伯特全部的规划都依赖于形式系统的一致性证明，而哥德尔的不完备性定理否定了这样的任何努力，最终导致希尔伯特关于数学本质的反实在论解释不能成立。

既然如此，那么数学究竟是否是实在的呢？看来我们必须寻求第三种方案，即考察数学在科学中的应用。一种朴素的想法认为，如果我们能说明数学对现代科学而言是不可或缺的，而现代科学又被认为是实在的，那么我们就没有理由否认数学具有同样的实在性。但是，如果数学对现代科学而言可有可无，那么数学就仅仅起到了一种类似于工具的作用，或许我们可以认为数学对象也仅仅是一种数学家们的虚构物而已。有关数学实在性问题的这些新的解释方案，我们将依次对它们展开讨论，即数学实在性的不可或缺性论证、自然主义集合实在论和数学虚构主义的反实在论。

第二节　数学实在性的不可或缺性论证及存在的困难

毋庸置疑，我们不能否认外部世界的实在性，毕竟，我们对这个世界的一切探索都依赖于这样一个假定：外部世界是存在的。然而，实在世界本身却并不自我说明。于是，任何关于这个实在世界的认识、理解和说明的急切愿望都可以促

---

① ［美］莫里斯·克莱因. 古今数学思想. 第四册. 邓东皋，张恭庆等译. 上海：上海科学技术出版社，2002：322.

成人类各种知识的产生，其中似乎科学成为我们关于这个世界的最佳说明。因此，科学成为我们通往实在世界的一种主要认识渠道，科学的成功导致了科学实在论。回到现在的问题：数学是否实在呢？一个自然的想法就是，如果人们能说明数学对世界的科学认识不可或缺，似乎数学的实在性就得到了支持。这种观点被称为"数学实在性的不可或缺性论证"。我们下面将详细考察并分析数学对科学的不可或缺性是否能真正地支持数学实在论。

一、不可或缺性论证

数学实在性的不可或缺性论证起源于蒯因。值得注意的是，虽然蒯因被认为是不可或缺性论证的开创者，但是在他的著作中却找不到明显关于"不可或缺性论证"这个专门术语或论题的阐述和辩护。真正把蒯因为数学实在论辩护的思想称为"不可或缺性论证"的首位哲学家是普特南。他在其论文《逻辑哲学》中提到："数学实体的量化对科学而言是不可或缺的，这里的科学包括形式科学和物理学；因此，我们应该接受这样的量化；但是这就使得我们承诺了接受这些数学实体的存在。这类论证当然起源于蒯因，他多年来既强调对数学实体进行量化的不可或缺性，又强调否认人们日常所预设事物的存在在智力上是不诚实的。"① 并且普特南本人也主张，"数学和物理学以这样的方式交织在一起，成为关于物理理论的实在论者，同时又是关于数学理论的唯名论者，这是不可能的"②。所以，在普特南看来，我们应该接受关于数学实体存在的承诺。这样，借助于数学实体在科学中的不可或缺为数学的实在性进行辩护，一般就把这种论证称为"蒯因-普特南的不可或缺性论证"。

如上所述，虽然蒯因没有明确地为数学实在性的不可或缺性论证进行过阐述，但是通过分析蒯因的整个哲学思想，我们不难发现蒯因的不可或缺性论证的具体思路如下：

（1）探究实在世界的最佳理论是我们的科学理论。（科学自然主义）

（2）科学理论的证据在整体上确证整个理论（其中包括数学理论），而不是确证单个假说。（确证整体论）

由科学自然主义和确证整体论（confirmational holism）可以得到：

（3）我们相信由成功的科学理论的本体论陈述承诺的实体存在。

（4）本体论承诺原则：存在就是约束变项的值。（本体论承诺）

---

① Putnam H. Philosophy of logic//Putnam H. Mathematics，Matter and Method. 2nd ed. New York：Cambridge University Press，1979：347.

② Putnam H. What is mathematical truth? //Putnam H. Mathematics，Matter and Method. 2nd ed. New York：Cambridge University Press，1979：74.

（5）我们的科学理论的本体论陈述中变项值域中的值不仅包括物理对象，而且包括数学对象。

因此，根据上述的所有前提条件，数学实体的实在性得到确证，即：

（6）科学的成功确证了数学实体的存在。

显然，蒯因的上述论证是以他的科学自然主义、确证整体论和本体论承诺原则等主要的哲学洞见为前提的。简单地说，蒯因的不可或缺性论证的核心主张是：数学对科学的不可或缺性确证了数学实体的存在。或者正像数学实在论者雷斯尼克看到的那样，蒯因的不可或缺性论证是在他的科学自然主义和整体论的框架中提出来的，因此，雷斯尼克把该论证称为"整体论-自然主义的不可或缺性论证"（holism-naturalism（H-N）indispensability argument）。他概括的核心要点如下："第一，数学是自然科学不可或缺的一个组成部分。第二，这样，按照整体论，我们拥有的关于科学的一切证据恰好也是科学预示的数学对象和数学原理的证据，同样也是其他科学理论体系的证据。第三，根源于自然主义，数学为真，并且数学对象存在的理由也是经科学证实的其他实体存在的理由。"① 对蒯因而言，"何物存在"的唯一仲裁者是自然科学，由于数学实体的承诺对科学理论不可或缺，从而抽象数学实体存在。总之，我们要考察蒯因的不可或缺性论证，就不能忽略他的科学自然主义、确证整体论和本体论承诺原则的思想。现在，让我们依次进行分析。

（一）数学实体的存在标准：科学自然主义

从字面上看，数学中的大量陈述在本体论上承诺了各种各样的数学实体，比如，"2 是素数""存在处处不可微的连续函数""两点之间有一条且只有一条直线"等。现在的问题是，数学陈述中承诺的这些实体存在吗？我们如何知道数学是否描述了一个实在世界？要得到该问题的答案，按照蒯因的标准，科学自然主义的解释方案是最佳策略，即通过科学的方式回答，不需要任何超越科学之外的形而上学探索（因为自然科学是实在的唯一和最终仲裁者）。

正如蒯因的科学自然主义核心纲领提倡的那样，"放弃第一哲学的目标。自然主义把自然科学看作是对实在的一种探究，自然科学是可错的和可纠正的，但是它不对任何超科学的法庭负责，并且不需要超越于观察和假说-演绎方法之上的任何辩护"②。因此，按照该思路，我们要确定数学实体的实在性，就需要依赖于经验的自然科学。我们看到，蒯因的科学自然主义强调的是，"不存在第一哲学和与

---

① Resnik M D. Quine and the web of belief//Shapiro S. The Oxford Handbook of Philosophy of Mathematics and Logic. New York: Oxford University Press, 2005: 430.

② Quine W V. Theories and Things. Cambridge: Harvard University Press, 1981: 72.

科学事业连续的哲学事业。被这样解释的科学（即把哲学作为一个连续的部分）被视为世界的完备叙述（story）。自然主义起源于对科学方法论的一种深深的尊敬和承认这种方法论在作为回答关于事物的所有本质的基本问题的一种方式时所表现出的不可否认的成功。"① 因此，要确证数学实体的实在性就需要诉诸确证科学理论在探索实在世界时表现出的成功。这样，数学实体的确证就转移到了证据对数学和科学的整体确证的要求上，即我们即将要关注的"确证整体论"。

（二）数学实体存在的确证：确证整体论

　　既然传统的本体论和认识论问题已经交给了科学，那么数学实体是否存在的本体论探究和如何确证数学实体存在的认识论说明就应该通过科学的方式加以回答。按照蒯因的经验主义，科学理论的确证最终依赖于我们的经验证据。同时，蒯因的整体论强调："我们关于外在世界的陈述不是个别的而是仅仅作为一个整体来面对感觉经验的法庭。"② 因此，上述思想形成了蒯因所谓的"确证整体论"。现在我们具体考察蒯因是如何用确证整体论的思想对数学实体的存在进行确证的。

　　首先，需要强调的是，蒯因所谓的"科学"不仅包括自然科学，而且还包括数学。他在《经验论的两个教条》中写道："全部科学，包括数学、自然科学和人文科学，是类似的但是更为极端的被经验所不充分决定。这个系统的边缘必须与经验保持一致。"③ 因而，由经验确证的科学理论当然包括数学在内。他把全部科学作为整体看作一个信念的网络，数学和逻辑处于网络的中心。整个信念网络的系统接受经验的检验，当与经验发生冲突时，就优先修改离经验较近的系统边缘的陈述，直到与经验一致。当整个系统能说明或较好地解释经验时，科学就被认为是成功的。

　　其次，在这个信念之网中，数学与自然科学并没有严格的区分。数学与自然科学共同接受经验的检验和确证。按照蒯因的观点，自然科学中的本体论陈述和数学中的本体论陈述之间的区别仅仅是程度上的区别，而非种类上的区别。关于这一点，蒯因在《论卡尔纳普的本体论观点》（*On Carnap's Views on Ontology*，1951年）一文中明确提到："在自然科学中，存在着一个从报告观察的陈述到反思（比如说）量子理论或相对论之基本性质的那些陈述的逐级递进的序列。……本体论陈述，甚或那些数学和逻辑陈述，构成这个序列的进一步延伸，此延伸也许比量子理论或相对性原理更远离人类的观察。依我看，区别只是程度上的而不是种类上的。科学是一个统一的结构，原则上它是作为整体的结构，经验所能确证或所

①　Colyvan M. The Indispensability of Mathematics. New York: Oxford University Press，2001：12.
②　[美] 蒯因. 从逻辑的观点看. 陈启伟，江天骥，张家龙，宋文淦译. 北京：中国人民大学出版社，2007：42.
③　Quine W V. From a Logical Point of View. 2nd ed. Cambridge: Harvard University Press，1961：45.

能显明其缺陷者不是一对一地作为其构成成分的陈述。"① 因此，科学理论的陈述中就不仅承诺了像电子、夸克等这样的物理对象，而且还承诺了许多像数、函数这样的数学对象。事实上，在蒯因看来，数学实体的承诺对科学而言是不可或缺的。他认为，"我们在科学中想要说的某些东西可能会使我们去承认，在数量关系的变项值域中不仅有物理对象，而且有类和它们之间的关系；同样还有数、函数和纯粹数学的其他对象。因为数学（不是未经解释的数学，而是真正的集合论、逻辑、数论、实数和复数的代数、微积分等）最好是被看作科学的组成部分，与物理学、经济学等并驾齐驱，而数学则被说成是在这些领域中获得了应用"②。

根据前述思路，如果科学理论作为整体被经验确证，那么数学作为科学理论的一部分也应该被认为是对实在世界的最佳说明。那么，我们如何判别整体的科学理论是否承诺了数学对象呢？这就需要第三步，关于这一点，蒯因提出了他著名的判别何物存在的"本体论承诺原则"。

（三）数学实体的识别本质：本体论承诺

"数学对象是否存在"与"我们如何能知道数学对象是否存在"在本质上是两个不同的问题。蒯因关于数学本体论问题采取的策略是"语义上溯"，也就是，他并不直接讨论"数学对象是否存在"的本体论事实问题，而是转而通过分析我们的科学理论和数学理论是否承诺了数学对象存在的认识论问题间接地对数学的本体论问题作出回答。

数、集合、函数存在吗？这个经典的数学本体论问题由于在经验上得不到确证，曾一度使得逻辑实证主义和逻辑经验主义将其作为无意义的形而上学问题从哲学中排除出去。数学对象本质的哲学探索由此得到压制，然而，一种充分的数学哲学说明的必要条件是必须能回答"数学对象本质上究竟是什么"这个根本的形而上学问题，否则这种说明就不完备。既然如此，那么问题一定出在逻辑经验主义对本体论问题的判别标准上。回顾我们刚才分析的，在逻辑经验主义和逻辑实证主义那里，事物"存在"的确证标准被认为"可感知"。由于抽象数学对象是不可感知的，所以逻辑经验主义和逻辑实证主义有充分理由认为它们不存在。事实果真如此吗？蒯因认为当然不是。

关于"经验"和"存在"的关系问题，蒯因的核心洞见是：事物能够被感知并不是事物"存在"的真正本质。他在《论何物存在》（*On What There Is*，1953年）中明确写道："如果飞马存在，他确实就会一定在空间和时间之中，但这只是因为'飞马'这个词有空间-时间的含义，而不是因为'存在'有空间-时间的含

① 蒯因. 论卡尔纳普的本体论观点//涂纪亮，陈波. 蒯因著作集. 第⑤卷. 北京：中国人民大学出版社，2007：204.
② 蒯因. 科学的范围和语言//涂纪亮，陈波. 蒯因著作集. 第⑤卷. 北京：中国人民大学出版社，2007：232-233.

义。如果我们肯定 27 的立方根存在，没有空间-时间上的所指，这只是因为立方根并不是一种在空间-时间中的东西，而不是因为我们对'存在'（exist）的使用有歧义。"① 关于"何物存在"，蒯因真正关心的是本体论的承诺问题。他说："当我们想要考察存在的时候，物体由于其可感知性而优于别的对象。但是，我们现在已经转移到了关于下述事情的问题上来了：不去考察存在，而去考察存在的归属问题（imputation），即考察一个理论说什么东西存在。这个问题就是：何时可以认为一个理论假定了一个给定的对象，或者一个给定种类中的若干对象，比如说数、数的集合、性质或点，等等。"② 这样，问题的关键就变为考察一个理论中"存在"一词的真正本质是什么。

在蒯因看来，首先必须明确的是，我们不能通过在一个真陈述中使用了单称词项或者名字就直接宣称该陈述承诺了某个对象。理由是语词的意义和由该语词命名的对象是不同的，我们可以使用没有指称对象的语言，同时该语言是有意义的。蒯因举例说，我们可以不用预设"飞马"存在而有意义地谈论"飞马"这个语词。因此，在他看来，"名字对于本体论问题是完全无关紧要的"③。甚至，像"飞马"这样的名字可以通过罗素的策略把其转换为摹状词，摹状词最终又可以被消除掉。因此，本体论承诺的真正本质并非名字。这也就是说，我们不能通过"2是素数"为真和"2"是抽象单称词项来断定"2"指称了抽象的数学对象 2。那么，我们通过什么方式可以确定真陈述"2 是素数"中承诺了抽象的数学对象 2 呢？

如果我们把"2 是素数"用符号表示为"Fa"，那么根据罗素的摹状词分析，"2 是素数"就可以用一个量化表达式表示，即"$\exists x(Fx \wedge x = a)$"。经过这样处理之后，蒯因主张，"2 是素数"中的数字"2"指称 2 这个数，当且仅当上述的量化表达式为真。换言之，"为了表明某一给定对象在一个理论中是被需要的，我们所必须表明的事情恰恰就是：为了保持该理论的真理性，那个对象必须处于约束变项所涉及的那些取值（value）之中"④。更一般地，比如，我们要考察"存在着 10 和 100 之间的素数"这个陈述在本体论上承诺了哪些对象，就是要确定使得量化表达式"$\exists x(Fx \wedge x > 10 \wedge x < 100)$"为真的那些约束变项所取的值。这样看来，一个理论承诺了哪些对象存在，取决于使该理论为真、落入约束变项的取值范围内的那些对象。这就是蒯因著名的本体论承诺原则，即"存在就是约束变项的值"。

总之，通过上述分析，蒯因关于数学实在性的不可或缺性论证始终贯穿于他的科学自然主义、确证整体论和本体论承诺的三个前提中，最终得出"数学对象存在"的数学实在论结论，如图 4.1 所示。

---

① [美] 蒯因. 从逻辑的观点看. 陈启伟, 江天骥, 张家龙, 宋文淦译. 北京: 中国人民大学出版社, 2007: 4.
② 蒯因. 存在与量化//涂纪亮, 陈波. 蒯因著作集. 第②卷. 北京: 中国人民大学出版社, 2007: 417-418.
③ [美] 蒯因. 从逻辑的观点看. 陈启伟, 江天骥, 张家龙, 宋文淦译. 北京: 中国人民大学出版社, 2007: 13.
④ 蒯因. 存在与量化//涂纪亮, 陈波. 蒯因著作集. 第②卷. 北京: 中国人民大学出版社, 2007: 419.

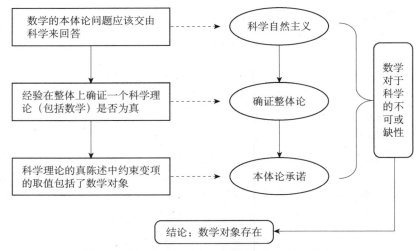

图 4.1　蒯因的"数学实在性的不可或缺性论证"

二、不可或缺性论证存在的困难

数学实在性的不可或缺性论证为数学实在论提供了新的辩护，我们现在关心的是：这种不可或缺性论证最终成功了吗？我们已经看到，蒯因的不可或缺性论证的整个背景框架都依赖于他的科学自然主义。但令人遗憾的是，蒯因在具体实施上述所有三个前提的论证过程中，都或多或少地违背了这一主张，导致他的总纲领与具体的实施策略之间的不一致，最终使得数学实在性的不可或缺性论证不能令人信服。具体的反驳论证如下：

首先，蒯因的自然主义主张反对"第一哲学"原则，然而，他的整个不可或缺性论证依然保留有"第一哲学"的探讨模式，是一种不彻底的自然主义。一方面，在蒯因看来，对数学的本体论探究应该以自然科学的方式进行，不需要任何超科学的方法，即超越于观察和假说-演绎方法之上的任何辩护。因此，对数学实体是否存在的探讨自然应该用经验自然科学的方法直接判定。由于数学对象不能被人类感知到，即使高精密的科学仪器也探测不到（比如，现有的所有测量工具无论如何都测量不到 $\sqrt{2}$），所以，像 $\sqrt{2}$ 这样的数学对象就不存在。这个结论依赖于蒯因科学自然主义的信念：自然科学是关于实在之本质的最终仲裁者。但是，蒯因的不可或缺性论证却告诉我们"数学对象存在"。无疑，蒯因的论证是充满矛盾的。他的科学自然主义充其量只能是一种不彻底的自然主义，或者更准确地说，"数学对象存在"无法从科学自然主义的前提中得出。

其次，蒯因的确证整体论主张数学知识要面临经验的确证，但是在实际的数学研究中，数学知识的确证独立于经验。具体而言，蒯因的确证整体论认为，数学作为科学理论的一部分，其目的是为了描述实在世界并且要接受经验的检验。当我们的科学理论与经验不符时，我们就应该根据经验及时修改科学理论中相应的假说。因而在原则上，数学和逻辑也有被修改的可能性，不存在绝对不可错的知识。但是，实际情形表明，并没有哪些经验会把以往已经确立起来的数学知识推翻。比如，数学家们一旦断定了"2是素数"，那么它就一直成立，不会随着外在于数学的经验的改变而改变。同样，直角边边长为1的等腰直角三角形的斜边长是$\sqrt{2}$，这条数学定理不会因为我们在现实中无法测量到$\sqrt{2}$而被推翻或修改。因此，面对经验的法庭，已确立的数学知识本身根本不存在需要修改的可能性。

关于蒯因确证整体论的这一缺陷，哲学家布朗也指出应用数学的本质在于对物理世界的表征而非描述。换言之，数学可以被视为物理世界的模型，而并非是对特定物理事实的一种绝对刻画。布朗给出了一个简单的例子（考虑物理中速度的"加"和数学中的"加"）以表明物理事实不会改变数学概念的意义。比如，我们现在设想：如果在一架正在飞行的飞机（其相对于地面的飞行速度是V）内扔一个其速度为W（相对于飞机）的小球，那么小球相对于地面的速度是多少？这要分两种情形来讨论，如果飞机以高速飞行，那么我们就需要在相对论物理学的框架中计算小球相对于地面的速度，也就是小球速度和飞机速度的合成：$\phi(W \oplus V) = (\phi(W) + \phi(V)) / (1 + (\phi(W) \times \phi(V)) / c^2) = (w + v) / (1 + (wv) / c^2)$；否则小球相对于地面的速度遵循经典物理学的框架：$\phi(W \oplus V) = \phi(W) + \phi(V) = w + v$。布朗论证说："显然，这个例子并没有推翻我们以前关于数学加法的信念。实际上，旧的数学'$\oplus$'在新公式中起了作用——它仍然是加。相反，我们只是挑出了一个不同的数学结构以作为物理的速度合成的模型。"[①]

除此之外，麦蒂也竭力反对数学知识需要由经验确证。她从真实的数学实践出发，论证了数学家们有一套属于他们自己的确证方式。数学家们对数学公理、定理等的确证无需等到这些公理和定理在成功的科学中找到应用，而蒯因不可或缺性论证的真正要点恰恰就在于数学在科学中的应用。不仅如此，蒯因坚持的观点竟然和数学家们所持观点相反。这就是，集合论中的可构成性公理（$V=L$）在现行集合论中被普遍拒绝；而蒯因却坚持认为这条公理应该被认可。这显然违背了真实的数学实践。为此，麦蒂提出了与蒯因的"科学自然主义"相类似的"数学自然主义"。正如蒯因所认为的，科学"不对任何超科学的法庭负责，并且不需要超越于观察和假说-演绎方法之上的任何辩护"[②]。同样，数学自然主义强调"数学不对任何数学之外的法庭负责，并且不需要超越于证明和公理方法之上的任何辩护"[③]。这样，正如蒯因认为科学独立于第一哲学一样，麦蒂所倡导的数学自然

①　Brown J R. Philosophy of Mathematics: A Contemporary Introduction to the World of Proofs and Pictures. 2nd ed. New York: Routledge, 2008: 61.
②　Quine W V.Theories and Things. Cambridge: Harvard University Press，1981：72.
③　Maddy P. Naturalism in Mathematics. New York: Oxford University Press Inc. 1997: 184.

主义也主张，"数学不仅独立于第一哲学，而且还独立于自然科学"①。因此，通过科学的确证标准来确证数学是不合理的。

最后，蒯因的本体论承诺标准在本质上是一种逻辑标准或语义标准，这本身就违反了他的科学自然主义原则。根据蒯因不可或缺性论证的推理，科学理论在逻辑或语义的意义上承诺了数学实体，如果经验在整体上确证了这个科学理论为真，那么由该理论承诺的数学实体就存在。显然，在蒯因的讨论中，数学实体的"存在"从逻辑或语义的层面转移到了本体论或形而上学的层面。充其量，自然科学对数学实体存在的确证也只是一种间接的确证。假设蒯因的论证成立，那么蒯因也只是断言了数学实体存在，至于数学实体究竟是一种什么样的存在？或数学实体是在什么意义上存在？蒯因并没有给出进一步说明。这样，蒯因关于数学本体论的说明就是不充分或不完备的。假设蒯因的论证不成立，这是因为他明确声称"本体论问题是和自然科学问题同等的"②，因此，通过自然科学的方法无论如何都得不出数学实体存在的结论。总体而言，蒯因关于数学实体存在的不可或缺性论证最终不能成立。

虽然蒯因关于数学实在性的不可或缺性论证由于其具有无法回避的固有缺陷被放弃了，但不可否认的是，从古至今，数学在我们人类关于经验现象和物理事实的说明中一直扮演着极其重要的角色。正是由于数学这种令人惊叹和不可思议的"说明力"，使得一些哲学家和物理学家始终不愿放弃承认数学对象具有和物理对象一样的实在性。甚至伟大的数学家希尔伯特也赞成：由于数学在科学探索中的不可或缺，我们不得不承认数学的真理性。他曾经问道："如果数学中没有真理，那么我们知识的真理性以及科学之存在和进步又会怎样呢？"③ 其实，即使不考虑蒯因的科学自然主义、确证整体论和本体论承诺这三个前提，数学实在性的不可或缺性论证依然具有无比的魅力，这就使得有哲学家试图采用其他策略来改进不可或缺性论证，以此为数学的实在性进行辩护。其中引起人们关注的是哲学家雷斯尼克的"实用主义的不可或缺性论证"（pragmatic indispensability argument）。

在科学史的进程中，大量的科学定律和科学理论运用了数学。数学史家克莱因揭示了数学和物理学之间奇妙关系的本质，他这样说道："具有奇妙的适用性的欧氏几何学，哥白尼和开普勒的超常准确的日心说理论的模式，伽利略、牛顿、拉格朗日和拉普拉斯辉煌、包罗万象的力学，在物理上不可解释的相对论以及原子结构理论。所有这些高度成功的发展都依赖于数学概念和数学推理。"④ 因此，"数学是探究、发现和描述物理现象的最佳方法。……尽管数学结构本身不是物理

① Maddy P. Naturalism in Mathematics. New York：Oxford University Press Inc. 1997：184.
② ［美］蒯因. 从逻辑的观点看. 陈启伟，江天骥，张家龙，宋文淦译. 北京：中国人民大学出版社，2007：47.
③ ［美］M. 克莱因. 数学与知识的探求. 刘志勇译. 上海：复旦大学出版社，2005：225.
④ ［美］M. 克莱因. 数学与知识的探求. 刘志勇译. 上海：复旦大学出版社，2005：238.

世界的实在，但它们是我们所拥有的唯一通向实在之门的钥匙"①。于是，只要我们肯定这个事实，并且承认科学是探究实在世界的最好方法，那么我们承认了科学事业的存在和进步，似乎就必须承认数学的真理和真的数学陈述中所假定的数学对象。这种思想其实就是雷斯尼克提出的为数学实在性辩护的"实用主义的不可或缺性论证"②：

（1）在陈述科学定律和推导其结论时，科学假定了许多数学对象存在和大量数学的真理。

（2）这些假定对于从事科学事业是不可或缺的；而且，如果不把数学陈述看作是真的，从科学和在科学内部推导出的许多重要结论就得不到了。

（3）因此，只有我们证明在科学中使用的数学被认为是真的，我们才能证明从科学和在科学内部推导出的结论是合理的。

从上述论证可以看出，数学真理和数学对象的存在需要在科学实践中被预先假定。也就是说，对实际从事研究的物理学家们而言，他们不会怀疑他们使用的数学公理或数学定理的真理性。这是毫无疑问的，因为如果物理学家不承认大量的数学陈述为真，那么他们在自己的科学研究中就不会借助数学去解决问题。然而，实际的情形是，他们确实使用了数学，因此他们当然承认数学的真理性。

但是问题在于，物理学家承认数学的真理性就是大量的数学陈述为真的真正原因吗？或者说，科学研究中需要假定数学为真就能充分说明数学为什么是真的这个难题吗？这样的提问是合理的，毕竟从历史的角度看，我们不得不承认下述事实：从古希腊时代一直到18世纪末，当人们试图解释物理现象或自然界的运行规律为什么会如此适合地遵循数学规律时，他们往往诉诸根植于人们心中的"上帝就是按数学的方式来设计大自然的"这一坚定信念。甚至"牛顿也相信上帝根据数学原理设计了世界"③。因此，"数学在科学和世界的说明中有效"这一事实假定了"上帝存在"。显然，我们要问：这样的假定真的能为我们证明"上帝存在"吗？似乎这是非常荒谬的，因为我们在随后的科学史中发现，即使我们不假定"上帝存在"，我们也可以通过其他途径解释"数学为什么奏效"。因此，这样的推理不成立。与此类似，我们也不能通过在科学的实践中假定了"数学对象存在"和"数学真理"就以为真的说明了数学对象存在和数学陈述之所以为真的原因。

总而言之，数学实在性的不可或缺性论证可以概括为："数学对于我们最佳的科学是不可或缺的。我们应该相信我们最佳的科学理论，因此我们应该接受由我

① ［美］M. 克莱因. 数学与知识的探求. 刘志勇译. 上海：复旦大学出版社，2005：237.
② Resnik M D. Mathematics as a Science of Patterns. New York：Oxford University Press，1997：46-47.
③ ［美］M. 克莱因. 数学与知识的探求. 刘志勇译. 上海：复旦大学出版社，2005：233. 此外，关于利用上帝之存在来解释数学为什么在科学中或者在世界的说明中如此有效的具体论述，见《数学与知识的探求》第12章：数学为什么奏效.

们最佳的科学理论所量化的实体。"① 当然，我们已经试图说明了诉诸数学在科学中的不可或缺性对数学实在性的辩护是站不住脚的。

第三节　自然主义集合实在论的解释及存在的困难

继蒯因之后，麦蒂为数学实在论提供了新的辩护，她从具体的数学集合论实践案例出发，主张数学的哲学分析应以数学实践为基础。为此，她把自己的主张称为"自然主义的集合实在论"（naturalistic set theoretic realism）。

一、自然主义集合实在论的动机

如前所述，自美国哲学家贝纳塞拉夫于 20 世纪六七十年代发表的两篇论文《数不能是什么》和《数学真理》以来，近 50 年内，数学实在论和反实在论之争就一直统治着当代西方数学哲学中主流方向的发展。1990 年，麦蒂提出一种数学哲学研究的全新理念：关注数学实践，并倡导一种自然主义的集合实在论主张。事实上，麦蒂是吸取了数学实在论者蒯因和哥德尔的思想并同时力图避免二者的缺陷之基础上提出来的。

我们已知，为了坚决捍卫数学的柏拉图主义说明，蒯因和普特南先后提出了关于数学实在性的"不可或缺性论证"，哥德尔则诉诸另外一种数学柏拉图主义的认识论途径（一种类似于感性知觉的数学直觉能力）对数学实在论的认识论进行辩护。

蒯因-普特南的"不可或缺性论证"虽然被认为是数学实在论最强有力的辩护，但麦蒂却敏锐地注意到，蒯因的论证主要以科学实践为基点。他的自然主义认识论虽然明确拒斥"第一哲学"的方法论原则，但蒯因的数学实在论辩护却依然采用数学之外的标准衡量，没有选择从数学理论和自身的数学实践考虑，麦蒂认为这种做法势必会引起"不可或缺性论证"不可避免的缺陷。麦蒂指出蒯因的论证主要针对的是应用数学，按照这个标准，由于未应用数学没有经过科学理论的确证，它们对于科学理论的不可或缺性不得而知，所以我们无法承诺未应用数学理论中数学实体的存在及其未应用数学的真理性。因此，"不可或缺性论证"对数学实在论的辩护是不充分的。另外，在真实的数学实践中，数学家们有自己独有的确证数学真理的方法，并非依赖于科学确证。麦蒂断言，"现在，数学家们不倾向于认为他们主张的确证要等待物理实验室中的活动。而是，数学家们有一整套他们自己的确证实践，从证明和直觉证据到用逻辑推理的合理性论证和辩护"②。

① Mancosu P. The Philosophy of Mathematical Practice. New York：Oxford University Press，2008：136.
② Maddy P. Realism in Mathematics. New York：Oxford University Press，1990：31.

为数学柏拉图主义的认识论作出辩护的另外一位数学实在论者哥德尔，诉诸一种类似于感性知觉的能力说明数学的认识机制。麦蒂认为，诉诸数学直觉能力的数学认识论的说明并不能给数学反柏拉图主义者们提供一种令人信服的数学实在论论证。这是因为"正如存在不可感知的关于物理对象的事实一样，也存在着不能由直觉知道的关于数学对象的事实。在这两种情形中，我们对这些'不可观察事实'的信念是通过如下方式得到确证的：它们在我们理论中的作用，它们的说明力，它们的成功预言，它们与其他已得到充分证实的理论之间的卓有成效的相互联系等等。"①。而且更重要的是，哥德尔没有给出关于数学直觉的进一步说明，因而哥德尔数学实在论的认识论辩护存在明显缺陷。

在此情形下，麦蒂一方面赞赏蒯因的科学自然主义和哥德尔对数学直觉和物理知觉之间类比的思想，同时又想避免二者各自的缺陷，即不用外在于数学的标准评判数学实体的存在，也不想陷入哥德尔那种具有神秘色彩的数学直觉来解释数学认识论。因此，麦蒂提出了她自己所谓的"折中柏拉图主义"——集合实在论，以此回应贝纳塞拉夫对数学柏拉图主义提出的挑战。

二、自然主义集合实在论的解释

作为对贝纳塞拉夫提出的数学柏拉图主义的本体论和认识论困境（1965 年，1973 年）的回应，麦蒂在其 1990 年的著作《数学中的实在论》中明确提出一种自然主义集合实在论的主张，以调和数学实在论和知识因果论之间的矛盾，试图为数学实在论提供一种新的辩护。

简要地说，麦蒂倡导的自然主义集合实在论的核心立场主张：数不是集合，数是集合的属性（性质）；数和集合存在于宇宙时空之中，人类能以因果的方式获得关于数和集合的知觉信念。围绕上述要点，麦蒂对数学实在论的本体论和认识论困惑的具体回答如下：

首先，就"数的本质究竟是什么"的数学本体论难题而言，麦蒂显然同意贝纳塞拉夫关于"数不是集合，从而根本不是对象"的分析。这样麦蒂就需要进一步回答：如果数不能是集合，那么数和集合之间的关系究竟是什么？对这个问题的探讨是任何一种充分的数学本体论必须予以解决的。麦蒂的答复是：数不是集合，而是集合的属性。我们注意到，这个断言是麦蒂所持的数学实在论主张的一个自然推论。因为在她看来，"数学是对客观存在着的数学实体的科学研究，就像物理学是关于物理实体的研究一样。数学陈述为真或为假依赖于那些实体的属性，独立于我们确定其真值的能力……"② 又因为"按照科学和数学的类比，就像物

---

①　Maddy P. Realism in Mathematics. New York：Oxford University Press，1990：32.
②　Maddy P. Realism in Mathematics. New York：Oxford University Press，1990：21.

理学研究物质对象以及它们的属性，其中（比如）长度居于二者之一一样，集合论研究集合以及它们的属性，其中数居于二者之一"①。这样，既然数不能是集合，数就只能是集合的属性。

另外，关于贝纳塞拉夫对冯·诺伊曼序数和策梅洛序数同一性的质疑，麦蒂认为自然数就类似于作为物理属性的长度。比如，一个人的身高既可以用米制尺测量，也可以按照英尺的标准测量。与此相类似，自然数既可以用冯·诺伊曼序数来表示，也可以用策梅洛序数来表示，冯·诺伊曼序数和策梅洛序数只是不同的衡量标准而已。让我们用一个具体的例子来看麦蒂是如何论证的。按照麦蒂的标准，一个自然数如果是某个特定集合的属性，那么就意味着这个自然数与该集合等数。比如，如果 3 是集合{∅，{∅}，{∅，{∅}}}和{{{∅}}}的属性，那么 3 就与集合{∅，{∅}，{∅，{∅}}}等数，并且也与集合{{{∅}}}等数。又因为"与集合{∅，{∅}，{∅，{∅}}}等数"和"与集合{{{∅}}}等数"具有共同的外延 3，所以，"与集合{∅，{∅}，{∅，{∅}}}等数"和"与集合{{{∅}}}等数"只是确定同一个集合的两个不同的概念或谓词。因此，"如果数被理解为科学属性而不是集合或谓词，那么冯·诺伊曼类型的数和策梅洛类型的数事实上是同一的"②。这样，贝纳塞拉夫对数究竟是哪一个集合的困惑也就被消解了。

其次，既然麦蒂是一个数学实在论者，那么她需要为其立场提供一种合理的认识论基础，以避免或抵挡贝纳塞拉夫对数学实在论的责难。为此，麦蒂采取了一种自然主义的解决策略："我打算拒绝传统柏拉图主义者对数学对象的刻画；我将把它们带入到我们能认识的世界当中来，和我们熟悉的认知器官相关联。"③ 按照麦蒂的思路，如果能以一种科学的方式而不是靠神秘的力量来解释哥德尔所谓的数学直觉，那么人类获得数学对象信息的认知能力就可以得到科学的回答，这样，数学实在论和因果认识论也就可以相容。事实上，麦蒂对数学家这种认知能力的科学解释最终仍被归结为贝纳塞拉夫认为的科学的最佳认识论——知识的因果理论的解释。在此过程中，麦蒂选用集合作为典型的数学对象进行论述，主张集合存在于因果时空序列，并且人类能以一种适当的因果方式获得关于集合的知觉信念。就是说，人类能知觉到数学对象，从而数学知识是可能的。麦蒂对数学实在论的认识论困惑的回应和论证策略如下：

（1）人类能感知到集合。举一个日常的简单例子：假定我们看到冰箱中有三个鸡蛋。第一，我们获得了"冰箱中有三个鸡蛋"这样一个数字信念，由于我们亲身感知到了这个经验事实，因而上述信念是一个知觉信念；第二，这个知觉信念是关于一个集合的信念，该集合有三个成员。简言之，我们看到了冰箱中有三

　　① Maddy P. Realism in Mathematics. New York：Oxford University Press，1990：87.
　　② Maddy P. Realism in Mathematics. New York：Oxford University Press，1990：94.
　　③ Maddy P. Realism in Mathematics. New York：Oxford University Press，1990：48.

个鸡蛋，这个带有数字的信念是关于集合的，因此我们实际上感知到的就是集合。在此，麦蒂特别论证了为什么拥有数属性的是集合而不是其他。她区分了两个概念：集合（set）和聚集物（aggregate）。在麦蒂看来，"集合不能仅仅是物质聚集物，因为虽然一个集合有确定数量的成员，但物质事物的聚集物却没有。比如，如果我们在纸箱里有 3 个鸡蛋，那么 3 是适合于鸡蛋集合的唯一的数，但是鸡蛋原料的聚集物是由三个鸡蛋……更多的分子，甚至更多的原子组成的"[①]。换言之，我们具有数 3 的这种知觉信念是关于集合的信念，而不是关于物质原料聚集物的信念。因为物质原料的聚集物没有一个确定的数属性，与此相反，集合却拥有唯一的数属性。除此之外，根据麦蒂倡导的数学自然主义的核心理念，即数学的确证依靠学科自身的标准，因而"集合论的巨大成功，既作为其他数学分支的基础，也凭借自身作为一种数学理论，有助于使得鸡蛋的集合对数的承担者的作用而言是最有吸引力的候选者"[②]。简言之，上述推理的核心思想为：我们获得的数字信念是关于集合的信念，我们感知到了冰箱中有 3 个鸡蛋，就意味着我们感知到了一个由 3 个元素组成的集合。

（2）集合存在且存在于具体的宇宙时空之中，集合所在的位置就是集合成员所在的位置。根据前述论证，对麦蒂而言，我们能感知到集合，当然感知的前提条件之一就是该集合存在。麦蒂承认对世界的最佳说明来自科学理论，而数学实体在科学理论中又不可或缺，因此数学实体存在。另外，从数学实践的角度看，"数学本体论的最佳理论是（至少有一些）数学实体是集合"[③]，因而集合存在。但随之产生的问题是，集合存在于哪里呢？显然，集合不会存在于柏拉图式的抽象世界中，因为麦蒂的初衷恰好是要放弃传统数学柏拉图主义的这一主张。由此可见，我们似乎还得回到自然化认识论的起点，由于麦蒂主张我们能感知到集合，而感知发生于因果时空序列，所以被感知的对象——集合也应该处于这个因果时空序列之中。这样，集合就有了特定的时空位置。简言之，麦蒂赞同的自然化的认识论途径最终导致了其自然化的本体论立场。集合不再是传统的数学柏拉图主义意义上的抽象对象，而是可以被人们感知到的具体对象。比如，我们看到的由 3 个鸡蛋构成的集合所在的位置恰好就是那 3 个鸡蛋所在的位置。同样，鸡蛋的集合、由鸡蛋的集合构成的集合、由鸡蛋集合的集合构成的集合等高阶集合所在的位置都是这些集合相应的鸡蛋所在的物理位置。

然而，上述的解释使人们陷入了这样的困惑中：按照麦蒂的主张，在相同的位置上，人们既可以感知到冰箱中由 3 个鸡蛋构成的集合，也能感知到冰箱中由 3 个鸡蛋的集合构成的集合、同样还能感知到冰箱中由 3 个鸡蛋集合的集合所构

① Balaguer M. Platonism and Anti-Platonism in Mathematics. New York：Oxford University Press，1998：30.
② Maddy P. Realism in Mathematics. New York：Oxford University Press，1990：62.
③ Maddy P. Realism in Mathematics. New York：Oxford University Press，1990：59.

成的集合等。这样，既然鸡蛋的集合、由鸡蛋的集合所构成的集合和鸡蛋占有相同的时空位置，那么集合实在论者就必须说明，他们是如何知道人们在相同的视网膜刺激下，有时观察到的是鸡蛋的聚集物，有时观察到的是鸡蛋的集合，有时观察到的则是由鸡蛋的集合所构成的集合等。对这个问题的回答，麦蒂依然采取了自然主义的途径。她根据神经生理学的相关成果，借助一种叫作"细胞集结"（cell-assembly）的概念，力图为人们关于数学对象的认知能力提供一种科学的说明。

（3）人类大脑中神经中枢的细胞集结是人们能感知到像集合这样的数学对象的认知器官。时空之内的数学对象引起认知者的视网膜刺激，相应的神经中枢的细胞集结被激活，从而引起认知者对这些数学对象的知觉信念。这样，数学对象就以一种适当的因果方式参与到了认知者的知觉信念的产生过程中。细胞集结具体的工作原理由心理学家赫布（Donald Hebb）给出，即"大脑形成一种对象感受器，部分是作为大脑自身内在结构的一个结果，部分是作为与物质对象因果相互作用的一种反映"[1]。需要注意的是，这种对象感受器是大脑中一种特定的细胞结构，是大脑内部或大脑与外部物质对象相互作用形成的一种自然的生理现象，它正是麦蒂所谓的"细胞集结"。换句话说，"一个细胞集结从根本上来说是一个神经识别器：每当我把一个对象识别成 X 类型的对象，是因为我的 X-细胞集结被激活了。（这样，细胞集结和概念相对应：我有马的一个细胞集结、小车的一个细胞集结、圆圈的一个细胞集结等。而且，一个细胞集结的形成和一个概念的获得相对应；在对一个给定种类的对象的大量知觉经验之后，一个细胞集结就在我的大脑中形成了，并且我获得了相应的概念。）无论如何，麦蒂的主张是，在一个特定的场合我们看到的是集合还是聚集物依赖于一个集合的细胞集结被激活了还是一个聚集物的细胞集结被激活了"[2]。这样，通过细胞集结的概念，麦蒂相信她已经为数学的认识论提供了一种科学的解释。

总体而言，面对贝纳塞拉夫提出的挑战，麦蒂既不想成为一个绝对的数学柏拉图主义者（放弃因果认识论），也不想成为一个纯粹的数学经验论者（放弃数学实在论）。因此，麦蒂试图通过自然主义的方式寻求因果认识论和数学柏拉图主义相容的一种中间立场——带有自然主义倾向的集合实在论。但是，麦蒂倡导的自然主义和她关于数学哲学学科定位的认识之间存在大量的混乱和矛盾，致使自然主义集合实在论最终仍不能逃脱传统数学柏拉图主义的困境。不过无论如何，这些许的缺憾仍然遮蔽不了麦蒂强调尊重数学实践所带来的数学哲学新的研究理念转变的耀眼光辉。

① Leng M. Proof, practice, and progress. doctorial dissertation of philosophy. microform edition. Ann Arbor: ProQuest Information and Learning Company, 2002: 43.

② Balaguer M. Platonism and Anti-Platonism in Mathematics. New York: Oxford University Press, 1998: 33.

三、自然主义集合实在论存在的困难

自数学实在论的本体论和认识论立场遇到挑战以来，麦蒂主张的自然主义集合实在论对数学实在论做了新的辩护。当前最关键的问题在于弄清楚：第一，自然主义集合实在论是否合理地回答了数学的本体论和认识论问题；第二，自然主义集合实在论背后隐含的预设框架（或者说数学哲学的研究理念）是否可以被视为一种合理的研究范式？它成功了吗？由此引发的进一步的问题是，数学哲学应当赋予自身何种目标，其相应的研究范式是什么？毕竟只有明确了数学哲学的定位及根本任务，它的本体论和认识论问题才有可能得到令人信服的解答。

当前，对自然主义集合实在论作出评判的最有效策略就是考察其倡导者麦蒂具有的关于数学哲学的背景信念，因为正是她的背景信念支撑着她的自然主义的实在论策略。只有在数学哲学研究范式的基础上对自然主义集合实在论的背景信念进行批判性分析，才能从根本上找出当代数学实在论的出路。我们的立足点和核心正是选择"范式"视角，对自然主义集合实在论立场背后的根基性的研究范式进行分析。在麦蒂的背景信念中，她实际上预设了三种不同的数学哲学范式：①"第一哲学"的数学哲学；②科学自然主义的数学哲学；③数学自然主义的数学哲学。麦蒂本人声称她自己遵循的是第三种，她明确反对"第一哲学"式的研究，同样也认为科学自然主义不适合对数学的本质进行评判和解释。正因为如此，她才开创性地提出了数学自然主义这种新的研究范式。但是，麦蒂在其为数学实在论辩护的实施策略中，并没有自始至终只坚持一种范式，而是在上述三种范式之间摇摆不定，结果导致其自然主义集合实在论的主张最终没能成功。下面我们将从"范式"的视角对自然主义集合实在论最根本的缺陷进行具体分析。

（一）麦蒂倡导的数学自然主义和"第一哲学"研究范式之间的冲突

如前所述，麦蒂认为数学哲学的研究应该遵循数学自然主义的研究范式，拒绝传统的"第一哲学"的指导准则。在麦蒂看来，数学哲学的任务是对数学实践和现有的数学理论进行描述和说明的，所以哲学家们的活动一定要以数学实践为基础，在尊重数学实践的前提下对数学的本质给出哲学说明。她明确拒绝任何违反数学实践的哲学解释。比如，数学中的直觉主义否认排中律和数学中的非直谓定义，认为只有被构造的才是存在的，否认数学所依赖的经典二值逻辑，这样数学中的很大一部分在直觉主义那里将变得不合法，这种哲学说明由于和现实的数学实践不符而遭到麦蒂的反对。除此之外，数学柏拉图主义也是由于先验的哲学论证才陷入了认识论的困境，所以麦蒂的策略从传统的"第一哲学"转到了关注数学实践。但是，在麦蒂的具体论证过程中，"第一哲学"的影子似乎依然占据着其核心位置。这种论证不仅与数学自然主义的研究理念相悖，而且同样得出了与数学实践不符的哲学解释。

对"自然数的本质是什么？"这个问题的探讨，从弗雷格的《算术基础》一直持续到现在仍然是数学哲学中的一大难题。如果按照麦蒂倡导的数学自然主义的标准，数学实践揭示出的事实是：自然数是集合。然而，麦蒂却得出了"自然数是集合的属性"这种明显带有"第一哲学"印迹的结论。关于"自然数的本质是集合"，我们有如下的合理证据：

（1）丹齐克在其著作《数：科学的语言》（*Number：The Language of Science*，1938 年）中通过对数概念的历史考察，发现自然数概念的产生源于人类特有的"计数"能力。"计数"除了要求模范集合中的元素与某个被计数集合中的物体要一一对应外，更重要的是，它暗含着集合中的元素之间要具有次序关系。比如，我们要想知道电影院中的座位和看电影的人这两个集合之间的关系，只需要将座位和人进行一一对应外。如果人刚好坐满座位，则座位数和人数等同。如果座位已经被坐满了，还有人站着，则人数大于座位数。如果有空座位，则座位数大于人数。需要注意的是，在这样的情形中，"对应办法只能用来比较两个集合，而不能产生数这个字的本身所含的绝对的意义。不过，由相对的数转变成绝对的数并不困难。唯一必需的只是作出各种模范集合，每个都代表一个可能的集合。等到要算某一集合的事物的个数的时候，只消在这些模范集合中，把能和它匹配的那一个找出来就成了"①。这样的模范集合有很多，像人的手指就是一个模范集合，代表 5。然而，单凭对应还不能产生算术，当然也就不会有自然数的概念。在自然数概念的产生中关键的一步是人们认识到了集合中事物的次序关系。我们要对一个集合中的事物进行计数，首先必须对模范集合进行排序。比如，把模范集合按照从小到大的顺序排成一个自然序列：1，2，3，…。这样，"计数某一集合的事物，就等于将集合中每个成员分别和有顺序的次第的自然序列中的一项相对应，一直到整个集合对应完了为止。对应于集合中的最后一个成员的自然序列的项，就称为这个集合的序数。……现在如果要决定某一集合的事物的多寡，即它的基数，我们不用再找一个模范集合麻烦地来做一一匹配了——我们只消将它加以计数就成了"②。简言之，像 1，2，3，…，n 这样的自然数事实上就是一些模范集合。用现代集合论的语言看，1 是模范集合{∅}的简写，2 是模范集合{∅，{∅}}的简写，3 是模范集合{∅，{∅}，{∅，{∅}}}的简写，依此类推。现如今，令人们对"自然数究竟是不是集合"感到困惑的仅仅是我们在字面上看到的是非常抽象的像"1""2""3"这样的符号，它们完全割裂了自然数符号与集合、现实世界之间原本的紧密关联。事实上，集合是现实世界中事物的量的一种反映，自然数仅仅是集合的抽象形式。因此，从历史的视角看，自然数确实是集合。

---

① ［美］T.丹齐克. 数：科学的语言. 苏仲湘译. 北京：商务印书馆，1985：5-6.
② ［美］T.丹齐克. 数：科学的语言. 苏仲湘译. 北京：商务印书馆，1985：6-7.

（2）从现行的数学理论来看，自然数也是集合，并且是有限冯·诺伊曼序数。如果我们熟悉数学史，就会发现数学的严格性并非与生俱来，数的概念的清晰性也不是一下子建立起来的，它经历了一个历史过程。最终在数学中，数的概念的严格性被奠定在集合论的基础之上。在数学共同体内，自然数被普遍看作集合，并且是有限冯·诺伊曼序数。关于这一点，斯坦哈特（Eric Steinhart）在其论文《为什么数是集合》（*Why Numbers are Sets*，2002 年）中根据自然数的两个条件——算术条件和基数条件（即序列和对应条件），在数学上精确地论证了自然数是集合，并且是有限冯·诺伊曼序数。策梅洛数虽然满足自然数的递归性，即序列或算术条件，但是它并不满足自然数的基数条件，即一一对应，因此自然数不能被看作策梅洛数。

斯坦哈特的具体策略是，从实际的数学理论出发，对"数是集合"给出了精确的数学论证。这样，他就在数学实践的基础上挑战了贝纳塞拉夫关于"数不是集合"的主张。首先，他把贝纳塞拉夫关于"数和集合相等同应具备的条件"作为其论证的前提。这个前提是，"把数还原为集合有且仅有两个部分：第一部分使我们能够阐述算术定律；第二部分使我们能用计数来分析基数（集合的势）"[①]。事实上，贝纳塞拉夫的论文《数不能是什么》表明，数不是某种特定的集合，而是某种特定的集合论结构。首先，自然数系统 N 由自然数实体的集合 $\{0，1，2，3，\cdots\}$、一个后继函数+1、一个初始数 0 和一个小于关系<构成，用符号表示为 $N=(\{0，1，2，3，\cdots\}，+1，0，<)$。从自然数系统 N 到某个集合论结构 $\alpha=(\omega，f，e，<)$ 的一个本体论还原把 N 的每一部分和 α 的相应部分等同起来。特别是：如果 $N=\alpha$，那么，$\{0，1，2，3，\cdots\}=\omega$，后继函数+1=$f$，初始数 0=$e$，小于关系<=<。根据贝纳塞拉夫，一个集合论结构 $\alpha=(\omega，f，e，<)$ 是自然数系统 N，当且仅当，α 满足算术条件和基数条件。α 满足算术条件，当且仅当，$(\omega，f，e)$ 是戴德金-皮亚诺公理的一个模型（Hamilton 1982，9）。α 满足基数条件，当且仅当，数关系<和某个集合论关系<相等同，使得集合 S 的基数是 n 当且仅当在 S 和 $\{m \mid m<n\}$ 之间存在一个一一对应。上述两个条件被统称为自然数条件，满足自然数条件是成为自然数的充要条件。[②] 换句话讲，若一个集合论结构是自然数系统，当且仅当，这个集合论结构既满足序关系，也满足一一对应关系。对应和序列是自然数本质的两个核心。

从数学实践的层面看，数学家们最终把自然数视为与有限冯·诺伊曼序数相等同作为其进一步从事数学研究的标准。这样看来，在真实的数学中，自然数确实是集合。虽然策梅洛 ω-序列和冯·诺伊曼 ω-序列都满足自然数条件，不过"数

①　Steinhart E. Why numbers are sets. Synthese，2002，133：343.
②　Steinhart E. Why numbers are sets. Synthese，2002，133：344.

学家们确实给出了冯·诺伊曼 ω-序列优越性的论证"[①]，即它是唯一一个满足数学中一些最重要性质的序列。这些性质要求：（1）该序列应该被递归地定义；（2a）该序列应该把<和∈视为等同，（2b）该序列应该把≤看作是子集合的包含，（2c）该序列中的成员应该被内在地良序，（2d）把该序列中每个成员进行内在良序的那个关系应该就是良序整个序列的关系；（3）这个序列应该一致扩展到超限数；（4）这个序列应该在集合论中是极小的；（5）该序列中的第 n 个集合应该是由所有比 n 小的 m 构成的集合。[②] 包括哈密顿（Hamilton）、斯科特（Scott）、苏佩斯（Suppes）、哈姆斯（Halmos）和艾森伯格（Eisenberg）等在内的大量数学家都以良序原理为基础，把自然数定义为有限冯·诺伊曼序数，并且该定义出现在标准的集合论著和教科书中。因此，在斯坦哈特看来，正是上述的 5 条性质决定了数学家们有非常充分的理由选择有限冯·诺伊曼序数，而不是策梅洛序数作为自然数的定义。

由此看来，数学上的精确论证和结果对其哲学解释无疑是至关重要的。因此，斯坦哈特对"数是集合"进行了严格的数学推演。他的论证具体分为两步：（1）如果自然数是集合，那一定是有限冯·诺伊曼序数；（2）自然数确实是集合。因此，自然数是冯·诺伊曼序数。具体论证如下：

首先，假定自然数系统 N 等于某个集合论结构 α，$\alpha=(\omega, f, e, <)$。于是有 $\omega=\{0, 1, 2, 3, \cdots\}$。对于 $\forall n \in \omega$，我们都能形成一个集合 $n^*=\{m \in \omega \mid m \prec n\}$。比如，$0^*=\varnothing$，$1^*=\{0\}$，$2^*=\{0, 1\}$，$3^*=\{0, 1, 2\}$ 等。令 $\omega^*=\{n^* \mid n \in \omega\}$，后继函数 $f^*(n^*)=(n^* \cup \{n\})$，初始元 $e^*=\varnothing$，小于关系 $\prec^*=\subset$。因此，集合论结构 $\alpha^*=(\omega^*, f^*, e^*, \prec^*)$ 满足自然数条件，$N=\alpha^*$。又由于 $N=\alpha$，所以，$\alpha=N=\alpha^*$，即 $(\omega, f, e, \prec)=(\omega^*, f^*, e^*, \prec^*)$。特别地，$\omega=\omega^*$，于是，对于 $\forall n \in \omega$，$n=n^*$。也就是，$0=0^*=\varnothing$，$1=1^*=\{0\}=\{\varnothing\}$，$2=2^*=\{0,1\}=\{\varnothing,\{\varnothing\}\}$，$3=3^*=\{0, 1, 2\}=\{\varnothing, \{\varnothing\}, \{\varnothing, \{\varnothing\}\}\}$ 等。因此，对于 $\forall n \in \omega$，我们就有 $0=\varnothing$，$n+1=n \cup \{n\}$，这样，α 是有限冯·诺伊曼序数。因此，我们得出结论：如果 $N=\alpha$，那么 α 就是有限冯·诺伊曼序数。

其次，证明自然数是集合，即满足自然数条件的对象是集合。

如果一个数系统是自然数系统，那么它必须满足次序条件和对应条件，即序数和基数。一方面，自然数条件的算术条件规定了自然数的次序关系，主要表现为下述的戴德金-皮亚诺公理：

（A1）存在一个数 0。

（A2）$\forall x$，若 x 是一个数，则存在另一个数 y，使得 $y=x^+$。

（A3）$\forall x$，若 x 是一个数，$0 \neq x^+$。

①② Steinhart E. Why numbers are sets. Synthese，2002，133：344.

（A4）存在一个由所有自然数构成的集合 ω。

（A5）若 m 和 n 是数，且 $m^+=n^+$，则 $m=n$。

（A6）如果 A 是数的任意一个集合，使得 $0 \in A$；且 $\forall n \in A$，有 $n^+ \in A$；那么 $A=\omega$。

另一方面，自然数条件的基数条件规定了自然数的对应关系，包括一个存在性公理和一个定义：

（C1）$\forall n \in \omega$，$\exists$ 一个集合 n^*，使得 $n^*=\{m \in \omega | m<n\}$；

（C2）任意一个集合 S 的基数是 n，当且仅当，在 S 和 n^* 之间存在一个一一对应关系。

现在假定，满足自然数条件的对象是一个 α-级数，我们证明 α-级数是集合。作为自然数结构的 α-级数包括一个由 α-数构成的集合，即 $\omega=\{\alpha_0, \alpha_1, \alpha_2, \cdots\}$，一个后继函数 f，一个零元 e 和一个小于关系 $\prec$。把这个 α-级数记作：$\alpha=(\omega, f, e, \prec)$。由于 α-级数满足基数条件，因此，对于 $\forall \alpha_n \in \omega$，存在一个集合 α_n^*，使得 $\alpha_n^*=\{\alpha_m \in \omega | \alpha_m \prec \alpha_n\}$。这样，$\alpha_0^*=\varnothing$，$\alpha_1^*=\{\alpha_0\}$，$\alpha_2^*=\{\alpha_0, \alpha_1\}$，$\alpha_3^*=\{\alpha_0, \alpha_1, \alpha_2\}$，$\cdots$。于是，令 $\omega^*=\{\alpha_n^* | \alpha_n \in \omega\}$，$f^*(\alpha_n^*)=\alpha_n^* \cup \{\alpha_n\}$，$e^*=\varnothing$，$\prec^*=\subset$。这样，从满足自然数条件的任意对象 α 出发，我们就可以形成一个集合论结构 α^*，使得 $\alpha^*=(\omega^*, f^*, e^*, \prec^*)$。并且，$\alpha^*$ 既满足表示次序的递归关系，即算术条件；也满足表示匹配的对应关系，即基数条件，因此，α^* 是自然数，即 $\alpha^*=N$。又由前提条件知 $\alpha=N$，所以，$\alpha=N=\alpha^*$。特别地，$\{0,1,2,3,\cdots\}=\{\alpha_0^*, \alpha_1^*, \alpha_2^*, \alpha_3^*, \cdots\}=\{\varnothing, \{\alpha_0\}, \{\alpha_0, \alpha_1\}, \{\alpha_0, \alpha_1, \alpha_2\}, \cdots\}$。这就是说，对于任意一个自然数 n，我们有 $0=\varnothing$，并且 $n=\{\alpha_0, \alpha_1, \alpha_2, \cdots, \alpha_{n-1}\}$，即每个自然数都是一个集合。[①]

综上，α 是自然数，当且仅当，α 是集合并且是有限冯·诺伊曼序数。

总之，无论是从遵循数学实践的数学史，还是从现行的数学理论而言，自然数无论如何都是集合，而不是像麦蒂主张的那样：认为自然数是集合的属性。因此，在麦蒂的思想中，虽然她倡导的是数学自然主义，然而在具体的论证中她却明显地诉诸 "第一哲学" 原则。麦蒂一方面倡导数学的哲学说明应该遵循数学实践，另一方面又在先验的哲学论证中违反了这一基本信条，从而导致她最终的论证和主张不能令人满意。

（二）科学的世界观和"第一哲学"之间的对立

不可否认，在麦蒂的数学哲学研究信念中，她会同意数学的哲学说明至少应

---

① Steinhart S. Why numbers are sets. Synthese，2002，133：352-356.

该和科学为我们揭示出的世界图像相一致，即尊重科学的世界观。这是因为，自然主义的集合实在论赞同科学自然主义的说明，这种观点恰好主张：实在世界的最佳说明是我们的科学理论。然而，在麦蒂为数学实在论的认识论辩护中，"第一哲学"的论证却压倒了科学的世界观，从而导致由麦蒂的自然主义认识论推出的自然主义的本体论断言最终与当前的科学实践不符，因而无法被人们接受。

具体来看，科学的世界观并没有向我们揭示出集合存在于宇宙时空之中，更没有声称一个集合与比它高阶的集合位于相同的时空位置（比如，鸡蛋的集合和由鸡蛋集合构成的集合位于相同的时空位置）。一方面，按照公理集合论的 ZFC 系统，我们知道 $\{\varnothing\}$ 、$\{\varnothing,\{\varnothing\}\}$ 和 $\{\varnothing,\{\varnothing\},\{\varnothing,\{\varnothing\}\}\}$ 是三个不同的集合，并且这三个集合存在。它们是严格按照 ZF 公理及后继定义形成的，其中 $\varnothing$ 是初始元。现在我们把 $\varnothing$ 设想为一个鸡蛋，这样，上述三个集合就可以分别被翻译成鸡蛋的集合，由鸡蛋和鸡蛋的集合构成的集合以及由鸡蛋、鸡蛋的集合和由鸡蛋与鸡蛋的集合构成的集合所构成的集合。另一方面，麦蒂似乎会同意，鸡蛋的集合、由鸡蛋和鸡蛋的集合构成的集合是两个不同的可感对象。然而，根据物理实践，如果这两个集合是不同的可感对象，那么它们一定不能占据相同的时空位置。因此，麦蒂的断言"鸡蛋的集合和由鸡蛋集合构成的集合位于相同的时空位置"是错的。反过来，如果集合确实是处于因果时空序列的具体对象，那么鸡蛋和由鸡蛋构成的集合作为两个不同的时空对象就不会占据相同的时空位置。这样，既然麦蒂主张二者具有相同的时空位置，那么集合就不能存在于时空中，从而自然主义集合实在论依然面临着像传统数学柏拉图主义一样的认识论困境。事实上，麦蒂混淆了集合概念的起源和集合自身之间的区别，这就类似于数概念的起源和数本身之间存在区别一样。数概念最初诞生于人类在其经验中对特定的物质集产生的一种"数觉"能力，比如，人类的原始数觉能区分出三个鸡蛋的集合和四个鸡蛋的集合是两个不同的集合。但是，一旦数的概念在数学中被规定之后，人们就无法看或触摸到具体的数，如 1 和 2。数和集合是人类基于现实世界中事物的量的一种抽象，它们不存在于宇宙时空中，科学的世界观同样也没有告诉我们这一点。然而麦蒂却以"第一哲学"的方式得出了"集合存在于时空之中"的不符合科学世界观的先验结论，这种哲学说明无法令人接受。

（三）数学自然主义、科学自然主义和"第一哲学"之间的矛盾

在这三种研究范式中，数学自然主义主张数学的哲学说明必须和数学实践相一致，通过数学自身的理论和实践考察数学的本体论和认识论问题；科学自然主义的基本信念在于坚持，数学的本体论和认识论问题应该按照科学的方式加以回答；"第一哲学"式的探讨则基于一种先验的逻辑假定和推理。如果用集合的语言加以表述，这三种研究范式的集合之间互不相交。因此，麦蒂似乎只能遵循一种

研究范式,然而在她的自然主义集合实在论的规划中,这三种研究范式在她的背景信念中却同时作为前提起着支撑作用。这样一来,对于麦蒂混乱和充斥着矛盾的前提能推出令人信服的结论而言,我们很难对它抱以大的期望。实际上,也正是因为她的前提(研究范式)的不明确,导致了自然主义集合实在论存在许多相互矛盾的结论。比如,按照数学自然主义的标准,自然数是集合;但是麦蒂同时依据"第一哲学"的标准得出了"自然数不是集合,而是集合的属性"的结论。同样,如果按照科学自然主义的标准,通过科学的方式我们应该得出"像集合、数、函数这样的数学对象不存在于时空中";但是麦蒂恰恰得出了相反结论,即主张"集合存在于宇宙时空之中"。另外,麦蒂运用科学自然主义中的不可或缺性论证,断言"数学实体存在";然而按照科学的世界观或真正彻底的科学自然主义的态度,数学实体并不存在。

第四节 数学虚构主义的反实在论解释及存在的困难

前述论证表明,数学实在性的不可或缺性论证试图表明:如果数学对我们最佳的科学理论不可或缺,那么我们就有理由相信由科学理论承诺的数学实体存在。与该论证相对立,纽约大学哲学教授菲尔德主张,所谓的"数学对象"仅仅是一种虚构,并且,对于我们关于世界的最佳的科学说明而言,数学并不是不可或缺的。既然科学理论中可以消除对数学对象的承诺,那么这些数学对象在本质上是不存在的。因此,菲尔德为其"数学并不是实在的"这个主张辩护的重点放在了驳斥数学实在性的不可或缺性论证上。他的主张被称为"数学的虚构主义"(fictionalism about mathematics)。

一、数学虚构主义的动机

由于传统的数学实在论在关于数学的本体论解释和数学真理的认识论说明方面遇到了贝纳塞拉夫的两篇著名论文《数不能是什么》和《数学真理》的挑战,关于"数学陈述是否为真或什么决定数学陈述的真值"和"数学实体是否真实地存在"也引起了数学实在论和反实在论的激烈争论。菲尔德作为数学反实在论的一方,他在根本上质疑人们对数学真理和数学实体的任何假定。在菲尔德看来,能为数学的实在论断言提供最有力辩护的是蒯因的"数学实在性的不可或缺性论证"。由此可知,菲尔德倡导的"数学虚构主义规划"的动机一方面源自贝纳塞拉夫对数学柏拉图主义提出的挑战;另一方面来自要回应和最终反驳"数学实在性的不可或缺性论证"。他的整部著作《没有数的科学》就旨在反驳"数学实在性的不可或缺性论证"以及为数学提供一种虚构主义的唯名论说明。

　　"数学实在性的不可或缺性论证"被菲尔德认为是唯一值得认真对待的数学实在论的最有力辩护。菲尔德在《没有数的科学》开篇就指出："对数学实体的存在而言，有一种且只有一种严肃的（serious）论证，那就是蒯因的论证：我们需要假定这样的实体以便能实行日常关于物理世界的推理和从事科学事业。"① 事实上，人们之所以对"数学的不可或缺性论证"有较强信念，是因为它与人们日常相信像"电子""电磁场""基因"等这样的不可观察实体依据的"最佳说明推理原则"相类似。人们有理由相信"最佳说明推理原则"，似乎就没有理由放弃"数学实在性的不可或缺性论证"。

　　"最佳说明推理"出现在我们关于物质世界的说明中，它适用于如下情形："假定（a）我们持有关于'现象'的一些特定信念，这些信念是我们不愿意放弃的；（b）我们相信这类'现象'是巨大和复杂的；（c）我们有关于这些现象的一个非常好的说明；（d）出现在这个说明中的一个假定是主张 S，并且我们非常确信关于这些现象的说明如果没有主张 S 就不可行，这是可能的。'最佳说明推理'的思想就是，在这种情况下，我们有很强的理由相信主张 S。"② 最佳说明推理往往用于科学家们对外部世界进行理论说明时涉及的关于不可观察实体的断言，这是显然的。因为当我们直接观察到"房子前有棵树"时，我们可以通过人类的感知说明此现象，此时，"房子"和"树"的存在是直接被断言的，不需要最佳说明推理。只有在我们借助于假定不可观察实体（或理论实体）的存在才能对现象做出好的说明时，我们才需要通过最佳说明推理推论不可观察实体是真实存在的。通常，科学家们在做出新的发现时往往依赖于这一原则。

　　现在关键的问题是：当物理学家用数学表征物理现象或外部世界时，物理学家在假定不可观察实体的同时假定了大量的数学实体。实际上，通常的情况是许多被科学理论假定的物理实体或物理量是在数学函数或数学方程的基础上推导出的。在科学理论创建初期，人们往往不知道这些所谓的"物理实体"究竟是独立于它们的数学表征还是仅仅只是一些数学实体而已。比如，"当麦克斯韦（Maxwell）引入经典电动力学时，他的电磁场被许多人认为仅仅是一种数学实体。按照测量理论，这就是说这个物理理论的领域是由带电粒子构成的，而不是由场构成的。这个相关的结构于是被嵌入一个矢量场的数学结构中。这样，只有'场'是数学结构。下述论证出现了转机：……因此，场在物理上是真实的"③。其实，根据最佳说明推理，在对一个物理现象进行科学说明时，数学实体和不可观察实体几乎同时被假定，它们对于这个特定现象的说明都不可或缺。因此，"如果我们对于电子和中微子的信念是通过某种类似于最佳说明推理的方

　　① Field H. Science without Numbers. Oxford：Basil Blackwell Publisher，1980：5.
　　② Field H. Realism，Mathematics and Modality. New York：Basil Blackwell Inc. 1989：15.
　　③ Brown J R. Philosophy of Mathematics：A Contemporary Introduction to the World of Proofs and Pictures. 2nd ed. New York：Routledge，2008：55.

式确证的，难道我们对于数、函数和其他数学实体的信念就不能同等地通过相同的方法论进行确证吗？"①

在菲尔德看来，对于那些支持数学实在性的不可或缺性论证的实在论者而言，他们相信科学家在接受不可观察实体的实在性时，似乎没有理由不相信数学实体具有同样真实的本体论地位。理由在于：

> 我们在说明关于物理世界的各种各样的事实中使用的理论不仅涉及对电子和中微子的承诺，而且这些理论也涉及对数和函数等的承诺。（比如，他们说一些像"存在一个双线性可微函数、电磁场函数……"这样的事情。）……蒯因—普特南的论证是比较强的，因为它说对于不可观察物的假定是必要的说明与对于数学实体的假定是必要的说明恰好是同一个说明：数学不可或缺地（essentially）进入了我们关于电子的理论中。我们通过说包含数学实体的说明要比包含电子的说明弱，从而在最佳说明推理的基础上接受电子而不接受数学实体似乎是不可能的，因为恰好是同一个说明同时包含了数学实体和电子。②

不过即使如此，菲尔德仍然坚信：数学在我们关于物质世界的说明中并不是不可或缺的，我们既不用假定数学实体存在，也不用预设数学陈述为真。

数学实在性的不可或缺性论证忽略的一个重要事实是，"数学实体在我们关于物质世界的说明中起的作用非常不同于物理实体在同样的说明中起的作用。在很大程度上，物理实体在那些说明中起的作用是因果的：它们被假定为是具有一种因果作用的因果能动者，它们在产生将要被说明的现象时起一种因果作用。既然数学实体被假定为是非因果的，它们的说明作用（或作用）就一定是不同的"③。基于这个不同，菲尔德注意到，我们必须给最佳说明推理以某种限制。即我们应该在字面上相信存在由科学理论假定的理论实体，与此相反，我们不应该在字面上相信数学实体是真实存在的。显然，菲尔德之所以得出这样的结论，其预设前提是相信我们关于世界的认识在本质上遵循因果说明。

这样，对菲尔德而言，如果他能表明不用诉诸对抽象数学实体的承诺和数学真理就能对物质世界做出同样好的说明，那么数学实体和数学真理在这样的科学说明中就是可消除的，从而对科学而言，数学就不是不可或缺的。这个规划一旦成功，人们对数学实在性的信念将被彻底瓦解。由此可见，菲尔德的数学虚构主义的根本动机在于向传统的持有数学实在论信念的"数学实在性的不可或缺性论证"进行挑战。

---

① Field H. Realism, Mathematics and Modality. New York: Basil Blackwell Inc., 1989: 16.
② Field H. Realism, Mathematics and Modality. New York: Basil Blackwell Inc., 1989: 16-17.
③ Field H. Realism, Mathematics and Modality. New York: Basil Blackwell Inc., 1989: 19.

二、数学虚构主义的解释

如前所述，菲尔德关于数学实体的存在和数学真理在根本上持一种反对态度。菲尔德主要的哲学主张是坚持一种数学的虚构主义观点，粗略地讲，数学虚构主义的思想如下：数学类似于作家笔下虚构出的小说作品，数学对象就像小说中的虚构人物，数学真理类似于小说中的真理。在这个意义上，数学对象和数学真理不能被字面地理解，我们必须把它们放在特定的小说（数学）中来探讨它们的意义。因此，数学对象在真实的世界中并不存在，数学公理和定理也不必为真。用菲尔德自己的话来说，就是：

> 一个虚构主义者并不相信数学语句在字面上为真。"2+2=4"为真的意义很像"雾都孤儿（Oliver Twist）住在伦敦"为真的意义。后者只有在按照一个特定的众所周知的故事中为真的意义上是真的，前者只有在按照标准数学为真的意义上是真的。类似地，虚构主义者相信 2+2=4 只是在下述意义上相信，即他或她相信标准数学说（或作为一个推论有）2+2=4；就像我们大多数人相信雾都孤儿住在伦敦只是在下述意义上相信，即我们相信小说或作为一个推论有雾都孤儿住在伦敦一样。如果人们只相信这一点，那么人们并非字面上相信雾都孤儿住在伦敦，这么说似乎是相当自然的（毕竟，人们不会相信如果有人在 19 世纪去了伦敦，那个人会在伦敦找到雾都孤儿）；类似地……虚构主义者在字面上不相信 2+2=4 就是自然的。①

这样，既然菲尔德提议数学不必为真就可以成为一个好的"故事"（指数学在科学中有大量应用），并且不用诉诸数学实体和数学真理，科学说明和科学进步依然是可能的，因此，菲尔德的数学虚构主义规划就必须能充分说明这样的提议究竟是如何可能的。

简言之，菲尔德的数学虚构主义规划需要完成两个任务。第一，说明数学不用为真是如何在物理科学中被应用的；第二，说明不用承诺数学实体和数学真理，科学进步是如何可能的。

关于第一个任务，菲尔德用一种他称为"保守性"（conservativeness）的概念来代替数学真理以说明数学在科学中的应用。保守性的定义如下：

> 一个数学理论 S 是保守的，如果对于任意一个唯名论的断言 A 和任意一套这样的断言 N，A 不是 $N+S$ 的一个后承除非 A 仅仅是 N 的一个后承。②

其中，唯名论陈述中的变项不取数学实体为值。这样，根据保守性的概念，如果

① Field H. Realism, Mathematics and Modality. New York: Basil Blackwell Inc., 1989: 3.
② Field H. On conservativeness and incompleteness. The Journal of Philosophy, 1985, 82 (5): 240.

数学是保守的，那么即使科学中使用到的数学陈述为假，它也不会影响整体的科学判断。数学实体和数学真理在科学中并不是不可或缺的，数学在科学中的应用只需要用到数学的保守性，而不是数学真理。关于这一点，科利范（Mark Colyvan）在其著作《数学的不可或缺性》（*The Indispensability of Mathematics*，2001 年）中曾指出："如果某个数学理论为假但是是保守的，那么当它与某个唯名论的经验理论结合在一起时，它不会导致假的唯名论断言，除非这样的假的断言是单独的经验理论的后承。……隐喻地讲，保守性确保了被断言的数学理论的假并不能'影响'整个理论。"[①]

要想表明数学只需要是保守的，不必非得是真理的，这就涉及菲尔德规划的第二个任务：试图表明构造一种唯名论的物理学理论是可能的。一旦科学的唯名论方案成功了，我们关于世界的科学说明和科学进步就不需要再依赖于对数学实体的承诺和数学真理。数学只需要是保守的，并且科学中要用到数学也仅仅出于它是一种更方便和有用的工具而已，从本质上来说，数学对科学而言是可有可无的。

具体来看，菲尔德唯名论化物理学采取的方案是：他选择牛顿的万有引力理论作为一个典型案例，并对其进行唯名论的重新阐述。这个方案的核心在于不需要涉及指称抽象的数学实体。首先，菲尔德对牛顿万有引力理论进行唯名论的公理化处理，在此基础上推导出理论中的所有其他陈述。在这个唯名论的物理学公理中，其变项的值是一些物理上具体的时空点（space-time points）和时空区域（space-time regions），其中时空区域被视为时空点的类。公理包括以下这样的陈述："'y Bet xz'和'xy S-cong zw'，前者被解释为'x，y 和 z 共线，并且 y 位于 x 和 z 之间'，后者被解释为'x 和 y 与 z 和 w 一样是同时的，x 和 y 之间的距离与 z 和 w 之间的距离相等'。"[②] 其次，菲尔德将证明被他选取的这个唯名论的时空结构与数学上的四维空间结构 R^4 具有一个保持结构的表征同态（representing homomorphism）关系。也就是说，"存在一个从时空点的类到实数四元组的集合的函数 f，使得比如如果 a, b, c, d 是点并且 ab S-cong cd，那么 $f(a)$ 的时间（或第四个）坐标等于 $f(b)$ 的时间坐标，$f(c)$ 的时间坐标等于 $f(d)$ 的时间坐标，R^4 中 $f(a)$ 和 $f(b)$ 之间的距离等于 R^4 中 $f(c)$ 和 $f(d)$ 之间的距离。在这个表征同态的基础上，人们就能把关于时空点的任意一个陈述翻译为关于实数的一个'等价陈述'。应该注意到这个同态对于数学应用于唯名论物理学是至关重要的"[③]。根据菲尔德的解释：

在组合理论 $N+S$ 中，每一个唯名论的陈述 A 被证明等价于用数学理论 S

① Colyvan M. The Indispensability of Mathematics. New York: Oxford University Press, 2001: 71.
② Shapiro S. Conservativeness and incompleteness. The Journal of Philosophy, 1983, 80 (9): 523.
③ Shapiro S. Conservativeness and incompleteness. The Journal of Philosophy, 1983, 80 (9): 524.

的语言阐述的陈述 A'。陈述 A'被称为 A 的一个抽象对应物。这个等价关系允许科学家评价 S 的数学术语和数学结构，像数学运算和已经发展起来的推理。对于一个有唯名论思想的科学家而言，保守性赞成这个过程。数学的使用在理论上是多余的；因此它在本体论上是无害的。①

这样，在科学中运用的数学表征就仅仅是一种使科学更容易推导的便捷工具，除此之外，它不具有其他功能。

总之，在菲尔德的整个规划中，数学被置于一种对科学而言可有可无的位置上，数学充其量仅仅是一种有用的虚构。即使数学在科学中具有一种异常迷人、令人不可思议的有效性，人们也没必要相信数学实体真的存在，当然也不需要非得相信数学中的大部分公理和定理是数学真理。更为根本的，数学陈述在本质上不能被理解为是一种在字面意义上做出的断言。

三、数学虚构主义的困难

我们看到，菲尔德对实践中的数学以及数学在科学中的应用做出了一种虚构主义的说明：数学中不存在真理，我们理解数学但不能从字面上把握其意义；抽象的数学实体不存在；数学在科学中不是不可或缺的。现在，我们的任务就是要总体评价菲尔德的说明是否符合实际数学的本来面貌以及他的论证是否有内在的逻辑缺陷。事实上，尽管菲尔德在智力上启发了人们对数学实在性传统观点的质疑（比如，我们不一定非要相信数学是真的），但是由他提倡的这种雄心勃勃的唯名论的解释方案由于其内在的缺陷最终不可接受。

第一，菲尔德的数学虚构主义的解释违反了数学实践。菲尔德认为，由于数学实体并不存在，因而关于数学实体的任何断言都不可能为真。比如，"考虑到不存在数，主张'存在无穷多个素数'就不是真的"②。另外，即使数学中存在真理，充其量也只是一种"故事"中的真理，因此，数学陈述在本质上就不能是一种在字面意义上所做的断言。然而，在真实的数学实践中，数学中存在大量的真理，并且从事实际研究的数学家们通常确实是在字面意义上看待数学陈述的。至于数学真理究竟是关于什么的真理或数学真理是否描述了一个实在世界，数学语词或语句背后的意义究竟是什么，这些问题的答案似乎从来不会出现在由职业数学家们发表的数学论文中，他们的兴趣仅仅是解决数学问题和证明数学定理等。相反，对上述问题感兴趣的是哲学家，哲学家的任务就是要对实践中的数学给出一种说明，试图探索数学语词或数学真理背后的意义。当然，首要的前提是哲学家首先必须尊重真实的数学实践，而不是试图颠覆数学家们实际从事数学活动的

① Shapiro S. Conservativeness and incompleteness. The Journal of Philosophy, 1983, 80 (9): 523.
② Bueno O, Zalta E N. A nominalist's dilemma and its solution. Philosophia Mathematica, 2005, 13 (3): 295.

本来面貌。

　　对于这样的反驳意见，菲尔德预先就做出了重要声明，声称他的方案并非要修改实践中的数学。他在《没有数的科学》中写道："我并没有打算要重新解释经典数学的任何一部分；相反，我计划表明对应用于物理世界而言需要的数学并不涉及以下事情，即甚至初看起来包含了指称（或量化）像数、函数或集合这样的抽象实体。……我采取一种虚构主义的态度：也就是，我看不到任何理由可以把这部分数学看作是真的。"① 不过即使如此，他对数学的解释确实不是建立在真实的数学实践基础之上的，这从根本上背离了数学哲学探索的目标。根据语境论的数学哲学，"第一哲学"的传统的先验式探讨方式应该被抛弃，然而菲尔德的论证恰恰依然是以哲学压倒具体科学的方式对数学进行解释的。

　　第二，菲尔德的唯名论方案中预设了抽象实体的存在，这与他旨在反对传统的数学柏拉图主义观点的初衷相悖。如前所述，在菲尔德看来，在我们关于世界的科学说明中本质上起因果作用的只能是物理实体，而非任何抽象实体。即我们关于物理现象的说明只能诉诸一种"内在说明"（即通过指称或量化物理实体的因果说明），而不是借助于一种在本质上与物理现象不相关的"外在说明"（即通过指称或量化抽象实体的非因果说明）。比如，"即使按照柏拉图的假定，存在着数，也没有人认为那些数与物理现象是因果相关的：数被假定为是存在于时空之外的某个地方的实体，与我们能观察到的一切事物因果隔绝"②。基于此，菲尔德试图构造一种关于物理现象的唯名论说明，通过所谓的"表征定理"以表明数学相对于物理理论的保守性以及数学为什么在物理说明中有用。这个表征定理通过一个"同态"概念（即一个距离函数 d：它把时空点的序对映射到非负实数）建立起来，同时满足两个条件：

　　　　（a）对于任意的点 x，y，z 和 w，xy Cong zw 当且仅当 $d(x, y) = d(z, w)$；
　　　　（b）对于任意的点 x，y，z 和 w，y 在 x 和 z 之间当且仅当 $d(x, y) + d(y, z) = d(x, z)$。③

这样，菲尔德使用的时空点一定是物理实体，而不是抽象实体。为此，他给出了具体说明："时空点在任何常规意义上都不是抽象实体。毕竟，从典型的柏拉图主义的观点看，我们关于抽象实体的数学结构的知识（比如，实数的数学结构）是先验的；但是物理空间的结构是一个经验上的事情"，"时空点或时空区域是具有充分资格的因果能动者（causal agents）。比如在电磁场论中，物质的行为通过电

①　Field H. Science without Numbers. Oxford：Basil Blackwell Publisher，1980：1-2.
②　Field H. Science without Numbers. Oxford：Basil Blackwell Publisher，1980：43.
③　Field H. Science without Numbers. Oxford：Basil Blackwell Publisher，1980：26.

磁场在未占据位置的时空区域取值而得到因果说明；并且，既然……一个场就是简单地把性质赋予时空点或时空区域，这就意味着物质的行为通过未占据位置的时空区域的电磁性质得到了因果说明。所以……时空点是因果能动者……"①

　　然而，菲尔德关于时空点的刻画仍然是不清晰的。似乎它们并不是一些具体的物理对象，因为它们不像通常的物理对象一样具有质量和广延。事实上，物理理论中所谓的"点"是忽略了其质量和尺寸的，因而在这个意义上，这些点是抽象的。关于菲尔德对"时空点"阐述的缺陷，马拉门特（David Malament）在 1982年对《没有数的科学》一书的评论中就已指出。马拉门特认为，"时空点在任何直接的意义上一定不是具体的物理对象。它们没有质能容量。它们不经历变化。它们究竟在什么意义上存在于空间和时间中甚至也是不清楚的。……电磁场在直接的意义上是'物理对象'，它们是质能的场所。我不说时空点参与了因果相互作用，也不用那些时空点的'电磁性质'说明这一点，我将要说的是电磁场自身参与了因果相互作用。当然，这是物理学家们使用的语言"②。由此可见，菲尔德唯名论的解释方案中不可避免地承诺了抽象实体。

　　另外，在菲尔德构造的唯名论的物理理论中，作为物理实体的时空点被假定为有无穷多个，而且还是不可数无穷多个。③但是，在现实的物理世界中，由我们的物理理论揭示的世界是有穷的，也就是，物理世界中只存在有穷多个对象。因此，菲尔德的阐述违反了当前的科学实践。按照科学哲学的探索本质，哲学家的职责在于对科学作出说明，而不是建立一种凌驾于科学之上的哲学解释。这样，由菲尔德构造的唯名论的物理理论就应该被放弃。从另一个角度看，如果无穷只存在于抽象的数学世界，那么菲尔德的理论就再一次承诺了抽象的数学对象，当然，这与他最初的方案背道而驰。

　　第三，菲尔德的唯名论方案不可能在全部的物理学中实现。按照菲尔德的构想，数学在我们关于物理现象的科学说明中不是不可或缺的，换言之，我们不用数学就可以对世界做出一种说明，这样，数学实体和数学真理在关于世界的科学说明中就可以被消除。对科学的发现和科学进步而言，我们不需要非得借助数学才能从事科学事业。这个结论可以从下述菲尔德唯名论的科学图景④中看出（图 4.2）。

　　图 4.2 中，左边的唯名论的物理理论中不涉及指称或量化数学实体，右边的对应理论中则包括了数学实体。数学和科学之间的对应关系可以通过表征定理来实现，用菲尔德自己的话说就是，"这样一个同态将起一座'桥'的作用，我们通

①　Field H. Science without Numbers. Oxford：Basil Blackwell Publisher，1980，31：114.
②　Malament D. Review of Field's Science without Numbers. The Journal of Philosophy，1982，79（9）：532.
③　具体论述请查阅 Field H. Science without Numbers. Oxford：Basil Blackwell Publisher，1980：31.
④　Cohnitz D. Nominalism in the Philosophy of Mathematics. http://daniel.cohnitz.de/download.php?f=76bed266ceaa67cf7c8bb25b9437e8b3［2016-05-08］.

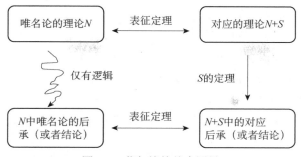

图 4.2　菲尔德的基本图景

过这座桥就能找到具体陈述的抽象对应物。结果，关于具体对象的前提就能被'翻译'为对应的抽象前提；于是，通过在 S 内部推理，我们能证明与更进一步的具体陈述相对应的抽象陈述，然后使用同态下降到与抽象陈述相对应的具体陈述"①。当然，这幅图景中的关键之处在于，唯名论的物理理论完全可以仅靠逻辑从其前提推导出结论，因此，数学起的作用就仅仅是使得这个推导更容易和方便一些，数学本质上在唯名论物理理论的说明中不起作用。

　　但是，只要我们认真考察一下真实的科学史，我们就会发现菲尔德的说明并不符合科学发展的实际图景。真实的情形是，数学对于科学发现和科学进步至关重要，甚至如果没有数学，我们就不会有今天的科学。用哲学的术语来讲，就是我们要从事科学事业，将不可避免地承诺大量的数学对象和数学真理，在这个意义上，数学对科学而言是不可或缺的。菲尔德的唯名论方案在许多现代的科学实践中将失效。经典的例子有：电磁场的发现、正电子的发现、狭义相对论的创立和量子力学的创立等。具体来看，正电子是在狄拉克研究方程解的时候发现的。这个方程就是相对论量子力学方程，当时，这个方程被认为"描述的是电子和氢原子的行为，但是它被发现也描述一些具有负能量的粒子。对于狄拉克而言，简单地把这样的解认为是'非物质的'一定很有诱惑力；然而，认识到奇怪的事物出现在了量子力学中，并且关于什么是'非物质的'直觉不是这么清晰。因此狄拉克研究了负能量解的可能性……"② 最终，狄拉克通过此方程的解预测了正电子，随后被实验证实。正如科利范所言："很难看到狄拉克理论的唯名论版本如何能有相同的预测上的成功。"③ 与此类似，贝克（Alan Baker）指出四元数在相对论和量子力学中的重要作用。概括来讲，爱因斯坦的狭义相对论依赖于数学上的闵可夫斯基四维时空结构。其中，四元数为表征爱因斯坦的相对论时空提供了一个至关重要的模型，四元数的标量和向量部分分别模拟了相对论中一维的时间和三维的空间，使时空得到了统一。而在量子力学中，四元数的作用更为根本，因

　　①　Field H. Science without Numbers. Oxford：Basil Blackwell Publisher，1980：25.
　　②③　Colyvan M. The Indispensability of Mathematics. New York：Oxford University Press，2001：84.

为"量子力学最近的发展暗示了四元数对科学而言最终可能是不可或缺的"①。因此，在一些真实的科学实践中，人们不得不承认数学确实起了一种不可或缺的作用，数学和科学一起融入了对世界的说明之中。

总体来看，菲尔德的唯名论解释规划最终不能成立。虽然我们从语境论的角度看，抽象的数学实体不存在，这点看来是合理的。但是菲尔德无论如何不能驳倒数学对于科学的不可或缺性以及数学真理的客观存在。

第五节　数学本体实在性的语境论说明

纵观以上讨论，我们的立场逐渐明晰起来：首先，我们否认了蒯因、麦蒂等试图通过数学在科学中的不可或缺性以支持数学实体存在的观点；其次，我们拒绝了菲尔德通过唯名论的方案以否认数学实在性的主张。但是，对前者而言，我们反对的仅仅是对抽象数学实体存在的断言以及他们的论证策略，我们并不否认数学在科学或在对世界的说明中的不可或缺性。同样，对后者而言，我们不同意菲尔德关于数学实在性的否定，但是我们赞成由菲尔德的唯名论规划揭示出的"数学的本质不是描述（describe）而是表征（represent）了我们的实在世界"的表征观点。现在，让我们回到本章一开始提出的问题：数学是否为我们提供了实在世界的客观知识？数学背后隐含着一种实在吗？立足于语境论的数学哲学，我们的具体回答（或核心立场）如下：

一、抽象的数学世界不存在

从语境论的视角看，柏拉图式的抽象数学世界不存在。固然，我们不能否认数学的研究对象是抽象的，比如"2""∅""$\xi(x)$""+∞"等。但是这并不意味着这些抽象概念确实关涉一个远离人类的、非物理的抽象世界。现在我们把目光转向语境论的世界观，我们就会发现无论是先验的哲学分析，还是科学的经验研究都没有表明：存在一个抽象的数学世界，并且我们拥有通往这个抽象世界的通道。事实上，人类的数学知识也确实不是在这样一个假定的基础上建立起来的。否则，数学家们探索抽象数学世界的努力怎么会和与它截然不同的物理世界发生关联，甚至可以在人们探索物理世界的真理的征途中发挥决定性作用呢？合理的假定是：我们只有一个世界，即包括人类在内的物理世界。无论是形式科学（数学和逻辑）还是非形式科学（各门自然科学、人文及社会科学），我们的各门学科或知识都是我们对这个真实的实在世界的不同方面和不同程度的认识或理解。这个假定是所有学科赖以存在的基础，也正是语境论的主张。

① Baker A. Mathematics, indispensability and scientific progress. Erkenntnis, 2001, 55 (1): 101-102.

根据语境论的数学哲学，我们能说明抽象的数学世界不存在，传统的数学柏拉图主义的信念仅仅是一种没有根据的形而上学假定。"语境论的世界观"的核心原则之一就是寻求证据，避免走向怀疑论和绝对主义教条的两个极端，拒绝先验的"第一哲学"的研究方式。因此，数学的哲学分析需要将数学置于适当的语境中，将数学实践本身看作一个历史事件，从动态的、整体论的角度对其进行说明。

首先，从动态的数学实践语境的角度看，数学研究的对象是概念，抽象的柏拉图式的数学世界不存在。我们可以从历史的和来自数学家们真实的数学实践的研究中获得对数学本质的更有说服力和更为具体的认识。正如马赫（Ernst Mach）运用历史分析洞察到语言（或概念）与实在之间的关系那样，他向我们展示了历史分析在哲学家如何持有合理信念中所扮演的极为突出的角色：

> 拓展我们知识的最大障碍是那些我们自己创造的东西，即"辅助概念"。可以确定的是……如果没有这些概念，我们就不能认清这个世界（orient ourselves in the world）。……但是我们倾向于把我们自己创造的这些概念误解为是表征了一种独立的实在。然而，我们却不能彻底地克服这种朝向实体化的倾向，但是我们必须尽量记住我们是如何获得这些概念的："如果我们忘了我们是如何获得这些概念的，那么我们就会习惯称它们是形而上学的。如果人们总是牢记他们来时走过的道路，那么他们就永远不会失足或与事实相冲突。"①

对数学而言，这种情况似乎更加明显。因为在数学知识产生之初，一些数学概念被创造出来，当数学发展到高度公理化和形式化的时期时，人们不再能轻易看到数学概念与现实世界的联系。虽然如此，数学家们却不想否认数学的实在性，于是，"数学表征了一个抽象的实在世界"这个信念便被某些数学家和哲学家们想当然地接受下来。但是人们只要用历史的眼光重新审视数学，就会发现相信柏拉图式的数学世界存在是不合理的。数学是处于时间过程中的历史事件，有其产生的起始点和经历变迁的发展过程，并且数学是一项处于宇宙时空中的人类特有的实践活动，那种相信数学在本质上是非时空、独立于人类和物质世界的柏拉图主义信念应该被抛弃。

既然数学是一项由数学家们从事的事业，我们就可以从具体的数学研究来检验柏拉图主义的数学实在论信念。比如，我们看一个具体案例，它来自数学家高尔斯从事数学研究的亲身体验。在高尔斯看来，数学家们引入新的数学术语或概念并没有使他们承诺这样的数学实体存在。考虑数学中的"有序对"这个概念：

---

① Nemeth E, Logical empiricism and the history and sociology of science//Richardson A, Uebel T. The Cambridge Companion to Logical Empiricism. New York: Cambridge University Press, 2007: 285-286.

有序对是什么？

我认为，这是数学家将会给出的标准说明。让 x 和 y 是两个数学对象。……有序对 (x, y) 被定义为集合 $\{\{x\}, \{x, y\}\}$，并且它容易被检测：

$\{\{x\}, \{x, y\}\} = \{\{z\}, \{z, w\}\}$，当且仅当 $x=z$ 并且 $y=w$

……

很清楚，实践中关于有序对重要的仅仅是两个有序对相等的条件。那么为什么有人会不厌其烦地把有序对 (x, y) 定义为 $\{\{x\}, \{x, y\}\}$ 呢？标准的答案是，如果你想把

$(x, y) = (z, w)$ 当且仅当 $x=y$ 且 $z=w$

这样一个陈述作为公理，那么你就必须表明你的公理是一致的。你可以通过构造一个满足该公理的模型做到这一点。对有序对而言，这个样子有点奇怪的定义 $(x, y) = \{\{x\}, \{x, y\}\}$ 恰好就是这样一个模型。这表明有序对可以用集合论的术语来定义，于是有序对的公理就能从集合论的公理推导出来。因此，通过引入有序对或被要求接受任何新的未证明的数学信念，我们并没有做出新的本体论承诺。①

其次，科学的世界观告诉我们实在的世界只有一个，那就是我们生活于其中的现实的物质世界，非时空或抽象的柏拉图式的数学世界不存在。关于数学认识的认知科学的研究表明，数学认识在本质上是涉身的，依赖于人类的身体和大脑以及人类与周围环境之间的关系。一个独立于人类认知机制的数学世界不存在。从广义上看，数学本身就是一种认识论。除此之外，无论是日常感知还是借助于现代高端仪器，我们都没能发现数学实体的行踪。或许有人坚持认为，数学世界与现实的物质世界是两个根本不同的世界，我们不可能靠认识现实世界的方法去认识数学世界，因而也就不能用感觉经验和科学仪器去测量数学实体。表面上看似乎这种论证非常吸引人，然而如果他们找不到到达抽象数学世界的认识通道，那么这种主张充其量仅仅是一种假定的形而上学预设，在认识论的意义上，我们无法相信这样的数学世界存在。正如按照语境实在论者施拉格尔主张的那样，我们谈论的实在本身就是一个依赖概念（理论）框架或语境的问题，脱离了概念框架，我们对实在无从认知。因此，既然我们在认识论上无法证明我们的数学理论就是对抽象数学世界的言说，那么本体论上抽象的数学世界就必然脱离了我们可认知的范围，因而我们不可能知道抽象的数学世界存在。无论是科学的、数学的还是哲学的论证和分析都没有显示出这一点。

最后，通过遵循语境论的整体论和语境论的跨学科原则，来自数学的符号学、人类学、史学、社会学和认知科学等领域的研究一致表明，数学是一项处于时空

---

① Gowers W T. Does mathematics need a philosophy? //Hersh R. 18 Unconventional Essays on the Nature of Mathematics. New York: Springer Science & Business Media Inc.，2006：191-192.

中由人类从事的实践活动，是对现实的物质世界认知的结果。另外，从对数学理论的语用、语形和语义的分析，我们也能得知数学理论符号意义的演变过程以及它与现实世界和科学之间的关系，但是无论哪种分析都没有表明存在着一个抽象的数学世界，而我们的数学理论是对那个世界的描述和认识。

总之，根据语境论的数学哲学，在现有的认识条件下，我们无法获知关于抽象数学世界的知识。因此，"抽象的数学世界存在"只能是一个被假定的形而上学预设或者说某种直觉上的信仰。

二、数学与物质世界：表征而非描述

既然按照语境论的数学哲学，数学不是对抽象实在世界的描述，那么数学究竟是什么？数学是虚构的吗？难道数学中不存在真理吗？数学与现实的物质世界之间的关系是什么？按照语境论的假定，最基本的实在世界只有一个，这就是我们的物理世界（或称为外部世界），并且我们的数学和其他科学知识都是关于这个外部世界的认知结果。事实上，关于这一点真实的数学实践也向我们做出了明证。正像数学家麦克莱恩声称的那样，"数学研究现实世界和人类经验各方面的各种形式模型的构造。一方面，这意味着数学不是关于某些作为基础的柏拉图式现实的直接理论，而是关于现实世界（或实在，如果存在的话）的形式方面的间接理论。另一方面，我们的观点强调数学涉及大量各种各样的模型，同一个经验事实可以用多种方法在数学中被模型化"①。

另外，我们可以从语境论跨学科的研究中获得启示：比如，人们对于心灵哲学的研究。根据当代美国著名哲学家塞尔关于心灵和意识问题的核心洞见：意识被认为是一种生物学现象，意识过程是一种生物学过程（这在本质上支持了只有一个实在世界的观点）；人类的意识和世界之间的关联通过"心灵的意向性"建立起来。塞尔指出："意向性是心灵的一种特征，通过这种特征，心理状态指向，或者关于、论及、涉及、针对世界上的情况。这种特征的独特之处就在于为了能被我们的意向状态所表现，对象并不需要实际地存在。因此，尽管圣诞老人并不存在，但小孩子也能相信在圣诞之夜圣诞老人会到来。"②这样看来，人类的数学知识和数学概念必然蕴含着所谓的"心灵的意向性"，当然数学概念背后隐含的最初的心理状态的指向是人类生活于其中的实在的物理世界。从意向性的角度看，数学概念本身就蕴含着人类对于实在世界的认识。

现在，我们已经清楚地说明了数学与物理世界之间存在着本质的关联。人们也许会问：当数学为我们提供了关于世界的说明时，数学知识是否是在描述自然

---

① ［美］S. 麦克莱恩. 数学模型——对数学哲学的一个概述//邓东皋，孙小礼，张祖贵. 数学与文化. 北京：北京大学出版社，1990：112.
② ［美］约翰·塞尔. 心灵、语言和社会. 李步楼译. 上海：上海译文出版社，2006：65.

世界，或者说数学揭示出来的是否就是实际世界所显示的样子？我们认为：数学实在性的本质并不是描述，而是表征了物理世界。

首先，数学并非是在描述物理世界。理由是：如果数学的描述不符合实在世界的本性，那么我们必须修改数学以适合物理事实。然而，实际的情形告诉我们：数学的确证并不受物质世界或经验的影响。因此，在我们遇到理论的说明与事实不一致的情况下，需要考虑修改的是经验自然科学的理论假说，而不是其中涉及的数学公式或定理。比如，"如果按照一种计数系统来计数，在房间里实际上有七件东西，若用另一种计数系统来计数，房间里实际上就只有一件东西。但是实在世界并不关心我们使用的是哪一种计数系统……"① 当然，这两种计数系统都恰当地表征了实在世界，如果按照描述的观点，那么一定有一种计数系统的描述是错的，需要被消除或做出纠正。但事实是两种计数系统都合适，因而把数学视为描述实在世界的观点不成立。

其次，数学与实在世界之间关系的本质在于数学表征物理世界。哲学家布朗明确提出：应用数学的本质是表征的，而不是描述的。布朗依据数学实践做了有力论证："据说整个数学史非常强地支持了数学的自主性，因此非常强地支持了表征主义的说明。数学结果被推翻了，但总是被其他的数学结果推翻的。……非欧几何学的发现是一项数学上的发现。一旦这些几何学的存在得到承认，用新的方式表征或模拟物理世界就被允许为可能的。……因此，这个论证支持了应用数学的表征而非描述的本质。"② 此外，我国学者叶峰提议从自然主义的视角解释经典数学的可应用性，他的研究也有力地支持了数学的表征主义观点，其具体的解释图景如图 4.3 所示。③

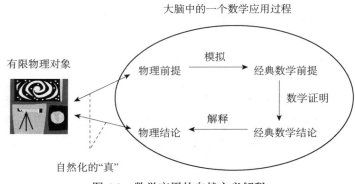

图 4.3　数学应用的自然主义解释

---

① ［美］约翰·塞尔. 心灵、语言和社会. 李步楼译. 上海：上海译文出版社，2006：24.

② Brown J R. Philosophy of Mathematics: A Contemporary Introduction to the World of Proofs and Pictures. 2nd ed. New York: Routledge, 2008: 61.

③ 叶峰. 一种自然主义的数学哲学. http://www.phil.pku.edu.cn/cllc/people/fengye/index.html ［2011-3-20］.

总之，在语境论的视野下，抽象的数学世界不存在，真实的数学是人类为了认识实在的物理世界之基础上产生的，数学与物理世界之间的关系不是直接的描述而是间接的表征。数学在科学的历史进程和在关于世界的科学说明中具有不可或缺的地位。该主张不仅符合真实的数学实践，而且还与我们关于世界的科学图像相一致，因而它在语境论的图景中获得了合法地位。

结语　语境论数学哲学的发展及意义

自 20 世纪数学基础主义三大学派衰落以来，数学哲学研究中相继出现了两种传统：一种是以当代数学实在论和反实在论的争论为主流研究路径的"分析传统"；另一种是以数学家和数学史家向基础主义和分析传统发起挑战的、居于次要位置的"反传统"革新。"分析传统"探讨的核心问题主要集中在数学的本体论和认识论领域，其研究路径秉承了基础主义的研究传统，方法论策略主要以逻辑分析和语言分析为主。"反传统"革新探讨的核心问题主要集中在数学知识领域，其研究路径继承了拉卡托斯的研究传统，方法论策略主要以数学的史学描述和社会学描述为主。值得注意的是，当代数学哲学的主导性研究方向依然是由美国哲学家贝纳塞拉夫于 20 世纪六七十年代发表的两篇论文《数不能是什么》和《数学真理》引发的当代数学实在论和反实在论的争论所引导。至今，关于数学本体和数学真理的各种解释依然无法令人满意。虽然"反传统"革新注意到了"分析传统"研究路径的缺陷，认为真正的数学哲学应当关注数学实践，然而他们那种彻底与传统研究路径决裂的态度致使其研究始终无法进入当代数学哲学研究的主流。目前，"分析传统"中出现了关注数学实践的数学自然主义和科学自然主义的新的研究进路。然而由于它们过于强调数学实践和科学实践、具有取代传统哲学的主题及探究方式的倾向，因而也无法为数学提供一种合理说明。总而言之，无论是关注数学实践的以数学的史学和社会学描述为主的"外在论"的研究方式，还是重视数学实践的以数学自然主义和科学自然主义的说明为主的"内在论"的探讨，都无法满足当前数学哲学发展的要求。在此背景下，学界出现了一种试图将"分析传统"的研究主题及方法和"反传统"革新关注的数学实践相结合，并以具体实例的形式对数学实践进行分析的数学实践哲学的新趋向。这种研究路径能较为合理地满足数学哲学的根本任务。实际上，要想真正突破"分析传统"中各种解释的困境、以恰当的方式将"反传统"革新强调的数学实践融入到主流研究中来，根本的解决策略就是要在元理论或各种解释依赖的背景信念的层面上提出一种符合数学哲学根本任务的数学哲学研究范式。正是在这个意义上，提出一种合适的研究范式对当代数学哲学的发展具有十分重要的意义。

迄今为止，上述讨论的"分析传统"和"反传统"革新的研究路径隐含着当代数学哲学研究中的三种不同的研究范式：①规范的数学哲学；②描述的数学哲学；③自然主义的数学哲学。

规范的数学哲学以"哲学先于实践"的原则试图为数学实践提供一种绝对和

普遍的说明。这种范式对数学哲学和数学实践之间关系的观点是：数学哲学先于数学实践，数学的哲学态度决定着数学实践的方向。更准确地说，"在某种深刻的形而上学意义上，哲学先于实践。在基础层面上，哲学决定实践"①。当前"分析传统"中的大部分解释路径都属于这一研究范式。传统的数学柏拉图主义、新弗雷格主义、虚构主义、数学结构主义等都试图在形而上学的意义上以"第一哲学"的研究方式为数学实践提供一种规范说明。这种研究范式虽然秉承了哲学传统研究的规范性，但其明显缺陷就是忽视了内容丰富的数学实践。既然抽象的哲学说明并不能捕获真实数学实践的本性，因而这种研究范式及其引导下的各种解释都无法给出关于数学本质的令人满意的说明。

描述的数学哲学以"哲学描述实践"的原则试图将真实的数学如实地描述出来。这种范式对数学哲学和数学实践之间关系的观点是：数学实践先于数学哲学，数学的哲学探究与真实的数学实践不相关。数学就是数学家们做的事情，独立于任何哲学说明，即数学哲学不会对实际的数学实践有任何影响，因而数学哲学是可有可无的，至多对已发生的数学事实给出描述性说明。当前"反传统"革新中的大部分解释路径都属于这一研究范式。数学史的解释和数学社会学的解释都试图为数学实践描绘出一幅真实的图景。这种研究范式虽然把数学实践引入了数学哲学的研究视野，从总体上对数学知识的增长及本质的考察拓宽了数学哲学研究的域面，但其明显缺陷就是把数学哲学定位为仅仅是对数学实践进行描述。既然哲学传统的研究主题和研究方式被"反传统"革新彻底否定，数学的哲学探究存在被弱化的可能倾向，自然这种研究范式及其引导下的各种解释就无法完成数学哲学的根本任务。

自然主义的数学哲学以"哲学让位于实践"的原则试图将传统的数学哲学问题转化为数学问题和科学问题进行解决。数学自然主义对数学哲学和数学实践之间关系的观点是：数学实践先于数学哲学，当数学的哲学说明与数学实践相冲突时，数学哲学必须让位于数学实践。数学哲学研究的核心应当是数学实践中的方法论问题，数学的确证内在于数学。简言之，"哲学，外在于数学，既不能批评也不能对数学的陈述和方法进行辩护；它只能分析现行的数学实践"②。科学自然主义对数学哲学和科学实践之间关系的观点是：科学实践先于数学哲学，当数学的哲学说明与科学实践相冲突时，数学哲学必须让位于科学实践。数学哲学探讨的数学本体的实在性问题和数学真理的确证问题应当交由科学解决，科学是最终的裁决标准。自然主义的数学哲学虽然使数学哲学家们意识到，数学的哲学说明应当以数学实践为基础，与科学的世界观相一致，但其明显缺陷就是把数学实践和

---

① ［美］斯图尔特·夏皮罗. 数学哲学：对数学的思考. 郝兆宽，杨睿之译. 上海：复旦大学出版社，2009：10.
② Roland J W. Maddy and mathematics，naturalism or not. The British Journal for the Philosophy of Science，2007：4.

科学实践作为衡量哲学探究的标准，使哲学说明让位于数学和科学的求解。既然哲学的主题及研究方式存在被取代的可能倾向，那么自然主义的数学哲学及其引导下的各种解释也无法完成数学哲学的根本任务。

上述分析中隐含着一种合理的数学哲学研究范式所需的必备条件：①数学的哲学说明应当以数学实践为基础，放弃传统的"第一哲学"式的抽象和绝对的思考方式；②保持哲学研究的规范性特征，避免数学的哲学说明滑入描述性的溪流；③数学的哲学说明应当与科学的世界观相一致，但不能被自然化的研究方式取代。实际上，数学哲学的根本任务就在于它试图为数学实践提供一种连贯、整体和普遍的哲学说明，这种说明须与我们关于世界的其他认识相容，尤其是科学的认识。为此，基于语境论视角，我们认为，语境论的数学哲学可以同时满足上述三个条件，从而成为完成数学哲学根本任务的有效出路。

语境论的数学哲学是数学实践哲学兴起的时代背景和语境论的世界观、语境实在论、语境论的科学哲学的理论发展共同促动下的产物。它包括六个核心原则：①实践原则。该原则强调数学的哲学说明应以数学实践为基础，分析具体数学实践中的哲学问题，凌驾于数学实践之上的抽象的、先验的哲学说明不能被称为真正的数学哲学，因而脱离或不符合数学实践的传统的哲学说明应当被抛弃。②动态原则。既然数学哲学关注数学实践，数学实践又是一项处于具体时空中的活动，那么数学的哲学探究应当注重从动态的角度去分析，尊重数学的历史，避免任何静止、绝对和不变的关于数学本质的终极说明。③语境原则。该原则强调数学的哲学说明应当把数学实践置于具体的语境中进行分析，避免绝对主义、本质主义、基础主义和普遍主义的哲学倾向，抛弃抽象的争论，关注语境分析的重要性。④一致性原则。该原则主张数学的哲学说明应当与世界的科学图像相容，关于整个世界及各门知识的说明应当是融贯一致的，因此数学的哲学说明也应当与当前的科学解释相一致。⑤整体论原则。该原则强调数学的哲学说明应当从语境论的整体论角度去分析，在整体性的基础上形成关于数学的一种融贯一致的说明；⑥跨学科原则。该原则主张数学的哲学说明应当从多学科的角度对数学实践不同方面的特征进行分析。

在上述核心原则的引导下，语境论的数学哲学可以有效避免现有范式的缺陷并突破在其引导下的各种具体研究路径的困境，为数学的本体论、认识论、数学真理、数学的语义学和数学知识提供一种合理的解释，而且还能适当拓宽当代数学哲学的研究域面。

第一，语境论的数学哲学汲取了现有范式的合理性并试图避免它们各自的缺陷，因而更加合理。①与处于当代数学哲学主流研究的规范的数学哲学范式相比，语境论的数学哲学更符合数学哲学发展的总体趋势，其论证更有说服力度。它强调在尊重数学实践的前提下，从动态的视角将数学置于具体的语境中进行说明，可以避免陷入"第一哲学"的绝对化、抽象化和普遍化说明的极端倾向，避免陷入有可能违背真实数学实践、误导数学哲学学科功能的潜在危险中。②与描述的数学哲学相比，语境论的数学哲学继续秉承哲学传统研究的规范性，试图将数学家、数学史家、数学社会学家的研究适当地融入到数学哲学的主流研究中，可以有效避免数学哲学的研究主题和方法有可能被弱化的倾向。③与自然主义的数学哲学相比，语境论的数学哲学既能保持数学哲学研究的规范性，同时还能注意到关注数学实践、与科学的世界观保持一致，可以避免数学自然主义将数学的哲学问题还原为数学问题，避免科学自然主义将数学的哲学问题还原为科学问题的哲学自然化倾向。除此之外，与当前兴起的数学实践哲学的具体研究相比，语境论的数学哲学能为当前数学哲学研究范式的转换提供一种元理论的支持。

第二，语境论的数学哲学能在根本上突破传统解释路径的困境。它基于"范式"的视角，从各种解释背后隐含的背景信念出发检验其论证是否合理，是否能满足数学哲学的根本任务。比如，从范式视角看，自然主义集合实在论的背景信念中同时隐含着数学自然主义、科学自然主义和第一哲学三种研究范式。自然主义集合实在论的倡导者麦蒂明确声称她信奉的是数学自然主义的研究范式，然而在其解释过程中她却同时运用了科学自然主义和第一哲学范式，以致最终这种实在论的解释没能取得成功。麦蒂本人后来也意识到了这一点，所以她后期的思想转向了彻底的数学自然主义。不过，按照前述分析，数学自然主义的立场也有自身无法克服的困难。同样，基于"范式"视角，数学实在性的不可或缺性论证、传统的数学柏拉图主义、结构主义、虚构主义等都可以得到分析。

第三，语境论的数学哲学能为求解数学的本体论、认识论、数学真理、数学语义学和数学知识等难题提供一种新的研究视角和方法。按照这种范式的核心原则，我们对"数学的本质及其实在性"的数学本体论难题进行了重新解释，初步探讨了数学与现实的物质世界之间的关系，并得出如下结论：①数学的本质是概念。无论是作为个体的数学对象还是数学结构，它们本质上都是一些概念。除此之外，像函数这样的过程也是数学家们研究的合法对象，这些过程也是概念。从数学实践的角度看，"数学本质是什么"依赖语境，因而关于数学本质的哲学说明并不需要一个先验的形而上学预设，它本身就是一个处于不断变化中的开放性问题。②抽象的数学世界不存在，数学与现实的物质世界之间的关系是：数学表征而不是描述物质世界。通过运用语境分析方法，我们对"数学知识的演进"和"数学知识的本质"给出了新的解释。这样，我们就可以根据语境论数学哲学的核心原则和方法对数学认识论、数学真理和数学语义学问题展开研究。

第四，语境论的数学哲学能适当拓宽当代数学哲学的研究域面。由于语境论的数学哲学能把分析传统、"反传统"革新和数学实践哲学的研究主题合理地融合起来，因而它有助于拓宽当代数学哲学的研究范围。在方法论层面，除了传统的逻辑分析和语言分析,数学哲学还能将语境分析合理地纳入到分析传统的研究中。这样,在该范式的引导下,当代数学哲学的研究今后有可能在下面三个大的领域有新的进展和突破:①传统的数学认识论、数学真理和数学语义学研究领域。比如,我们可以用更多的局部案例研究和语境分析方法重新思考下述问题:何为数学知识?数学知识的可靠性如何得到保证?数学陈述的真意味着什么?什么是数学真理?数学中的存在性断言意味着什么?我们需要在字面意义上理解数学,还是隐喻地理解?②与科学哲学探讨主题保持一致的一般的数学哲学研究领域。这类主题涉及数学知识是如何增长的?数学说明的本质是什么?数学中有哪些推理?数学是如何被应用的?数学公理被选择依赖的根据是什么?图形证明的意义是什么?数学说明与数学证明之间的关系等。③数学各分支领域中的哲学问题。比如,关于范畴论中结构的哲学思考、计算机证明的可靠性、分形几何的哲学意义、中国古代数学的哲学反思、集合论中的哲学问题等。

　　总之,在当代数学哲学的研究中,属于分析传统研究路径的当代数学实在论和反实在论的争论虽然在整体上忽视了内容丰富的数学实践,但依然处于数学哲学研究的核心。与此相对照,虽然属于"反传统"革新研究路径的数学家、数学史家和数学社会学家们的解释意识到了数学哲学应当关注数学实践,但他们的研究却依然处于数学哲学研究的核心之外。为了汲取二者的合理性同时避免其缺陷,数学实践哲学应运而生。基于数学哲学的根本任务和当前数学哲学的发展趋势,无论是在元理论的思考方面,还是在解决具体的数学哲学难题方面,语境论数学哲学的提出都是一种崭新的尝试。当然,数学所引起的哲学思考依然是吸引当前哲学家、数学家和物理学家的智力难题。"数学究竟是什么"依然需要我们进一步地探索,语境论数学哲学也将在此努力中值得进一步关注和深入研究。

参考文献

阿佩尔. 1997. 哲学的改造. 孙周兴, 陆兴华译. 上海: 上海译文出版社.

昂. 2006. 形而上学. 田园, 陈高华译. 北京: 中国人民大学出版社.

鲍亨斯基 1987. 当代思维方法. 童世骏, 邵春林, 李福安译. 上海: 上海人民出版社.

贝纳塞拉夫, 普特南. 2003. 数学哲学. 朱水林, 应制夷, 凌康源等译. 北京: 商务印书馆.

布鲁尔. 2001. 知识和社会意象. 艾彦译. 北京: 东方出版社.

陈波. 2000. 逻辑哲学导论. 北京: 中国人民大学出版社.

陈嘉明. 2005. 实在、心灵与信念: 当代美国哲学概论. 北京: 人民出版社.

达米特. 2004. 形而上学的逻辑基础. 任晓明, 李国山译. 北京: 中国人民大学出版社.

丹齐克. 1985. 数: 科学的语言. 苏仲湘译. 北京: 商务印书馆.

道本. 2008. 康托的无穷的数学和哲学. 郑毓信, 刘晓力译. 大连: 大连理工大学出版社.

邓东皋, 孙小礼, 张祖贵. 1990. 数学与文化. 北京: 北京大学出版社.

狄奥多涅. 1982. 近三十年来布尔巴基的工作//布尔巴基. 1999. 数学的建筑. 胡作玄等编译. 南京: 江苏教育出版社: 171-186.

狄奥多涅. 1999. 布尔巴基的数学哲学//布尔巴基. 数学的建筑. 胡作玄等编译. 南京: 江苏教育出版社: 187-199.

狄奥多涅. 1999. 数学家与数学发展//布尔巴基. 数学的建筑. 胡作玄等编译. 南京: 江苏教育出版社: 85-105.

迪厄多内. 2001. 当代数学: 为了人类心智的荣耀. 沈永欢译. 上海: 上海教育出版社.

杜威. 2006. 必须矫正哲学//涂纪亮编译. 杜威文选. 北京: 社会科学文献出版社: 61-104.

杜威. 2006. 达尔文学说对哲学的影响//涂纪亮编译. 杜威文选. 北京: 社会科学文献出版社: 49-60.

杜威. 2006. 我相信什么？//涂纪亮编译. 杜威文选. 北京: 社会科学文献出版社: 35-48.

杜威. 2006. 形而上学探索的题材//涂纪亮编译. 杜威文选. 北京: 社会科学文献出版社: 183-193.

杜威. 2006. 语境和思想//涂纪亮编译. 杜威文选. 北京: 社会科学文献出版社: 201-219.

恩格斯. 1970. 反杜林论. 中共中央马克思恩格斯列宁斯大林著作编译局译. 北京: 人民出版社.

范·因瓦根. 2007. 形而上学. 宫睿译. 北京: 北京大学出版社.

弗雷格. 1998. 算术基础. 王路译. 北京: 商务印书馆.

弗雷格. 2006. 弗雷格哲学论著选辑. 王路译. 北京: 商务印书馆.

傅海伦. 2003. 传统文化与数学机械化. 北京: 科学出版社.

高文. 2007. 约翰·杜威哲学中"语境"的重要性//俞吾金. 杜威、实用主义与现代哲学. 北京: 人民出版社: 66-85.

格列菲斯. 2001. 数学——从伙计到伙伴//邓东皋, 孙小礼, 张祖贵. 数学与文化. 北京: 北京大学出版社: 183-198.

桂起权. 1991. 当代数学哲学与逻辑哲学入门. 上海: 华东师范大学出版社.

郭贵春. 1990. 语义分析方法的本质. 科学技术与辩证法, 7 (2): 1-6.

郭贵春. 1995. 后现代科学实在论. 北京: 知识出版社.

郭贵春. 1997. 论语境. 哲学研究, 4: 46-52.

郭贵春. 2000. 科学修辞学的本质特征. 哲学研究, 7: 19-26.

郭贵春. 2000. 语境分析的方法论意义. 山西大学学报, 23 (3): 1-6.

郭贵春. 2005. "语境"研究的意义. 科学技术与辩证法, 22 (4): 1-4.

郭贵春. 2006. "语境"研究纲领与科学哲学的发展. 中国社会科学, 5: 28-32.

郭贵春. 2007. 语义学研究的方法论意义. 中国社会科学, 3: 77-87.

郭贵春等. 2009. 当代科学哲学的发展趋势. 北京: 经济科学出版社.

哈克. 2003. 逻辑哲学. 罗毅译. 张家龙校. 北京: 商务印书馆.

哈克. 2004. 证据与探究——走向认识论的重构. 陈波, 张力锋, 刘叶涛译. 北京: 中国人民大学出版社.

哈密尔顿. 1989. 数学家的逻辑. 北京: 商务印书馆.

海尔. 2006. 当代心灵哲学导论. 高新民, 殷筱, 徐弢译. 北京: 中国人民大学出版社.

郝兆宽, 施翔辉, 杨跃. 2010. 连续统与 Ω 猜想. 逻辑学研究. 3 (4): 30-43.

郝兆宽. 2006. 数的定义: 戴德金与弗雷格. 复旦学报 (社会科学版), 48 (5): 127-133.

郝兆宽. 2013. 不自然的自然主义. 自然辩证法通讯. 35 (3): 20-23, 59, 125.

郝兆宽. 2014. 哥德尔针对物理主义的一个论证. 逻辑学研究. 7 (3): 1-11.

黑尔. 1994. 反柏拉图主义的认识论论证. 王路译. 世界哲学, 3: 74-77.

胡作玄, 石赫. 2002. 吴文俊之路. 上海: 上海科学技术出版社.

霍金, 蒙洛迪诺. 2011. 大设计. 吴忠超译. 长沙: 湖南科学技术出版社.

嘉当. 1999. 布尔巴基与当代数学//布尔巴基. 数学的建筑. 胡作玄等编译. 南京: 江苏教育出版社: 137-152.

解恩泽, 徐本顺. 1989. 数学思想方法. 济南: 山东教育出版社.

柯朗, 罗宾. 2005. 什么是数学. 左平, 张饴慈译. 上海: 复旦大学出版社.

科克尔曼斯. 1999. 现代自然科学的解释学本质. 鲁旭东译. 哲学译丛, 1: 16-24.

克莱因. 1997. 数学: 确定性的丧失. 李宏魁译. 长沙: 湖南科学技术出版社.

克莱因. 2002. 古今数学思想. 第四册. 邓东皋, 张恭庆等译. 上海: 上海科学技术出版社.

克莱因. 2005. 数学与知识的探求. 刘志勇译. 上海: 复旦大学出版社.

克里普克. 2005. 命名与必然性. 梅文译. 上海: 上海译文出版社.

克里斯. 1999. 解释学与自然科学：导论. 哲学译丛，1：9-15.

克林. 1984. 元数学导论. 上册. 莫绍揆译. 北京：科学出版社.

库恩. 2003. 科学革命的结构. 金吾伦，胡新和译. 北京：北京大学出版社.

库朗. 1964. 现代世界的数学//中国科学院自然科学史研究所数学史组，数学所数学史组编. 1985. 数学史译文集续集. 上海：上海科学技术出版社：82-91.

蒯因. 2007. 从逻辑的观点看. 陈启伟，江天骥，张家龙等译. 北京：中国人民大学出版社.

蒯因. 2007. 存在与量化//涂纪亮，陈波. 蒯因著作集. 第②卷. 北京：中国人民大学出版社：416-433.

蒯因. 2007. 科学的范围和语言//涂纪亮，陈波. 蒯因著作集. 第⑤卷. 北京：中国人民大学出版社：219-234.

蒯因. 2007. 论卡尔纳普的本体论观点//涂纪亮，陈波. 蒯因著作集. 第⑤卷. 北京：中国人民大学出版社：197-204.

黄益民. 2007. 当前分析的形而上学中的核心课题. 世界哲学，5：3-19.

黄益民. 2007. 形而上学中的虚构主义. 世界哲学，5：20-26.

拉卡托斯. 2007. 证明与反驳——数学发现的逻辑. 方刚，兰钊译. 上海：复旦大学出版社.

李文林. 2000. 数学史教程. 北京：高等教育出版社.

李浙生. 1995. 数学科学与辩证法. 北京：首都师范大学出版社.

林夏水. 1994. 数学的对象与性质. 北京：社会科学文献出版社.

林夏水. 2003. 数学哲学. 北京：商务印书馆.

林夏水. 2015. 数学与哲学：林夏水文选. 北京：社会科学文献出版社.

刘晓力. 2000. 理性的生命：哥德尔思想研究. 长沙：湖南教育出版社.

刘云章. 1993. 数学符号学概论. 合肥：安徽教育出版社.

吕公礼，关志坤. 2005. 跨学科视域中的统一语境论. 外语学刊，123（2）：1-14.

罗森堡. 2006. 科学哲学：当代进阶教程. 刘华杰译. 上海：上海科技教育出版社.

罗素. 2008. 我们关于外间世界的知识. 陈启伟译. 上海：上海译文出版社.

麦蒂. 2000. 数学需要新公理吗？//郝兆宽. 2008. 逻辑与形而上学. 上海：上海人民出版社：59-96.

麦克莱恩. 1990. 数学模型——对数学哲学的一个概述//邓东皋，孙小礼，张祖贵. 数学与文化. 北京：北京大学出版社：106-122.

美国国家研究委员会. 1993. 振兴美国数学——90年代的计划. 北京：世界图书出版公司.

牛顿-史密斯. 2006. 科学哲学指南. 成素梅，殷杰译. 上海：上海科技教育出版社.

庞加莱. 1929. 数学中的直觉和逻辑//邓东皋，孙小礼，张祖贵. 数学与文化. 北京：北京大学出版社：123-135.

皮亚杰. 1997. 发生认识论原理. 王宪钿等译. 胡世襄等校. 北京：商务印书馆.

普特南. 2005. 理性、真理与历史. 童世骏，李光程译. 上海：上海译文出版社.

普特南. 2005. 实在论的多副面孔. 冯艳译. 北京：中国人民大学出版社.

瑞德. 2006. 希尔伯特——数学世界的亚历山大. 袁向东，李文林译. 上海：上海科学技术出版社.

塞尔. 2005. 心灵的再发现. 王巍译. 北京：中国人民大学出版社.

塞尔. 2006. 心灵、语言和社会. 李步楼译. 上海：上海译文出版社.

塞尔. 2008. 心灵导论. 徐英瑾译. 上海：上海人民出版社.

斯图尔特. 1996. 自然之数：数学想象的虚幻实境. 潘涛译. 上海：上海科学技术出版社.

斯图尔特. 2009. 数学哲学：对数学的思考. 郝兆宽，杨睿之译. 上海：复旦大学出版社.

孙小礼，楼格. 1988. 人·自然·社会. 北京：北京大学出版社.

孙小礼. 1988. 数学·科学·哲学. 北京：光明日报出版社.

塔巴克. 2008. 几何学——空间和形式的语言. 张红梅，刘献军译. 胡作玄校. 北京：商务印书馆.

塔巴克. 2008. 数——计算机、哲学家及对数的含义的探索. 王献芬，王辉，张红艳译. 胡作玄校. 北京：商务印书馆.

涂纪亮，陈波. 2007. 蒯因著作集. 第②卷. 北京：中国人民大学出版社.

涂纪亮，陈波. 2007. 蒯因著作集. 第③卷. 北京：中国人民大学出版社.

涂纪亮，陈波. 2007. 蒯因著作集. 第④卷. 北京：中国人民大学出版社.

涂纪亮，陈波. 2007. 蒯因著作集. 第⑤卷. 北京：中国人民大学出版社.

涂纪亮，陈波. 2007. 蒯因著作集. 第⑥卷. 北京：中国人民大学出版社.

王鸿钧，孙宏安. 1992. 数学思想方法引论. 北京：人民教育出版社.

王路编译. 2007. 真与意义理论. 世界哲学，6：46-77.

王前. 1991. 数学哲学引论. 沈阳：辽宁教育出版社.

王永建. 1981. 数学的起源与发展. 南京：江苏人民出版社.

维基百科. 2015. 巴拿赫-塔斯基定理. https://zh. wikipedia. org/wiki/%E5%B7%B4%E6%8B%BF%E8%B5%AB-%E5%A1%94%E6%96%AF%E5%9F%BA%E5%AE%9A%E7%90%86[2016-4-20].

魏屹东. 2004. 世界观及其互补对科学认知的意义. 齐鲁学刊，179（2）：64-69.

魏屹东. 2006. 作为世界假设的语境论. 自然辩证法通讯，28（3）：39-45.

夏基松，郑毓信. 1986. 西方数学哲学. 北京：人民出版社.

徐利治. 2000. 数学方法论选讲. 第三版. 武汉：华中科技大学出版社.

亚历山大洛夫等. 2001. 数学——它的内容、方法和意义. 第三卷. 王元，万哲先等译. 北京：科学出版社.

亚历山大洛夫等. 2008. 数学——它的内容、方法和意义（第一卷）. 孙小礼，赵孟养，裘光明等译. 北京：科学出版社.

叶峰. 2005. 数学真理是什么？科学文化评论，2（4）：17-45.

叶峰. 2006. "不可或缺性论证"与反实在论数学哲学. 哲学研究，8：74-83.

叶峰. 2008. 一种自然主义的数学哲学. 科学文化评论，5（4）：5-16.

叶峰. 2010. 二十世纪数学哲学：一个自然主义者的评述. 北京：北京大学出版社.

叶峰. 2010. 一种自然主义的数学哲学. http：//www. phil. pku. edu. cn/cllc/people/fengye/index. html［2011-3-20］.

殷杰. 2006. 语境主义世界观的特征. 哲学研究，5：94-99.

詹姆斯. 2006. 实用主义. 燕晓冬编译. 重庆：重庆出版社.

张奠宙. 2002. 20 世纪数学经纬. 上海：华东师范大学出版社.

张景中. 2008. 数学与哲学. 大连：大连理工大学出版社.

郑毓信. 1990. 数学哲学新论. 南京：江苏教育出版社.

郑毓信. 2000. 数学哲学：20 世纪末的回顾与展望. 哲学研究，10：73-78.

周述岐. 1993. 数学思想与数学哲学. 北京：中国人民大学出版社.

Aspray W，Kitcher P. 1988. History and Philosophy of Modern Mathematics. Minneapolis：The University of Minnesota Press.

Avigad J. 2006. Mathematical Method and Proof. Synthese，153：105-159.

Awodey S. 1996. Structure in mathematics and logic：a categorical perspective. Philosophia Mathematica，4（3）：209-237.

Awodey S. 2004. An answer to G. Hellman's question：does category theory provide a framework for mathematical structuralism? Philosophia Mathematica，12（3）：54-64.

Awodey S. 2006. Category Theory. New York：Oxford University Press.

Baker A. 2001. Mathematics，indispensability and scientific progress. Erkenntnis，55（1）：85-116.

Baker A. 2005. Are there genuine mathematical explanations of physical phenomena? Mind，114：223-237.

Balaguer M. 1998. Platonism and Anti-Platonism in Mathematics. New York：Oxford University Press.

Balaguer M. 2016. Platonism in metaphysics. http：//plato.stanford.edu/entries/platonism/［2016-4-18］.

Benacerraf P，Putnam H. 1983. Philosophy of Mathematics. New York：Cambridge University Press.

Benacerraf P. 1965. What numbers could not be. The Philosophical Review，74（1）：47-73.

Benacerraf P. 1973. Mathematical truth. The Journal of Philosophy，70（19）：661-679.

Bourbaki N. 1948. L'Architecture des mathémathiques//Lionnais F L. 1997. Les Grands Courants de la Pensée Mathematique. Paris：Blanchard：35-47.

Bronshtein I N，Semendyayev K A，Musiol G，et al. 2007. Handbook of Mathematics. 5th ed. Berlin，Heidelberg，New York：Springer.

Brown J R. 2008. Philosophy of Mathematics：A Contemporary Introduction to the World of Proofs and Pictures. 2nd ed. New York：Routledge.

Bueno O，Linnebo Ø. 2009. New Waves in Philosophy of Mathematics. New York：Palgrave

Macmillan.

Bueno O，Zalta E N. 2005. A nominalist's dilemma and its solution. Philosophia Mathematica，13（3）：294-307.

Burgess J P，Rosen G. 1997. A Subject with No Object：Strategies for Nominalistic Interpretation of Mathematics. New York：Oxford University Press.

Burgess J P. 2008. Mathematics，Models，and Modality. New York：Cambridge University Press.

Carter J. 2004. Ontology and mathematical practice. Philosophia Mathematica，12（3）：244-267.

Chihara C S. 1990. Constructibility and Mathematical Existence. New York：Oxford University Press.

Chihara C S. 2004. A Structural Account of Mathematics. New York：Oxford University Press.

Churchland P M. 1979. Scientific Realism and the Plasticity of Mind. Cambridge：Cambridge University Press.

Cohnitz D. 2011. Nominalism in the Philosophy of Mathematics. http://daniel.cohnitz.de/download. php?f=76bed266ceaa67cf7c8bb25b9437e8b3.［2016-05-08］.

Cole J C. 2005. Practice-dependent Realism and Mathematics. Doctorial Dissertation of Philosophy. microform edition. Ann Arbor：ProQuest Information and Learning Company.

Colyvan M. 2001.The Indispensability of Mathematics. New York：Oxford University Press.

Corfield D. 2003. Towards a philosophy of Real Mathematics. Cambridge：Cambridge University Press.

Davis P，Hersh R. 1981. The Mathematical Experience. Boston：Houghton Mifflin Company.

Demopoulos W. 1995. Frege's Philosophy of Mathematics. Cambridge：Harvard University Press.

Dummett M. 1973. Frege：The Philosophy of Language. New York：Harper & Row，Publisher.

Dummett M. 1978. Truth and Other Enigmas. London：Duckworth.

Dummett M. 1994. What is mathematics about? //George A. Mathematics and Mind. New York：Oxford University Press：11-26.

Ernest P. 1998. Social Constructivism as a Philosophy of Mathematics. New York：State University of New York Press.

Ferreiros J，Gray J J. 2006. The Architecture of Modern Mathematics：Essays in History and Philosophy. New York：Oxford University Press.

Field H. 1980. Science without Numbers. Oxford：Basil Blackwell Publisher.

Field H. 1985. On conservativeness and incompleteness. The Journal of Philosophy，82（5）：239-260.

Field H. 1989. Realism，Mathematics and Modality. Oxford，New York：Basil Blackwell Inc.

Frege G. 1953. The Foundations of Arithmetic. 2nd ed. revised. Austin J L. Harper，Brothers，trans. New York：Harper Torchbooks，The Science Library.

George A. 1994. Mathematics and Mind. New York：Oxford University Press.

Giaquinto M. 2007. Visual Thinking in Mathematics：An epistemological study. New York：Oxford

University Press.

Gibbs R W. 2008. The Cambridge Handbook of Metaphor and Thought. New York: Cambridge University Press.

Gödel K. 1951. Some basic theorems on the foundations of mathematics and their implications// Gödel K. 1995. Collected Works. vol. III. Feferman S, ed. New York: Oxford University Press: 304-323.

Gödel K. 1983. Russell's mathematical logic//Benacerraf P, Putnam H. Philosophy of Mathematics. New York: Cambridge University Press: 447-469.

Gödel K. 1983. What is Cantor's continuum problem? //Benacerraf P, Putnam H. Philosophy of Mathematics. New York: Cambridge University Press: 470-485.

Gödel K. 1995. Collected Works. vol. III. Feferman S, ed. New York: Oxford University Press.

Gowers W T. 2006. Does mathematics need a philosophy? //Hersh R. 18 Unconventional Essays on the Nature of Mathematics. New York: Springer Science & Business Media Inc: 182-200.

Hahn L E. 2001. A Contextualistic Worldview. Carbondale, Edwardsville: Southern Illinois University Press.

Hale B, Wright C. 2001. The Reason's Proper Study: Essays towards a Neo-Fregean Philosophy of Mathematics. New York: Oxford University Press.

Hale B. 1987. Abstract Objects. Oxford: Basil Blackwell.

Hao W. 1961.Theory and practice in mathematics//Tymoczko T. 1998. Directions in the Philosophy of Mathematics: an Anthology. revised and expanded edition. Princeton: Princeton University Press: 129-152.

Heck R. 1999. Frege's theorem: an introduction. The Harvard Review of Philosophy, 7 (1): 56-73.

Hellman G. 1996. Structuralism without structures. Philosophia Mathematica, 4 (3): 100-123.

Hellman G. 2001.Three varieties of mathematical structuralism. Philosophia Mathematica, 9 (3): 184-211.

Hellman G. 2003. Does category theory provide a framework for mathematical structuralism? Philosophia Mathematica, 11 (3): 129-157.

Hersh R. 1997. What is Mathematics, Really? New York: Oxford University Press.

Hersh R. 1998. Some proposals for reviving the philosophy of mathematics//Tymoczko T. New Directions in the Philosophy of Mathematics: an Anthology. revised and expanded edition. Princeton: Princeton University Press: 9-28.

Hersh R. 2006. 18 Unconventional Essays on the Nature of Mathematics. New York: Springer Science & Business Media Inc.

Hilbert D. 1983. On the infinite//Benacerraf P, Putnam H. Philosophy of Mathematics. New York: Cambridge University Press: 183-201.

Honderich T. 2005. The Oxford Companion to Philosophy. 2nd ed.New York：Oxford University Press.

Kerkhove B V，van Bendegem J P. 2007. Perspectives on Mathematical Practices. Dordrecht：Springer.

Kitcher P. 1984. The Nature of Mathematical Knowledge. New York：Oxford University Press.

Koetsier T. 1991. Lakatos' Philosophy of Mathematics：A Historical Approach. Amsterdam：North Holland.

Krömer R. 2007. Tool and Object：A History and Philosophy of Category Theory. Berlin：Birkhäuser Verlag AG.

Kuhn T S. 1996. The Structure of Scientific Revolutions.3rd ed. Chicago：The University of Chicago Press.

Lakatos I. 1998. A renaissance of empiricism in the recent philosophy of mathematics? //Tymoczko T. New Directions in the Philosophy of Mathematics：an Anthology. revised and expanded edition. Princeton：Princeton University Press：29-48.

Lakoff G，Núñez R E. 2000. Where Mathematics Comes From：How the Embodied Mind Brings Mathematics Into Being. New York：Basic Books.

Landry E，Marquis J P. 2005. Categories in context：historical，foundational，and philosophical. Philosophia Mathematica，13（3）：1-43.

Lear J. 1977. Sets and semantics. The Journal of Philosophy，74（2）：86-102.

Leng M，Paseau A，Potter M. 2007. Mathematical Knowledge. New York：Oxford University Press.

Leng M. 2002. Phenomenology and mathematical practice. Philosophia Mathematica，10（3）：3-25.

Leng M. 2002. Proof，Practice，and Progress. Doctorial Dissertation of Philosophy. microform edition. Ann Arbor：ProQuest Information and Learning Company.

Linnebo Ø. 2009. Frege's context principle and reference to natural numbers//Lindström S，Palmgren E，Segerberg K，et al. Logicism，Intuitionism，and Formalism：What Has Become of Them? Dordrecht：Springer Science+Business Media B.V：47-68.

Losee J. 1980. A Historical Introduction to the Philosophy of Science. 2nd ed. New York：Oxford University Press.

Lucas J R. 2000. The Conceptual Roots of Mathematics：An Essay on the Philosophy of Mathematics. London，New York：Routledge.

Macdonald C. 2005. Varieties of Things：Foundations of Contemporary Metaphysics. Malden，Oxford，Carlton：Blackwell Publishing.

MacLane S. 1996. Structure in mathematics. Philosophia Mathematica，4（3）：174-183.

Maddy P. 1990. Realism in Mathematics. New York：Oxford University Press.

Maddy P. 1997. Naturalism in Mathematics. New York：Oxford University Press.

Maddy P. 1998. How to be a naturalist about mathematics//Dales H G., Oliveri G. Truth in Mathematics. New York: Oxford University Press: 161-180.

Maddy P. 2005. Mathematical existence. The Bulletin of Symbolic Logic, 11 (3): 351-376.

Malament D. 1982. Review of field's science without numbers. The Journal of Philosophy, 79 (9): 523-534.

Mancosu P, Jørgensen K F, Pedersen S A. 2005. Visualization, Explanation and Reasoning Styles in Mathematics. Dordrecht: Springer.

Mancosu P. 1996. Philosophy of Mathematics and Mathematical Practice in the Seventeenth Century. New York: Oxford University Press.

Mancosu P. 2008.The Philosophy of Mathematical Practice. New York: Oxford University Press.

Marquis J P. 2014. Category theory. http: //plato.stanford.edu/entries/category-theory [2016-4-18].

McLarty C. 2004. Exploring categorical structuralism. Philosophia Mathematica, 12 (3): 37-53.

McLarty C. 2005. Learning from questions on categorical foundations. Philosophia Mathematica, 13 (3): 44-60.

Nemeth E, 2007. Logical empiricism and the history and sociology of science//Richardson A, Uebel T. The Cambridge Companion to Logical Empiricism. New York: Cambridge University Press: 278-302.

Niiniluoto I. 1999. Critical Scientific Realism. New York: Oxford University Press.

Núñez R. 2000. Conceptual metaphor and the embodied mind: what makes mathematics possible? // Hallyn F. Metaphor and Analogy in the Sciences. Dordrecht: Kluwer Academic Publisher: 125-145.

Núñez R. 2006. Do real numbers really move? language, thought, and gesture: the embodied cognitive foundations of mathematics//Hersh R. 18 Unconventional Essays on the Nature of Mathematics. New York: Springer Science & Business Media Inc: 160-181.

Núñez R. 2007. The cognitive science of mathematics: why is it relevant for mathematics education? // Lesh R A, Hamilton E, Kaput J J. Foundations for the Future in Mathematics Education. Appleton: Lawrence Erlbaum Associates: 127-154.

Parsons C. 1995. Frege's theory of number//Demopoulos W. Frege's Philosophy of Mathematics. Cambridge: Harvard University Press: 182-210.

Parsons C. 2008. Mathematical Thought and Its Objects. New York: Cambridge University Press.

Pepper S C. 1942. World Hypotheses: A Study in Evidence. Berkeley: University of California Press.

Peruzzi A. 2006. The meaning of category theory for 21st century philosophy. Axiomathes, 16: 425-460.

Putnam H. 1972. Philosophy of logic//Putnam H. 1979. Mathematics, Matter and Method. 2nd ed. New York: Cambridge University Press: 323-357.

Putnam H. 1979. What is mathematical truth? //Putnam H. Mathematics, Matter and Method. 2nd ed.

New York：Cambridge University Press：60-78.

Quine W V. 1961. From a Logical Point of View. 2nd ed. Cambridge：Harvard University Press.

Quine W V. 1969. Speaking of objects//Quine W V. Ontological Relativity and Other Essays. New York：Columbia：1-25.

Quine W V. 1981. Theories and Things. Cambridge：Harvard University Press.

Reck E H，Price M P. 2000.Structures and structuralism in contemporary philosophy of mathematics. Synthese，125：341-383.

Reimer M. 2003. Reference. http://plato.stanford.edu/entries/reference［2012-3-20］.

Resnik M D，Kushner D. 1987. Explanation，independence，and realism in mathematics. British Journal for the Philosophy of Science，38（2）：141-158.

Resnik M D. 1997. Mathematics as a Science of Patterns. New York：Oxford University Press.

Richardson A，Uebel T. 2007. The Cambridge Companion to Logical Empiricism. New York：Cambridge University Press.

Roland J W. 2007. Maddy and mathematics：naturalism or not. The British Journal for the Philosophy of Science，58：423-450.

Rosen G. 2001. Abstract objects. http：//plato.stanford.edu/entries/abstract-objects［2012-4-23］.

Salmon N. 2005. Metaphysics，Mathematics，and Meaning. New York：Oxford University Press.

Sandborg D. 1998. Mathematical explanation and the theory of why-question. British Journal for the Philosophy of Science，49（4）：603-624.

Schlagel R H. 1986. Contextual Realism：A Meta-physical Framework for Modern Science. New York：Paragon House Publishers.

Shapiro S. 1983. Conservativeness and incompleteness. The Journal of Philosophy，80（9）：521-531.

Shapiro S. 1996. Space，Number and structure：a tale of two debates. Philosophia Mathematica. 4(3)：148-173.

Shapiro S. 2000. Philosophy of Mathematics：Structure and ontology. New York：Oxford University Press.

Shapiro S. 2000. Thinking about mathematics：The Philosophy of Mathematics. New York：Oxford University Press.

Shapiro S. 2005. Categories，structures，and the frege-hilbert controversy：the status of meta-mathematics. Philosophia Mathematica，13（3）：61-77.

Shapiro S. 2005. The Oxford Handbook of Philosophy of Mathematics and Logic. New York：Oxford University Press.

Simpson S G. 1988. Partial realizations of Hilbert's program. Journal of Symbolic Logic，53（2）：349-363.

Sober E. 1993. Mathematics and Indispensability. The Philosophical Review，102（1）：35-57.

Steiner M. 1978. Mathematical explanation. Philosophical Studies, 34: 135-151.

Steinhart E. 2002. Why numbers are sets. Synthese, 133: 343-361.

Tall D. 2002. Advanced Mathematical Thinking. New York, Boston, Dordrecht, London, Moscow: Kluwer Academic Publishers.

Tall D. 2002.Three worlds of mathematics. http//www.davidtall.com/papers/three-worlds-of%20math-taipei.pdf [2010-9-10].

Tarski A. 1944. Semantic conception of truth and the foundations of semantics. Philosophy and Phenomenological Research, 4 (3): 341-376.

Thurston W P. 1998. On proof and progress in mathematics//Tymoczko T. New Directions in the Philosophy of Mathematics: an Anthology. revised and expanded edition. Princeton: Princeton University Press: 337-355.

Tieszen R. 2005. Phenomenology: Logic and the Philosophy of Mathematics. New York: Cambridge University Press.

Tymoczko T. 1998. New Directions in the Philosophy of Mathematics: an Anthology. revised and expanded edition. Princeton: Princeton University Press.

Voorhees B. 2004. Embodied mathematics. Journal of Consciousness Studies, 11 (9): 83-88.

Wigner E. 1960. The unreasonable effectiveness of mathematics in the natural science. Communications in Pure and Applied Mathematics, 13 (1): 1-14.

Wright C. 1983. Frege's Conception of Numbers as Objects. Aberdeen: Aberdeen University Press.

Wu T T, Yang C N. 1975.Concept of nonintegrable phase factors and global formulation of gauge fields. Phys. Rev. D., 12 (12): 3845-3857.

后　记

　　本书是我承担的 2009 年国家社会科学基金青年项目"数学的本质与实在世界：一种语境论世界观的哲学探索（09CZX013）"的最终成果。实际上，我关注数学实在论的相关问题已十余年。

　　我有幸于 2002 年跟随导师郭贵春教授进入科学哲学的大门，并把自己的方向定位为数学哲学。对于一个接受了四年数学本科教育和训练的学生来说，刚进入哲学的大门，我一脸茫然，因为数学追求的是确定性和逻辑严密性，而我全然不知哲学究竟在研究什么，那种没有确定答案的状态一直困扰、折磨着我的神经，到今天这种状态依然存在。牛顿（Isaac Newton）曾说："我之所以看得更远，是因为我站在巨人的肩上。"初入哲学的大门，面对哲学的困惑，带着"数学哲学究竟要研究哪些问题，怎么研究？该学科的价值何在？"等疑问，在考察和关注具体的数学哲学问题时，我试图去探究历史及当代的数学哲学家们背后隐藏的"范式"。在此期间，我的导师郭贵春教授对我影响很深。他几十年如一日，一直坚持科学实在论的研究，重视数学哲学和各门自然科学哲学的发展；他自身践行了哲学的使命，勇于提出科学哲学新的研究路径：语境论。在他的影响下，我在科学哲学和数学哲学双重氛围的熏陶下，开始思考这些困惑我的方向性的"大问题"。在我内心深处，我一直以为只要彻底弄清"数学哲学的使命"，那些具体的问题自然会迎刃而解，它们应该属于技术性的方法论问题。带着这些疑问，在与著名哲学家达米特（Michael Dummett）、麦蒂（Penelope Maddy）、麦克拉蒂（Colin McLarty）、兰（Mary leng）等人的交流中，我进一步明确了当代数学实在论和反实在论的争论是近五十年内数学哲学研究的主流，而当前学界正在探讨一种符合数学实践的对数学本质的哲学说明。正是基于此，我选定从语境论的视角对"数学的本质及其实在性"进行研究，以期为学界提供一种新的研究思路。

　　本书的一些内容和思想已经以独立论文的形式，发表在《哲学研究》、《自然辩证法研究》和《科学技术哲学研究》等学术期刊上。感谢这些期刊的编审老师，如朱葆伟研究员、殷杰教授、张培富教授和费多益研究员，在发表和修改文章的过程中，他们提出了许多建设性的意见，使本书能够在更高学术层次上得到进一步的修改和完善。

　　此外，本书的出版受到教育部人文社会科学重点研究基地"山西大学科学技术哲学研究中心"基金的资助，在此表示感谢！感谢我的导师郭贵春教授将我引入科学哲学和数学哲学研究的大门，为我开启了一个广阔的世界，无论是在学术还是生活上，都给我带来了无尽的启迪！感谢中国自然辩证法研究会数学哲学委员会召开多次数学哲学会议，让我真实体会到我国数学哲学研究的历程和现状，并感受到融入这个团队的快乐。感谢中国社会科学院林夏水研究员赠送的《数学与哲学》等书籍，让我有机会向前辈学习。感谢中国科学院数学与系统科学研究院冯琦研究员在学术和生活方向上对我的指引！感谢新加坡国立大学数学科学研究所庄志达教授的邀请，使我有机会并得到资助参加"2014 年新加坡国立大学研究生逻辑暑期学院"，有幸了解集合论学家对集合论哲学问题的关注和思考。感谢中国科学院软件研究所杨东屏研究员对我学术及生活的关心。同样要感谢我所在的团体，感谢高策教授、殷杰教授、张培富教授、乔瑞金教授、成素梅教授、魏屹东教授、贺天平教授、郭剑波老师等的关怀和帮助，感谢其他同事的热心支持。感谢学界前辈好友的支持与帮助。感谢科学出版社及责任编辑刘溪老师、刘巧巧老师为本书的辛勤付出。

康仕慧

2016 年 4 月于山西大学